面向 21 世纪全国高职高专电子商务类规划教材

网站建设与维护

赵乃真　主编

内容提要

电子商务网站的建设与维护是企业开展电子商务活动中的关键环节，也是电子商务专业学生主要的就业岗位之一。本书运用系统的观点详细介绍了电子商务网站建设的全部过程，网站管理的重要意义、主要任务和管理方法。本书还较详细地介绍了基于 Windows Server 2003 和 IIS 6.0 的网站服务器的安装和配置方法。

本书可以作为高职院校电子商务专业的教材，也可以作为企业管理人员了解网站开发建设和管理工作的参考书。

图书在版编目（CIP）数据

网站建设与维护/赵乃真主编．—北京：北京大学出版社，2006.2
（21 世纪全国高职高专电子商务类规划教材）
ISBN 978-7-301-09939-1

I．网… II．赵… III．计算机网络－高等学校：技术学校－教材 IV．TP393

中国版本图书馆 CIP 数据核字（2005）第 132690 号

书　　名：网站建设与维护
著作责任者：赵乃真　主编
责 任 编 辑：韩玲玲
标 准 书 号：ISBN 978-7-301-09939-1/TP・0826
出　版　者：北京大学出版社
地　　址：北京市海淀区成府路 205 号　100871
电　　话：邮购部 62752015　发行部 62750672　编辑部 62765126　出版部 62754962
网　　址：http://www.pup.cn
电 子 信 箱：xxjs@pup.pku.edu.cn
印　刷　者：河北滦县鑫华书刊印刷厂
发　行　者：北京大学出版社
经　销　者：新华书店
787 毫米×980 毫米　16 开本　17.5 印张　379 千字
2006 年 2 月第 1 版　2011 年10月第 4 次印刷
定　　价：27.00 元

面向21世纪全国高职高专电子商务类规划教材

编 委 会

丛书总序

以互联网为媒体的电子商务活动，具有与传统商务完全不同的时空特性。电子商务突破了时间限制和空间阻隔，使上网企业能在任何时间同全世界任何地方的网上顾客进行交流和交易。从长远来看，电子商务蕴涵着无限的营销机会，所有面向21世纪的企业，不可对互联网和网络营销视而不见，充耳不闻。数字化、网络化和市场一体化是未来网络经济发展的必然潮流，电子商务将我们都卷入了这个虚拟的网络市场。发展电子商务关键在于人才，电子商务需要各种各样的人才，我国人才的结构性矛盾较为突出，表现在缺少善于从事技术推广的职业性人才。这次由天津职业大学和北京大学出版社牵头组织，全国20多所高职高专院校积极参与，经过一年多努力的颇具特色的全国高职高专电子商务专业系列教材正是顺应发展的趋势和人才的要求与读者见面的。

刚开始时，我们发现编写这样一套教材是相当困难的，因为可参考的书籍和资料比较少，我们一度感到十分棘手。在天津职业大学经济与管理学院院长章建新博士、北京大学出版社黄庆生主任和王登峰编辑的支持及鼓励下，天津职业大学钟强副教授进行了周密的准备，终于促成了这套适合高职高专电子商务专业的精品教材。这套书其实也是一种尝试，它的编写是一件十分艰巨的工作，因为电子商务的发展实在是太迅速了，从这个名词概念的提出，到部分高职高专学校试办电子商务专业，仅仅才几年时间，全国700多所高职高专院校都已开设了电子商务专业。可以这么说，电子商务专业的兴办，我们高职高专院校是走在前面的。从实践来看，各学校在开办该专业的探索过程中，对电子商务专业的知识构成和课程结构都有着自己的见解和经验积累，并结合各自学校的特点和特长来创办电子商务专业和进行电子商务专业建设，不少学校在这方面已经取得了可喜的成果，现在正到了进行总结和提高的时候了。本套教材的出版正是适应了这个要求，服务于高等职业教育，旨在为培养从事电子商务等方面工作的高技术应用性人才做出自己的贡献。

本套教材共14册，它们是：

1.《电子商务概论》
2.《网络营销》
3.《网站建设与维护》
4.《数据库应用》
5.《网络安全基础教程》
6.《网络技术应用》
7.《电子商务物流》
8.《网页设计与制作》
9.《电子商务英语》
10.《客户关系管理》

11.《商务基础》

12.《电子商务贸易文书》

13.《网上交易与结算》

14.《国际贸易实务》

本套教材力求突出高等职业教育的特色，反映国内外在电子商务应用领域的最新研究成果，引入国外职业教育教学和教材编写的先进思想，在理论上力求有一定的深度，更注重实际应用能力的培养；在内容组织上突出从问题出发，引出概念，增强针对性；在写作上突出案例教学；在内容安排上每本教材都附有大量的上机实训和习题，以增强应用能力的培养。学生通过实训和实践教学来巩固他们的理论学习效果和增强他们的操作技能。由于高等职业教育学习时间较本科学生要少，如何使他们在较短的时间里既学到一定的理论知识，又能掌握实用的操作技能和技术，是摆在我们这些从事高等职业教育教师面前十分重要的任务。天津职业大学经济与管理学院在全国第一批设立高职电子商务专业，该专业是天津市高职教改试点专业，迄今已经毕业学生四届，毕业生受到用人单位的好评。我们一直就想有机会将我们这六年来的经验、体会和教训通过适当的途径和方式告诉大家，和大家共享我们的成果。很高兴北京大学出版社给了这么好的机会，非常感谢北京大学出版社。

高职高专电子商务专业的知识结构和课程设置是一种打破学科系统性，强调知识综合性、实用性，建立以能力为基础的模式。这种新型的教学模式直接指导着高职高专的教材建设工作，也是我们本次编写全国高职高专电子商务专业系列教材的宗旨。在这一前提下，本系列教材编委会在经过多次全面深入的讨论甚至是激烈的争论后，推出了一套适合高职高专电子商务专业的系列教材，力图搭建一个具有高职高专特色的电子商务专业知识结构和课程框架，供高职高专院校的电子商务专业使用。

本系列教材汇集了全国20多所高职高专院校一线的教师和专家在电子商务专业的教学经验和成功的探索。在编写过程中，编者们始终把握高职高专教材要体现以应用为目的，基础理论以必需、够用为度，以讲清概念、强化应用为重点，突出内容的选取与实际需求相结合的原则，并充分吸取了近年来一些高职高专院校在探索培养电子商务专业高等技术应用人才和教材建设方面所取得的成功经验，使本系列教材具有明显的高职高专教育特色，不仅适合各高职高专院校从中选用教材，而且对高职高专电子商务专业制订教学计划有一定的指导作用；同时也适合进行系列的电子商务专业自修和培训。

由于我们的水平有限，加之时间仓促，在全国高职高专电子商务专业系列教材编写的实施过程中难免出现疏漏，敬请各院校及广大读者提出宝贵意见。我们将在此基础上尽快作出进一步修改，并争取尽快将此系列教材编完出齐。让我们携手为高职高专电子商务专业的建设而努力，共同迎接电子商务时代的挑战。

编 委 会

2005年9月16日

前　言

电子商务专业的学生走出校门后从事的工作主要是和电子商务网站有关的工作，包括电子商务网站的开发建设和电子商务网站的管理，其中需要量最大的恐怕还是从事电子商务网站管理的工作。所以本书力求从网站建设和管理方面对未来从事的职业建立起完整的概念。

一、本书写作特点

1．以系统的思想理解电子商务网站的建设

电子商务网站的建设不是孤立的纯技术性的工作，而是一项系统工程。电子商务网站中的每一个网页和每一个栏目都应服务于企业开展电子商务的目标。因此本书力图从系统的角度介绍电子商务网站建设的基本思想和方法。至于具体开发网页的技术和网站开发使用的知识不是本书的主要内容。学习本书的前导课程应该包括静态和动态网页制作，网页开发工具的使用，数据库、电子商务概论等课程。

2．以完整的实例讲解电子商务网站的开发

本书虽然没有讲解具体的网页和网站设计的技术，但是通过一个完整的“世纪航空”网站实例说明电子商务网站前台功能和后台管理功能的设计实现。书中提供了相当完整的设计源代码。这样会给读者的学习和实践带来很大的方便，并可以参照书中所给的代码设计自己的电子商务网站。当然，考虑到篇幅及其复杂程度，该网站功能不是很完整，主要为教学实践所用。本书还较详细地介绍了基于 Windows Server 2003 和 IIS6.0 的网站服务器的安装和配置方法。

3．强调电子商务网站管理的重要性

本书特别强调网站管理在电子商务运营中的重要地位。电子商务网站的运营效益主要取决于网站的管理，本书详细讨论了电子商务网站管理的具体任务和实现方法，并在此基础上讨论了电子商务网站的维护和评测方法。

二、本书的知识结构

按照上述的指导思想，本书的内容可分成以下三大部分。

1．电子商务网站系统开发的基本知识：电子商务网站系统的概念，网站的策划，包括第 1 章、第 2 章。

2．电子商务网站建设的过程和方法：电子商务网站的分析与设计、创建、前台设计、网站管理、后台设计等，包括第 3 章、第 4 章、第 5 章、第 6 章和第 7 章。

3．电子商务网站的评测：电子商务网站的评价、网站测试和维护等，包括第 8 章。

本书按照电子商务网站的策划—设计和管理—评测的知识主线展开,目的是使本书易读、易学和实用。在附录 2 中，特意介绍了在世纪航空网站开发中可能遇到的问题及解决办法，作为理论知识学习的补充。

参加本书编写工作的还有吴凡、李胜强等，他们怀着很大的热情参与了实例网站的开发和第 5 章、第 7 章的编写，本人在此表示衷心的感谢。还要衷心感谢北京大学出版社的编辑在整个编辑、出版过程中所给予的无私支持、鼓励和良好的合作。

由于时间仓促，加上作者水平有限，疏漏甚至错误之处在所难免，诚挚地希望广大读者给予批评指正。

编　者

2005 年 9 月

目　　录

第1章　电子商务网站系统概述

要学习电子商务网站的建设，首先需要对要建设的对象有一个比较清晰的了解，包括什么是电子商务网站，有什么用途，有哪些基本类型等，然后研究如何开发就有了基础。因为一提及网站，人们首先想到的恐怕就是那些五彩缤纷的网页和浩瀚无垠的信息资源，但在电子商务中网站究竟能干什么就不是很清楚了。

本章强调电子商务网站是一个系统，要讲解的主要是如何站在系统的角度理解网站的结构和功能，以及电子商务网站的不同类型及各自特点。系统的观点应该看成是学习网站开发和应用的基本观点。

1.1　电子商务网站的作用

电子商务离不开因特网，也离不开网站，网站是开展电子商务最主要的平台和工具。那么，在电子商务中网站究竟可以发挥什么作用，也就是电子商务网站建设的目的究竟是什么，就成了在建立网站前必须研究的问题。下面仅从几个不同的方面说明网站目前在电子商务中所具有的主要功能。当然，随着信息技术的发展，网站在电子商务中的作用还会不断扩展和延伸。

1.1.1　网站是企业在网上的门户

网站是网民访问网上企业的门户，从此门户进去，可以得到有关企业的各种信息，就像在传统商业活动中，人们非常重视企业建筑和门面的设计一样，网上企业必须重视网站门户的设计。这里网站内容是网民了解企业的关键。由于受网络传输速率等因素的影响，网站的内容务必达到准确、精练，切不可错字累累、篇幅冗长，以保证网民能够在较短时间内捕捉到网站的核心内容。同时还要注意对网站内容的及时更新和延伸扩展，特别是有关产品最新动态、企业重大活动、客户服务举措等信息。另外不要忘记给网民设计一个“留言簿”，或设置一个“网上调查表”，以便及时了解网民对网站的反馈信息。如果一个企业在网站上对行业信息也有全面介绍，那么不仅对企业网站是一件锦上添花的事情，同时也会提高网站的档次和访问率。为此，作为一个优秀的专业商业网站应包括以下一些内容。

1. 企业的基本情况和新闻

包括企业的历史及现状，企业的目标和经营内容，总经理致顾客的信以及公司新闻信息等，使顾客对企业有大致的认识并产生信任感。如果企业有其他分支机构，那么也应该在网站上列出这些机构的地点和职能，包括它们的电话号码、传真号码和电子邮件地址等。

2. 企业提供的产品和服务

详细介绍企业提供的产品或服务。产品信息尽可能完整，让客户能够查询到产品的主要技术规格、照片和其他可公开的信息。服务类企业更应该通过各种形象的手段甚至采用虚拟现实技术（融合了数字图像处理、计算机图形学、多媒体技术、传感技术等多个信息技术的综合性信息技术）让客户更清楚地了解产品和服务的内容。

3. 企业财务经营报表

股份制尤其是上市企业应该将重要的财务报告上网，让股民能够方便查询到这些信息，包括中报、年报、各种配股计划。

4. 客户反馈信息

客户反馈的意见是任何一个商业网站必带的内容之一。在企业网站上应该至少带有一个用于收集客户和普通访问者对企业改进产品和服务的意见、建议的表单，网络管理员也应该经常检查存储反馈回来的意见，并及时转交给企业决策部门使用。

5. 丰富详实的技术支持信息

比如产品使用方法及常见故障处理方法，这不仅可以减轻企业技术支持人员的工作量，也可以增加顾客对产品的信任度，同时也是对产品的一种宣传。

6. 网页设计技术的应用

优秀的网页一定是生动的能反映企业经营特点的，这就要广泛使用新颖的网页设计技术和技巧，如恰当加入图片、动画以及超文本链接等。

7. 网络营销创意

增加一些巧妙的创意可以增加企业站点的吸引力，吸引更多的网民光临。例如可以在网页中加入网络广告、网络社区和个性化的服务、产品使用培训以及网站导航等栏目。

图 1-1 为我国著名的 IT 企业 TCL 的网站主页（www.tcl.com），它就是 TCL 的网上门户。

图 1-1　TCL 的网上门户

1.1.2　网站是开展网络营销的最重要工具

电子商务网站的主要功能说到底是为企业营销服务的平台和工具，电子商务网站可以应用于网络营销的各个阶段和所有环节。一个电子商务网站的成功与否，不是看其网页设计得是否漂亮，主要是看能否给企业带来效益。由于网站具有传统媒体无法比拟的信息传输特性，使得电子商务网站营销具有无比巨大的威力。利用网站进行营销实际上就是看谁能更充分挖掘、利用网站这种媒体的特殊功能，例如双向、交互、多媒体、无限的网络空间等。这一点也是电子商务网站设计和一般网站设计最大的区别。作为一种营销的工具，除了前面提到的一些功能外，一般还应有以下一些内容。

（1）商品、服务展示和报价。以尽可能详尽的方式提供给顾客浏览，例如形状、性能、销售信息、客户点评、相关信息等。

（2）商品选择。这里包括客户注册、搜索引擎、购物篮、购物篮中商品的增加删除、订单填写等功能，使得网上客户能快速选择自己需要的商品，实现网上购物。

（3）在线支付。对于具有网上交易功能的电子商务网站必须提供多种安全的支付方式，特别是网上支付的方式，例如信用卡、网上划拨、电子钱包等，更能体现电子商务的特点。

（4）个性化的购物专区。为每一位网上客户提供深层次的服务，用以记录其每一次购物的过程，这种服务在传统商务中是难以实现的。

（5）网络广告。广告是现代商业不可缺少的行业，同样也是网站不可忽视的重要内容之一，特别是现在网上广告几乎是网上企业的重要经济来源和赖以生存的支柱之一。无论从技术应用上还是从受众的范围和效果上来说，网络广告为广告业的发展都提供了无限广阔的发展空间。

（6）网上调查。网上调查是网上企业进行民意调查和产品调查最流行的一种方法，也是一种最便捷最高效的调查方法，不仅省略了很多中间环节，而且更便于数据的处理，引起被调查者的反感最小。

图 1-2 所示的是北京“数码时代快餐”（www.datatime.com.cn）网站主页上展示的服务项目和报价。这样一个电子商务网站使得传统的餐饮业服务也跨入了电子商务的行列。

图 1-2 “数码时代快餐”网站主页中展示的服务项目

1.1.3 网站为企业提供客户服务的新渠道

电子商务网站将提供产品和服务的厂商与最终客户之间的距离消除了。作为客户可以通过网站直接向厂商咨询信息、投诉意见、发表看法；作为厂商，则可以利用网站实现向客户提供一对一的个性化服务。另外，企业通过网站可以了解市场需求和客户信息，加快了信息的传递，缩短了商流的周期。在一定程度上可以说，正是由于电子商务网站提供了企业与客户（包括潜在的客户）之间的新的沟通渠道和沟通方式，才使电子商务具有如此旺盛、鲜活的生命力。

为了和客户沟通，电子商务网站一般设置以下一些功能栏目。

（1）电子邮件链接。便于客户和网站管理者通过邮件联系。

（2）电子公告板和留言板。提供客户在网上公开发表意见的地方。

（3）网络社区。培养对本公司产品和服务感到满意的稳定客户群。

（4）网上论坛。对感兴趣的问题进行探讨、评论。

（5）邮件列表。定期或不定期向不同的客户群体发送不同的信息。

（6）网上调查。了解市场需求和客户消费倾向的变化。

（7）购物专区。存放每一个客户的购物信息，便于客户跟踪，查询订单的执行情况和历次购物信息。

（8）常见问题解答（FAQ）。为访问网站或已经购买商品的客户提供一个技术支持和咨询的功能。

图 1-3 是“神州科技”网站（http://www.86530.net/）的供求信息电子公告板，公告板上列出了最新的供求信息，构建起供求双方联系的桥梁，充分发挥了公告板在电子商务中的作用。

图 1-3 “神州科技”的电子公告板

1.2　电子商务网站是一个系统

从系统的观点来看，电子商务是一个庞大的系统，企业是一个系统，同样电子商务网站也是一个系统。电子商务网站可以看作是在庞大的电子商务系统中运行的一个子系统。只有以系统的观点分析网站，以系统工程的方法开发网站，才能高效地开发出高质量的电子商务网站，并充分发挥网站的效能。因此，首先需要学习一些有关系统的基本概念。

1.2.1 系统是什么

究竟什么是系统呢？按照系统论的定义，系统首先是由一些部件组成的；其次，这些部件之间存在着密切的联系；第三，所有的部件通过这些联系达到某种共同的目的。因而也可以说，系统是一些部件为了某种目标而有机地结合在一起的一个整体。系统的概念是人类认识自然和社会的基本观点之一。

在系统的概念中，目标、部件、联结是不可缺少的因素，并具有以下的基本特点。

（1）系统是由部件组成的，部件处于运动状态。

（2）部件之间存在联系。

（3）系统行为的输出也就是对目标的贡献，系统各主量和的贡献大于各主量贡献之和，即系统的观点可概括为：1+1>2。

（4）系统有输入输出，而且一般管理系统都有多个输入和多个输出。

（5）系统的状态是可以转换的，系统的状态转换是可以控制的。

1.2.2 从系统角度看电子商务

从系统角度看，无论对企业还是对社会而言，电子商务都是一个十分复杂、庞大的系统。首先，从系统的组成来看，这个系统由无数企业、银行、海关和政府相关部门等的电子商务网站、庞大的物流体系等组成。它所涉及的范围已经远远超出一个企业的范畴。在这个系统中所涉及的实体几乎包括了社会的所有方面。这些组成部分通过因特网连接成一个有机的整体，来完成电子商务的共同目标。每一个电子商务网站实际上是这个电子商务大系统的一个节点。

另一方面，从商流过程来看，一个完整的电子商务绝不是简单地建立一个电子商务网站就能完成的。首先，需要采购商品，建立产品的供应体系；其次，建立商品销售平台，用网站取代传统商场的功能，使本来将商品直接同消费者见面，改为用网络联系消费者；然后进行资金结算；最后，通过配送使消费者取得商品。这些活动中有些环节与传统商务过程相似，有些则发生了很大变化，有些甚至在传统商务活动中根本没有。

可见，网站是电子商务不可缺少的部分，但电子商务的全部并不仅是网站建设。电子商务的内涵是针对商务活动建立一个完整的数字化系统工程，在商品的采购、库存管理、供需见面、结算、配送、售后服务等诸方面都运用信息化管理的手段，从根本上使系统的商务活动成为一种低成本、高效率、安全的商务活动。对要开展电子商务的企业来说，它所需要的不仅是一个网站，而且还是一个完整的商务系统，即从企业内部的信息管理到通过网站开展网络营销，从售后服务到客户关系管理等环节组成的商务系统，这样才可以真正实现电子商务。

因此，从事或将要从事电子商务的企业在考虑完整的电子商务解决方案时，必须对开展电子商务的全过程加以通盘考虑，才能在系统应用上产生良好的效益。作为电子商务中重要环节的网站，它的开发过程应基于信息系统开发设计的基本思想，应用系统工程的方法，从初期的系统规划、分析、到后期的系统设计、建立，再到最终的系统实现。

1.2.3　从系统角度看电子商务网站

从网站在企业系统中的作用分析，网站既是企业电子商务系统的重要组成部分之一，又是企业内部管理信息系统的一部分。一个电子商务网站系统由硬件系统和软件系统组成，共同完成企业电子商务的目标。

1. 电子商务网站系统结构

（1）硬件系统

一个电子商务网站系统应该包括Web服务器、数据库服务器和客户端PC机等。由于Web网站的出现，使得传统管理信息系统的客户机/服务器系统的两层结构转变为三层和多层结构，如图1-4所示。

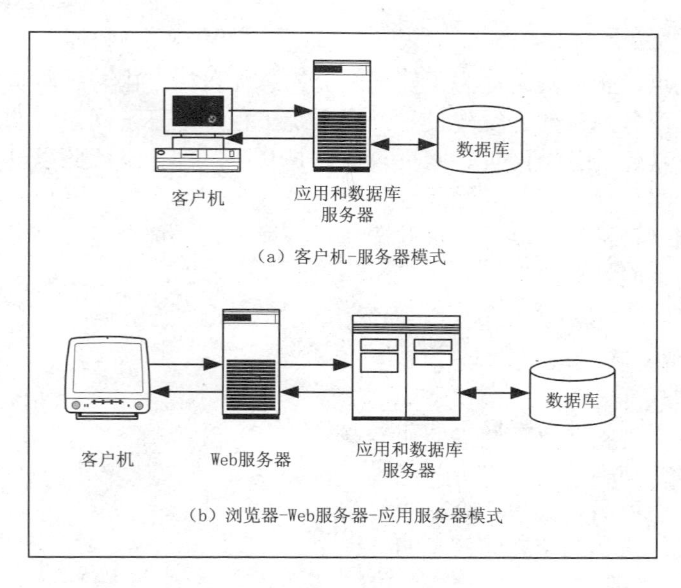

图1-4　两层结构和三层结构

除了上述设备外，电子商务网站还应该具有一些能实现因特网连接和保证网站安全的一系列设备。

（2）软件系统

电子商务网站服务器本身就是一个软件系统。在服务器端需要有支持 Web 服务的软件系统，例如微软公司的桌面系统中就包含了支持 Web 服务的系统 IIS。在客户端应该配置浏览器软件等。此外要完成电子商务业务，还需要很多软件的支持。

（3）网页系统

任何一个具有一定规模的网站都包括很多的网页，每个网页放置不同的内容、达到不同的营销目的，这些网页还要按一定的、最方便用户浏览的原则链接在一起，而且都必须事先认真分析，作好系统规划（或称为总体设计）。这一切还要形成正式的系统开发文档、以便查询和检查（这也是设计一个网站和设计若干孤立的网页之间的最大区别），然后再分别设计各个网页（常常是由多个设计人员分别开发）。这样才能保证网站开发完成后能很快地实现调试，提高开发效率。如果没有做好系统设计就忙于分别开发网页，等开发完了肯定如一团乱麻，即使找来一个高级的开发人员也难以理清，有很多设计者由于不重视网站的规划和系统设计而最后吃到苦头。

即使从网站本身的构成来看，网站也绝不仅仅是几个孤立的网页的堆积。因此，网页设计得好和网站设计得好不是一个概念。这里的主要区别是，网页是相对独立的概念，而网站则必定是系统。

2. 电子商务网站建设是一个系统工程

按照系统的观点，企业网站是为了实现企业的总体目标，由若干网页有机结合在一起的一个整体。电子商务网站的开发建设是一项系统工程，在开发网站时要先设计网站总体结构，然后再开发具体的各个网页。网页设计仅是其中一部分，除此以外还应该包括以下一些主要内容。

（1）网站规划（目标、软硬件平台的选择、开发工具的选择）。

（2）网站结构、网站风格。

（3）代码设计。

（4）数据库。

（5）网站安全。

（6）网页内容的规划（包括网页的命名）。

（7）制订开发计划。

（8）网站建设（域名、发布、维护等）。

（9）网站和其他信息系统之间信息的传递。

（10）网站后台管理。

3. 电子商务网站系统特点

网站在三层（或多层）结构系统中起着重要的作用，同时网站本身也是一个比较复杂的系统。

（1）孤立的网站没有用处，它需要和因特网、客户端、后台数据库及应用程序等组成一个完整的系统才能发挥作用。

（2）网站目标是服务于企业的总体目标，也就是企业开展电子商务的目标，这一目标应是网站设计的基本指导原则。

（3）网站结构由多种元素构成，包括前台、后台，数据库以及众多网页，构成层次关系，互相链接成为一个整体系统。

（4）网站的内容将网站的整体目标分解为一个个网页的内容，以最小的幅面表示最多的信息，而且要考虑用户能最快地找到所需内容。

（5）网站的管理包括数据库建设、数据的准备、处理和应用、安全性、授权、后台、更新、维护等复杂的内容，需要用系统的方法管理。

（6）网站是企业信息系统的一部分，要考虑网站和其他系统之间的接口，例如进销存管理、客户信息的搜集和处理、促销策略的运用和统计等。

这说明网站设计不是孤立地去设计若干网页，而应从系统整体的目标、结构、功能和管理等方面统一规划并用系统工程的方法组织实施。

1.2.4　基于 Web 的企业信息系统

除了上述的特点外，电子商务网站还有一个明显的特点，即它是企业信息系统的一部分，应该与企业内部管理的信息系统联系在一起，构成一个更大的系统。基于 Web 的企业（或组织）管理信息系统是建立在企业网（Intranet）平台之上，并且将因特网上的 Web 及其他各种技术和企业原有的管理信息系统融合起来的系统，它使企业的管理信息系统结构更加灵活、功能更加强大。基于 Web 的管理信息系统使得管理信息系统的功能向企业外部的营销过程管理、客户关系管理、供应链管理等延伸和扩展，成为企业开展电子商务的基础。

基于 Web 的企业管理信息系统的网络体系结构如图 1-5 所示。

这个系统具有以下一些特点。

（1）系统是开放的。Intranet 本身是开放的、独立于计算机硬件平台和操作系统的企业内部网络。其中 Web 服务器是连接企业内外系统的重要节点，将企业内部管理和外部营销服务衔接在一起。

（2）基于 TCP/IP 协议。系统可跨越目前几乎所有的计算机硬件和软件平台。不管什么计算机，运行什么操作系统，只要连成 Intranet，它们之间就可透明地相互访问。

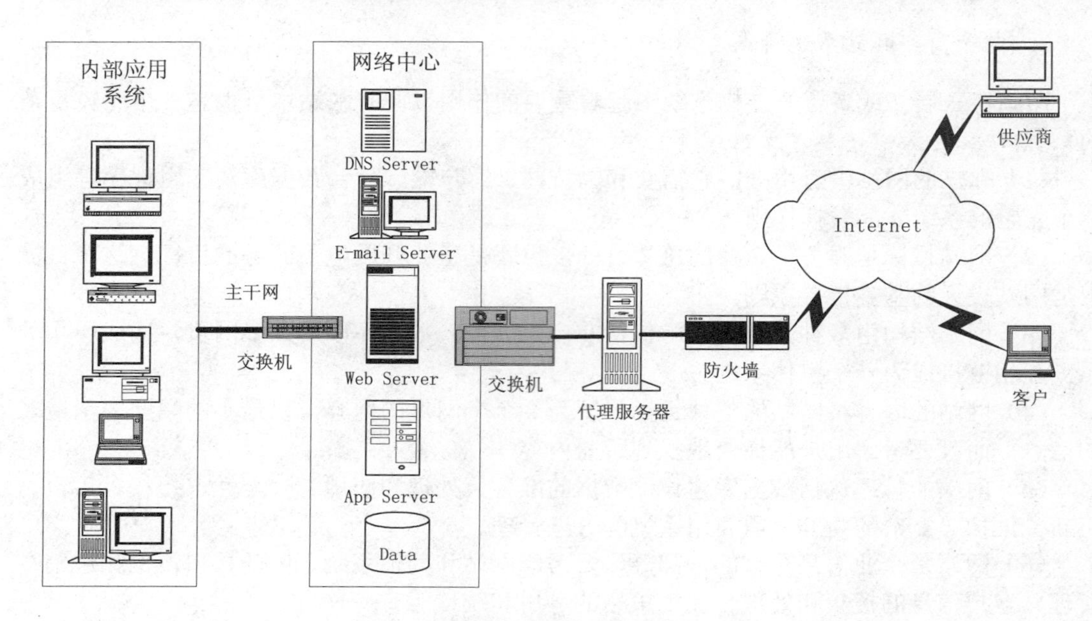

图 1-5 基于 Web 的信息系统网络结构

（3）采用浏览器/服务器机制。改进了传统的客户 / 服务器体系，既极大地方便了用户的操作，又可以提高应用开发的效率，降低了开发的难度，大大缩短开发周期，减少成本，更新应用软件更加快捷。

（4）降低开发和培训成本。不管什么服务和应用，客户端只需要使用一个浏览器软件，就可解决问题。而浏览器软件的使用又是非常简单易学的，大大降低培训成本。

（5）多媒体信息的应用。应用的集成性将网络应用提高到一个新的水平。不仅包括数据库服务、多媒体信息服务，还实现了其他应用，如电子邮件、文件传输、远程登录、电子公告板、新闻讨论组等几乎所有的因特网应用在这个系统中都可实现。

（6）系统组建简化。系统的硬件、软件、通信协议、应用程序等都趋于标准化、模块化，使得系统的组建容易、管理方便，维护成本降低。

（7）企业内外信息的集成。将企业内部管理信息和外部营销信息等集成在一起，实现更大范围的管理和信息共享，充分发挥电子商务的优势。

（8）改变了传统的信息流向。信息传送方式由自上而下传送指令和自下而上的传送状态的双向传送变成点到点网状信息传送方式，有利于发挥信息资源的价值和知识的共享，也会影响企业内部人际关系以及企业文化的发展，促进了管理模式的革命。

（9）企业内外信息隔离。在企业网和因特网之间由防火墙和代理服务器实现内外信息传输管理。这样既可以内外信息传递，又保障内部系统的安全。

1.3　电子商务网站的类型

一提到电子商务网站，读者马上会想到包括大量网页、既能够实现网上购物又具有网上支付等功能的网站。实际上，电子商务网站没有统一的模式，网站的规模和内容可以有很大的区别，不同类型的网站不仅内容不同，而且主要的功能、营销的策略都有区别。随着企业规模、产品类型和经营方式的区别，企业网站也千差万别，类型繁多。有的大网站包括成百上千个网页，有的小网站则可能只有不到十个网页。这里不仅是数量的不同，而且也体现了网站定位、服务内容、服务质量的差别，企业应该根据需求和自身资源决定建设一个什么样的电子商务网站。本节只介绍目前常见的几个主要电子商务网站类型。不同的网站类型体现了不同企业网站的功能定位和网络营销模式的区别。

1.3.1　企业内部管理网站

基于 Web 的管理信息系统是现代企业信息系统的新模式。在这样的系统中网站起到重要的作用。内部管理网站主要功能是服务于企业内部各种流程的管理，将企业内部各个职能部门的管理统一到企业网站平台上。通过网站，企业内部的组织机构、业务流程和经营现状等信息一目了然，并且提供多种企业内部信息的发布、员工之间的交流、讨论等功能。将传统的金字塔式的管理模式逐渐向网络状、知识型管理的模式过渡。

这种网站的关键是如何通过网站实现管理信息的整合和共享，以及开发适应网站特点的管理功能，实现管理模式的变革。实际上，企业内部管理网站的建立和健全，是企业建立对外的电子商务网站，并且有效地开展电子商务的基础。

1.3.2　宣传网站

这是我国目前很多上网的中小企业采用的网络营销模式，也是最简单的利用网站开展营销的模式。这种企业一般在内部还没有建立基于网络和数据库的现代化管理信息系统。他们建立网站的目的仅仅是利用网站宣传企业的形象、机构设置和分销商的状况，发布企业的产品种类及价格、联系方法等信息。这样的网站相当于放到因特网上的企业电子宣传手册或广告牌。

在这种网站中，既不能提供什么网上服务，更不能开展网上交易，最多提供一个电子邮件链接，客户可以通过链接给企业电子邮箱发送邮件。这种网站投资少，建站快，但没有充分利用网络和网站的特点，营销功能有限。当然，企业建立了这样的网站，相当于企业在因特网上有了一席之地以及和外界联系的窗口，如果再在网站上增加一些内容，例如广告、友情链接等，也会大大增强网站的营销功能，这是利用网站开展电子商务的第一步。

1.3.3 实验网站

当企业对建设电子商务网站的效益或建设什么样的网站存有疑虑时，不妨先建立一个实验性网站。为了进一步降低投资减少风险，可以把这个网站建在某某一台 PC 机上，或建在某一个提供免费网页空间的 ISP/ICP 的服务器中。实验网站开始时可以做的非常简单，使用简单的开发工具，例如 Windows 9x/2000 中的 FrontPage 就可以开发完成。网站的内容可以逐渐增加，同时企业可以实验性地设计不同的网站放到服务器中运行并随时进行评价，通过实验可以不断对实验网站进行改进和完善，然后根据一段时间的实验后，再决定是否建立正式的网站和建立什么样的网站。

1.3.4 门户网站

在这里，所谓门户网站的含义是，只要客户登录到这个网站，就可以得到企业或商家提供的所有服务，现在国内很多大型企业都建立了这样的网站，例如联想集团公司的网站（http://www.legend.com.cn）等。这些企业一般在企业内部都已经建立了比较有效的管理信息系统，通过网络实现了管理信息的共享。企业通过门户网站把内部管理信息系统和外部的客户及供应商连接起来，在更大范围实现信息的整合和共享。图 1-6 为联想集团公司网站的主页。

图 1-6 联想集团网站的主页

1.3.5　交易网站

这种网站不仅能向网民提供企业有关信息、实现信息的互联，还可以在网站进行交易，开展 B2C（Business to Custom）或 B2B（Business to Business）等模式的电子商务活动。这也是与消费者关系最密切的一种网上营销模式，常被称为网上商店。这类网站由于经营的商品或服务方式不同又可分成几种不同的类型，体现多种经营方式。这也是最丰富多彩的一类网站，其中有一些是电子商务创造和发展出来新的商业模式。

1. 网上超市

经营多种商品，由网站经营者自己（或委托其他公司）组织货源，并通过在线方式销售给最终消费者。这种网站就好像把传统的超市搬到了网上，例如由我国第一家从事邮购业务的麦考林国际邮购有限公司建立的网站“麦网”（http://www.m18.com），以及北京西单商场建立的“I 购物”网站（http://www.igo5.com）等，都是比较成功的网上商店。国际著名的连锁商店沃尔马特也在网上建立了自己的网站（http://wm.com），目前，这类网站的营销模式若要成功，一般都需要有网下的营销业务作为支撑。

2. 网上专卖店

主要从事某一类目前在网上容易销售的商品，例如网上书店、网上音像店、网上礼品店等等。这样的专业网站由于其目标客户群体相对明确，所以一般比较成功，例如国际著名的亚马逊书店（www.amazon.com）以及国内著名的“当当网上书店”（http://www.dangdang.com）、“卓越网站”（www.joyuo.com）等，都是以图书、音像类商品为主的网上商店。此外，如“雨虹网花”（www.netflower.com.cn）等以鲜花、礼品为主的网上商店也获得了较大成功。

3. 游戏网站

在信息技术高度发达的美国，平均每个电脑使用者 70%的上机时间在玩游戏，连续 3 年，35%的美国人认为电视或电脑游戏是最有趣的娱乐活动，远远超过看电视、看电影等活动。2004 年北美大约有 4 500 万人倾向网络电脑游戏，其总产值可达到 49 亿美元。

在中国，巨大网络游戏消费已经成为业界共识。根据调查显示，中国的网络游戏市场也正以惊人的速度发展。2001 年仅为 3.1 亿元人民币的中国网络游戏市场到了 2004 年规模已近 40 亿元人民币，比上年增长 46%，预计到 2007 年市场规模可达 90 亿人民币元。

例如，作为我国最著名的游戏网站之一的联众游戏的同时在线人数每年都以 9 倍的速度向前滚动。目前，联众的同时在线人数可达 30 多万，注册用户超过 6000 多万。

专注核心业务给联众带来了颇具规模的赢利资源。两年前，联众基本上还主要靠每月二三十万的广告费和组织游戏比赛的收入艰难度日，而在实行会员制和电信分成收费的

2001 年，收入则达到了 4 000 多万元，2002 年达到了 7 000 多万元。

“无须等待跋涉，欢聚联众世界”已经成为中国人乃至全球华人的生活时尚，成为一种别具风景的文化现象。图 1-7 为“联众”游戏网站（www.ourgame.com）的拱猪游戏室网页。

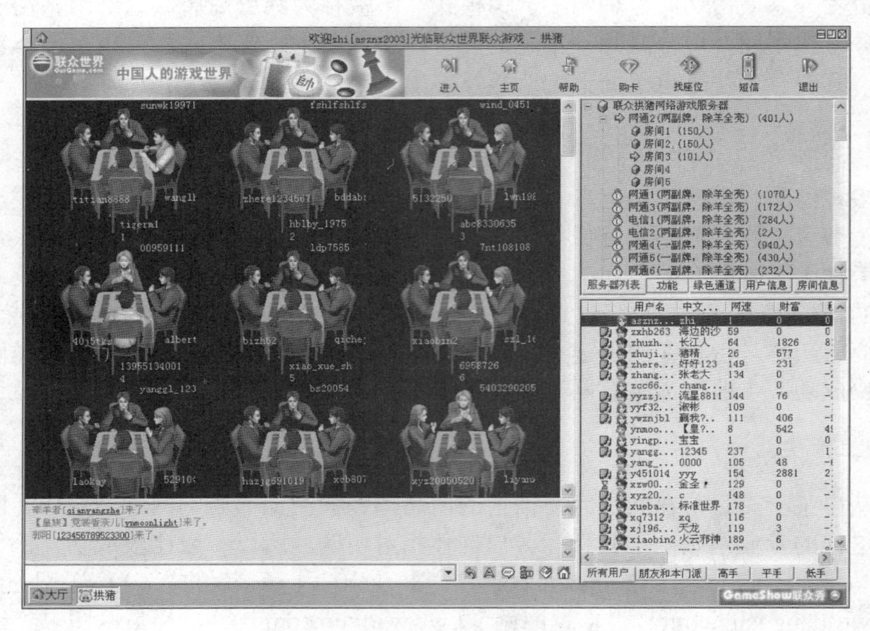

图 1-7 “联众”网站的棋牌室

4. 提供特殊交易的网站

这一类网站大部分都是电子商务创造的新的营销模式，利用网络传输的快速、便捷等特点提供传统商务难以提供的各种服务，例如网上证券、网上视听、网上翻译、网上签名等网上服务模式。随着电子商务的深入发展，人们还会创造出更多、更具有电子商务特点的营销模式。

交易网站的关键是提供网上商品的展示、支付方式和配送方式的选择等功能，并建立健全的交易安全认证和保证机制，网站的设计和运行要比前面几种复杂得多。

1.3.6 中介网站

这类网站一般是建立交易平台，让其他企业或个人到网站进行交易，收取中介或服务器存储空间租用费等服务费用，主要开展 B2B 类型的电子商务。这种模式的网站类型也很多，常见的交易中介模式有以下三种。

1. 网上商城

这一类网站为每个进驻商城的企业提供网站空间或链接，存放企业的产品信息。网站本身并不组织货源和进行交易。对中小型企业到这样的网站开展网络营销，应该说是一种投资少、见效快的方法。例如，图 1-8 所示的“阿里巴巴·中国”（china.alibaba.com）就是比较成功的一个网站。目前国内还有很多行业网站也都属于这种网络营销模式。

2. 网上拍卖

网上拍卖属于 C2C 的电子商务模式。世界上做的最成功的拍卖网站是美国的“电子海湾”（ebay.com），该公司的总裁兼 CEO 梅格·惠特曼还被《财富》双周刊列为 2002 年全美女企业家50强的第2位。该网站由于其从开办的第一天就没有亏损而在网络公司中著称，图 1-9 为其中国网站（http://www.ebay.com.cn）的主页，这个网站是 eBay 于 2002 年以 300 万美元获得我国最著名的拍卖网站“易趣”33%股权后，与“易趣”共同建立的网站。

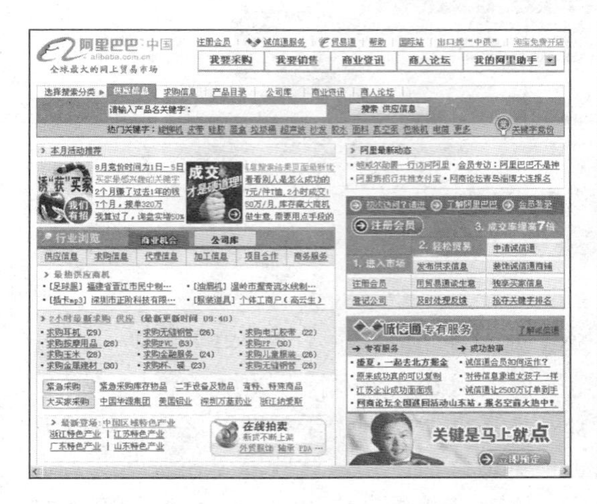

图 1-8　“阿里巴巴”网站主页

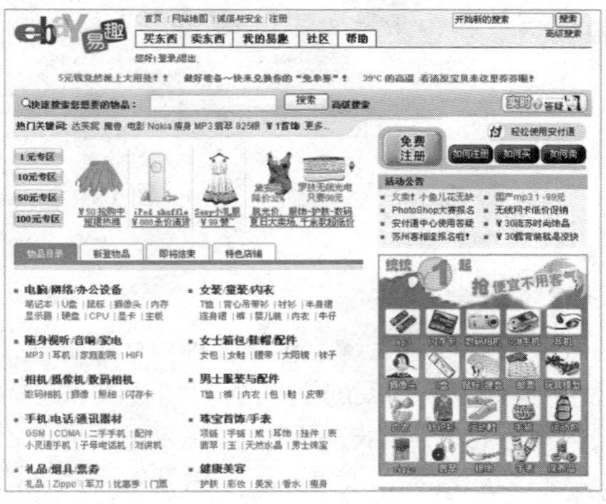

图 1-9　“eBay 易趣”的主页

3. 网上提供信息服务

发布信息是电子商务最基本的功能，正是这种简单的功能，也创造了无穷的商机。网上天气预报、网上招聘网站等都属于网上提供信息服务的模式。网上招聘网站专门在网上提供人才求职和人才需求信息，很受企业和求职者的欢迎。以下是国内几个比较著名的人才信息网站：

（1）中国人才网　　　　http://www.chinata1ent.com.cn

（2）中国上海人才市场　http://www.hr.net .cn

（3）中华英才网　　　　http://www.chinahr.com

（4）中国北方人才市场　http://www.tjrc.com.cn

图 1-10 为中国人才网的主页。

图 1-10　中国人才网主页

1.3.7　行业网站

在社会商务系统中包括各种各样的行业，除了前面介绍的生产企业、商业企业外可以说 72 行，行行可以上网，行行可以建立自己的电子商务网站从事本行业的电子商务。例如，网上银行、网上学校、网上医院以及不同的产业和服务业等。但由于行业的区别，所以无论从网站的内容、形式，还是网站的营销策略上，都应有所区别，这些需要在做网站系统规划的时候认真考虑。至于每种行业网站的特点，很难在片语之中说清。在这里仅给出网上学校和网上旅游电子商务网站作为参考。有些类型的网站（如网络银行等）还会在后面的章节中介绍。

1．网上学校

学校主要从事教育活动，但随着社会的发展，教育现在已经成为一个重要的产业。网上教育也可成电子商务的一个类型。各种类型的教学网站如雨后春笋地建立起来，这些网站不仅提供大量求学者需要的招生、出国留学和录取等信息，还直接在网上开展网上教学活动，通过免费或收费的方式提供网上教学。网上教学不仅成为传统课堂教学的重要补充，还为全社会实现终生学习创造了理想的学习环境，因而受到几乎所有院校的重视。

世界著名的美国麻省理工学院（MIT）2002 年开始承诺分三阶段向全世界无偿开放她的教材，并且将在 2007 年以前完成她的几乎全部约 2000 个课程教材开放。为此 MIT 专门开设了一个网站（http: //ocw.mit.edu/index.html）并宣布热情邀请世界上所有的教育工作者从这些材料当中提取他们需要的内容来构建他们自己的课程，同时鼓励所有的学习者使用这些材料来进行自学。MIT 希望他们的开放分享课程资料的做法将会扩散和深入到许多学术机构中，同时建立起统一的全球知识网络，这个网络将会提升学习的质量并进而提升世界范围内的生活质量。图 1-11 即为 2005 年 5 月在 MIT 课程开放网站上有关开放课程的介绍。

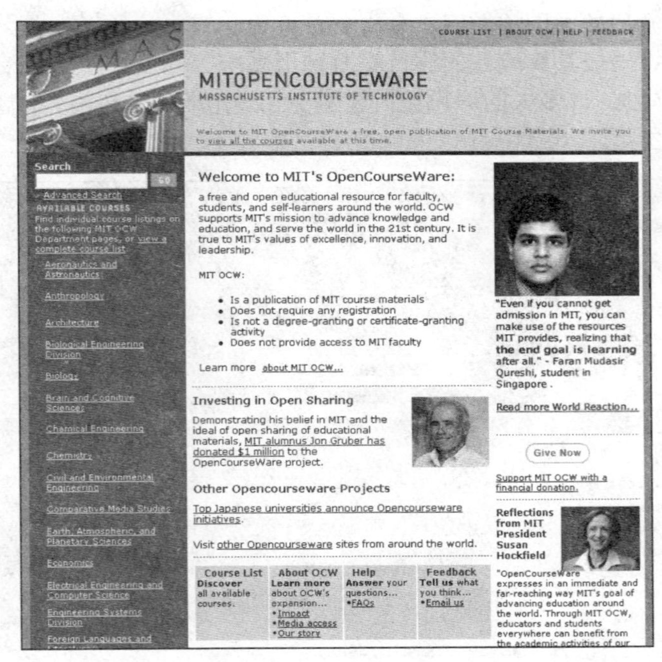

图 1-11　MIT 课程开放网站的主页

2. 网上旅游

统计数字表明，网络旅游已经成为全球电子商务第一行业。全球约有超过 17 万家旅游企业在网上开展综合、专业、特色的旅游服务；全球约 8 500 万人次以上享受过旅游网站的服务；全球旅游电子商务已连续 5 年以 350%以上的速度发展。在中国最大的旅行社——中国国际旅行社总社 2002 年 1.7 亿美元的收入中，有 80%是通过电子商务手段获得的。

华夏网每天为国旅总社带来四分之一的散客订房，一年团体酒店预订金额高达 2 亿元人民币。

国内旅游网站的建设工作最早可以追溯到 1996 年，在经过长时间的建设和积累后，目前国内已拥有相当一批具有一定资讯服务实力的旅游网站，如青旅在线、意高网、逍遥网等。这些网站可以比较全面地提供各地旅游资讯，服务涉及旅游中的“吃、住、行、游、购、娱”等各个方面。

旅游网站的功能越来越多，除了诱人的景点介绍外还提供完整的旅游信息和全程的旅游服务，体现了旅游的巨大吸引力。一个旅游者在网上订购机票、酒店等，当他到达旅游目的地后，他的“吃、住、行、游、购、娱”就完全依靠网络来解决。网络旅游并不是单纯指消费者可以在网站上订购机票、酒店等，更重要的是人们应该在网上获得比传统旅游方式更便宜、更好的服务，更为舒适的享受。

隶属于国家旅游局的中国旅游网（www.cnta.gov.cn 或 www.cnta.com.cn）每到“五一”、“十一”长假，便推出极具权威性的假日旅游预报系统，并以滚动播报的形式播出，知道了哪儿人多、哪儿人少，许多人的假日旅游才避免了“扎堆儿看热闹”的尴尬情形。图 1-12 为中国旅游网站的主页。

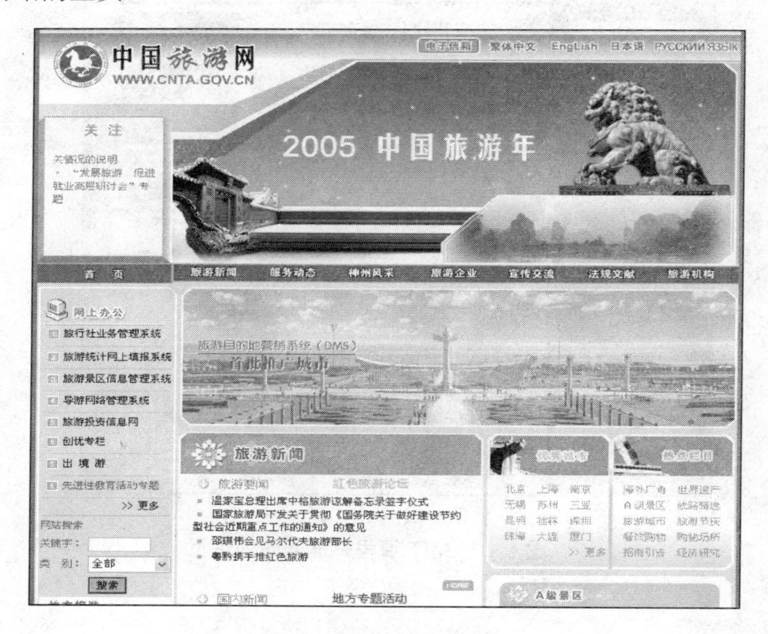

图 1-12 中国旅游网

1.3.8 电子政务网站

政府在电子商务中扮演着极其重要的角色。政府不仅是最大的采购单位之一，也是电子商务的管理者。电子政务网站是各级政务部门在网上建立的门户。政务网站作为各级政府和部门在网上的窗口有很多管理功能，但政府的电子化对电子商务的健康发展毋庸置疑有着决定性的作用。

北京电子政务在线服务平台（http://www.beijing.gov.cn）于2002年5月31日正式开通。网站的开通，旨在加快政府部门职能转变，进一步提高公共服务效率，创造更富于活力的投资环境，其中以推进固定资产投资和企业登记注册两个关联型审批项目网络化为重点，确定网上审批服务事项（包括居民申请补办身份证、查询护照办理情况、企业在工商注册登记等57项）。目前已有市计委、市规划委、市建委、市工商局、市地税局、市公安局、市国土资源和房屋管理局等15家与公众关系密切、审批业务比较集中的委办局开通了网上审批业务的试点。

居民也可以利用这个网站办理很多过去难办的事情，例如可以在网上报税、网上申请补办居民身份证、办理在市内户口的迁移以及下载出入境申请表等。这些业务的办理流程、材料要求、办理时限等信息将全部在网上公布，用户可以通过网络提交申报材料、查询审批状态，对审批服务过程中的违纪行为予以投诉。

图1-13为北京电子政务在线服务平台的主页，其中很多内容和电子商务关系密切。

图1-13 “北京电子政务”网站的在线服务平台网页

1.4 习题与实践

1.4.1 习题

1．用一两句话概括什么是电子商务网站。
2．电子商务网站有哪些功能？
3．企业门户网站一般应包括哪些内容？
4．举例说明什么是中介网站。
5．什么是系统？
6．什么是三层结构？
7．如何用系统的观点分析电子商务？
8．为什么说电子商务网站是一个系统？
9．用不用系统观点看待电子商务网站会有什么区别？
10．电子商务网站和企业内部的信息系统有什么关系？
11．电子商务网站和一般网站有哪些主要区别？
12．电子商务网站有哪些主要类型？
13．什么是试验性网站，对企业有什么意义？
14．电子政务和电子商务网站的关系是什么？

1.4.2 实践

1．全班分成几个小组，每个组上网搜索一类电子商务网站，并归纳该类网站的特点，写出分析报告，在全班交流。

2．调查一个企业的电子商务网站，写出调查报告。

3．搜索当地的电子商务网站，研究其和电子商务有什么关系。

第 2 章　电子商务网站策划

电子商务网站系统往往具有结构复杂与很强的动态变化的特点。为了让网站各项应用在短时间内运作起来，网站开发周期应该尽量地短。然而，许多时候开发者常常直接进入设计网页这一阶段。服务器端代码往往是毫无准备地即兴式编写，数据库表也是随需随加，却不去仔细考虑自己想要构造的是什么样的网站以及准备如何构造。这样做的结果不仅开发周期长，而且很难维护和管理，更谈不上发挥网站的功效了。究其原因，没有认真规划就是其中之一。下面首先说明网站规划的一般概念，然后介绍电子商务网站策划书的编写方法。

2.1　网站系统规划的基本概念

第 1 章曾经讨论过，电子商务网站是一个相当复杂的系统。因此无论是企业或组织建立网站，还是准备建一个纯粹的网络公司，开发电子商务网站首先都要认真规划，然后再按照系统工程的方法组织实施。

2.1.1　什么是系统规划

任何复杂的工程在开发前都需要对工程进行比较充分的分析，确定一个合理的目标，并拿出一个切实可行的行动计划，以便使工程的实现过程更有序、更高效，这个过程就是系统的规划。具体来说就是要解决干什么、如何干和弄清楚开发系统的环境条件和约束（例如政策、市场形势、资金、人力等）这样三方面的问题。网站是企业或组织信息系统的一个重要环节，是为实现企业或组织的目标而存在，或者可以说是一种战略工具。因此，在开发前做出尽可能周密的规划就显得很重要了。

1. 系统规划的层次

系统规划可以分为三个层次：战略规划，战术规划，执行规划。每一层的规划有不同的内容，解决不同的问题。高层的规划主要解决有关整个系统的宏观的和长远的一些问题；而下层规划主要针对范围较小而且比较具体的问题。对系统的开发者来说，首要的就是要制定系统的战略规划，然后再根据系统的战略规划而制定其他低层次的规划。

2. 网站系统规划的内容

系统规划的内容包括网站的使命和长期目标；网站的环境约束及政策；网站开发的具体指标；实现目标的计划。

当然对于不同的网站，每一个规划的内容和复杂程度会有区别，但无论什么类型的网站规划都应满足以下要求。

（1）规划目标明确

网站规划的方向和目标首先应是非常明确的，例如网站的定位和发展目标一定很清楚。尤其重要的是，这些目标应该切合企业或组织的实际，也就是要根据实际的需求和可能制定网站开发目标。另外，一个好的规划应该留有余地，并且处理好各部分利益之间的关系，这常常是平衡和折中的体现。

（2）全面分析环境对规划目标的约束

这里包括三方面的问题，首先要在充分调查研究的基础上，对网站开发环境的影响和限制做出比较充分的分析，环境的情况包括企业发展的情况，内部的管理模式，本地、国内以及行业内部的政策、发展趋势、竞争对手的情况等；第二，在规划中要充分考虑资源的整合，包括企业内外的各种资源，例如资金、人力等，以便选择最适合本企业或组织的开发方案和策略；第三，规划的本身也体现了机遇的发现和把握，这一点对企业赢得发展机遇是至关重要的。

（3）合理的计划与恰当的指标

计划和指标可以监测如何具体完成网站的开发。在规划中细节的安排是不需要的，但一定要有时间进度表和具体的技术指标，以便于监测和控制系统开发的进程，当然，这些计划和指标首先是切合本企业或组织实际的；其次，应该具有可操作性；第三，计划和指标都应该具有一定的灵活性，要考虑到发展和变化。

2.1.2 规划的重要性和困难

孙子兵法中说“凡事预则立，不预则废”，意思是说，要取得战争的胜利就需要在战争开始前作好周密的规划。同样，网站系统的开发也需要认真的规划，才能保证开发的质量并节省开发时间。然而系统规划也存在相当大的难度，这也是为什么很多系统开发的组织者不愿意认真做规划的原因之一。

1. 系统开发规划的重要性

（1）网站投资相当大，特别是对中小型企业来说，动辄十万、几十万的投资不能不认真考虑。

（2）网站开发存在较大的风险，这表现在未来发展的不确定性、开发结果的不确定性等，有可能造成投资的失败。

（3）网站开发对组织结构和业务流程的冲击会造成开发的阻力，必须事先有比较周密的应对计划。

（4）良好的规划可以提高开发效率。

（5）高质量的规划为系统开发质量提供前期保证。

2. 系统开发规划的困难

网站系统开发的规划是非常困难和复杂的，主要表现在以下几个方面。

（1）网站开发是复杂的系统工程，涉及到多种因素，例如人、硬软件系统、环境等，还涉及到企业或组织内部的所有部门。而且这些因素无一不是动态的、变化的。

（2）网站表面上仅是由若干网页组成，而实际上是与企业组织的各个部分紧密相连的，需要认真理顺网站系统和传统信息系统之间的关系。

（3）网站系统的建立会对传统管理模式造成冲击，必须规划、建立新的平衡，否则无法实现网站建立的初衷。

（4）应对网站需求市场的快速变化有前瞻性，预测没有发生的事情总是困难的和有风险的。

（5）经常要组织多人在尽可能短的时间完成网站系统开发工作，这在协同和管理上存在一定的困难。

（6）系统规划依赖于方法的正确选择和工具的支持。

（7）针对不同的网站类型、不同的开发方法，规划的方法和内容有区别。

2.1.3　规划的方法和步骤

系统规划时要选择合适的方法并执行科学的规划步骤。系统规划的方法有很多，根据系统的类型、规模等因素可选择不同的方法，或综合运用不同的方法做出更满意的规划。

1. 系统规划的常用方法

以下仅列出一些在信息系统开发时常用到的系统规划方法，这些方法在网站系统规划时都可以应用。

（1）关键成功因素法

考虑到资源的限制和实际的需要，电子商务网站的建设是一个发展的过程，不可能做到包罗万象，面面俱到。这就需要找到哪些因素在构建网站时首先需要考虑。关键成功因素法的基本思想是：根据企业成功的关键因素确定网站系统规划。关键成功因素的思想不仅是制定系统战略的有效方法，而且是系统实现的重要战略。这里的关键是要准确地分析哪些因素是实现规划目标的关键因素。由于复杂的系统往往是多目标系统，这些目标之间又存在互相制约的特征，很难直观看出哪些因素对实现系统目标来说是关键的。这就需要依靠丰富的经验和适当的分析方法。关键成功因素法的分析步骤如下。

① 了解企业目标；

② 识别关键成功因素；

③ 识别性能指标和标准；

④ 识别测量性能的数据。

（2）战略目标集转化法

由于电子商务网站只是企业或组织信息系统中的一部分，网站系统的目标是为了信息系统目标的实现而存在的，而企业信息系统又是服务于企业整体的目标。因此这种方法的基本思路是：将组织的信息系统战略目标集转变为网站系统的战略目标。战略目标集转化法实现的重要步骤如下。

① 识别信息系统的战略目标集；

② 描绘系统的结构；

③ 识别各个子系统的目标；

④ 将组织信息系统战略集转化为网站系统战略。

战略目标的转化很难用定量的方法表达，往往需要依靠管理的经验和知识定性地完成。

（3）企业系统规划法

企业系统规划法是传统信息系统规划中常采用的方法。这种方法主要基于通过对系统业务过程的分析规划系统的结构和开发步骤，是一种以业务过程分析驱动的系统规划方法。通过对企业业务流程的分析抽象出业务和数据之间的关系，并由此规划系统的结构和子系统的功能及接口。由于其目标清楚，可操作性好，所以在企业信息系统的开发中得到广泛应用，同样可以在网站系统的开发中应用。在详细分析企业业务流程的基础上确定网站建设的计划和标准。这里还会涉及如何将物理的业务流程转换为网站上的虚拟业务流程的流程再造问题。

2. 系统规划的一般步骤

不同的网站规划方法其具体的规划步骤不尽相同，但系统规划都是在对环境和需求有了初步分析的基础上进行的，一般来说主要的步骤和内容如下。

（1）提出规划要求。

（2）收集信息。

（3）现状的评价和约束的识别。

（4）设置目标。

（5）规划内容及其相关性分析。

（6）目标的分析及优先实现的优先级。

（7）人员、资金。
（8）实施进度计划（包括经费预算和使用计划）。
（9）效益初步分析。
（10）开发平台硬件、软件环境（不一定马上购买）。
（11）可行性分析。

2.2　网站规划的具体内容

电子商务网站的系统规划工作，原则上是按照上述一般信息系统的流程来进行的。然而，根据网站这类特殊信息系统的自身特点，在规划企业网站时，特别需要注意对网站定位、环境设置等方面的总体考虑。另外在网站系统规划时还要充分研究网站建立、网络营销等方面所涉及的规划内容，以及开发计划的制定。

2.2.1　网站定位

网站系统开发制胜的关键之一是定位准确，而不是盲目地跟风和简单地模仿。定位是否准确的关键则是要符合企业的实际和长远的利益，而且要可以实现，易于操作。

1. 网站目标定位

（1）企业应当策划短期和长期的赢利项目。
（2）主要的商品和服务的项目。
（3）国内和世界网络市场分析。
（4）分析网络中企业现有的竞争对手。
（5）分析取胜的机会。
（6）制定相应策略和正确的操作步骤。
（7）应提供详实的网站系统开发策划书。

2. 网站功能定位

要建立一个适合于企业电子商务的网站，应具有如下功能。
（1）设计并申请适合企业的域名。
（2）服务商的选择。
（3）确定适合企业的在线生意。
（4）站点能提供主要产品或服务外的附加的有价值的信息内容。

（5）网页功能设计。

（6）将网站中主要页面向世界各大搜索引擎和国内主要的搜索引擎登记注册。

（7）选择在线交易的在线支付平台；

（8）制定网站的推广策略。

3. 网站规划的主要工作

从网站建立的过程考虑，一个企业规划网站系统时还必须考虑如下的问题。

（1）如何申请一个有价值的域名。

（2）如何设立一个电子商务服务器。

（3）接入方案的设计。

（4）开发平台的选择和数据库系统的选择。

（5）后台管理的策略及其实现。

（6）在线交易的设计，其中包括：安全策略设计；结算方式设计；网上商店和商品库存之间如何协调；物流配送方案设计；售后服务如何进行。

2.2.2 网络营销功能规划

电子商务网站的主要功能之一是开展网络营销，网站又是开展网络营销的主要平台。在制定网站系统规划时一定要以实现网络营销的功能为一个基本的出发点。规划企业在线营销的具体内容如下。

1. 网络营销具体内容的规划

在电子商务网站设计时，一定要在网页中体现网络营销的多种内容。例如，在线广告设计、电子邮件营销设计，网络社区、商品和服务的展示等。

2. 网络营销创意的规划

网络营销创意是关于电子商务促销的奇思妙想，是网站竞争的法宝之一。例如，有奖销售、个性化服务等内容的设计。

3. 网络营销策略的规划

网络营销与传统营销有很大的区别，这些区别有很多是通过网站系统体现的。在网站系统设计时，一定注意不要简单地将传统营销方式照搬到网站上来，而要研究并在网站上体现企业的网络营销策略。例如，针对固定的客户群体进行市场开发；网上商品价格策略的制定；对企业的竞争对手进行适时有效的监控；对客户信息及时进行反馈等。

2.2.3 网站风格和开发环境的选择

网站是一个企业或组织在网上的门户和形象的展示，所以网站要能全面、恰当地反映出企业文化和企业的内在特征。从这个角度说，网站设计也绝不仅仅是网站开发人员的事，而应该首先是企业或组织的决策者的事情。

1. 网站风格

（1）网站风格是网页风格的综合体现，包括网页的布局、主色调、字体样式等，是网站特点、水平的外在表现，当然也体现了设计者的艺术修养、设计水平和审美观念。

（2）网站中各个网页或同一个主题的网页应选择接近的网页设计风格，这样会增加浏览者的亲切感。要实现这些目标有很多技术可以应用。

（3）网站风格和网站提供服务的内容有关，网站的风格首先应服务于网站的目标。很显然，一个网上售花的商店与提供网上技术支持的公司网站应有不同的设计风格。有些网站配置过多的图片、色彩，过于花哨，显得非常俗气，显然不是一种好的网站设计风格。

2. 网站开发环境

网站开发和运行环境的选择是网站系统规划的重要内容之一，其中包括以下几项重要内容。

（1）网络平台选择。

（2）数据库平台选择。

（3）开发环境和工具的确定。

2.2.4 网站开发计划的制订

无数系统开发的事实都证明：没有一个切实可行的开发计划，网站系统的开发很难有条不紊地实现。其结果不是拖延工期，就是预算大大超支，严重的还会导致整个开发计划的失败。在网站系统的规划工作中，很重要的工作是制订项目开发计划。项目开发计划的一个重要内容是日程安排。此外，项目组要确定项目的最后时间期限，每个阶段的时间期限等内容。项目计划还要明确如下内容。

（1）项目目标和性能。

（2）开发工具和开发方法。

（3）项目任务分配。

（4）项目的顺序和项目协调。

（5）项目开发的阶段检测。

（6）项目设想和风险。

在制订网站系统开发计划时，有很多方法和工具可以使用，例如微软公司开发的项目管理软件“Microsoft Project”就是其中之一，应用该项目管理软件将以前很烦琐的计划工作变得很方便，而且给出全图形化操作界面。

图 2-1 为该应用软件的主界面视图。

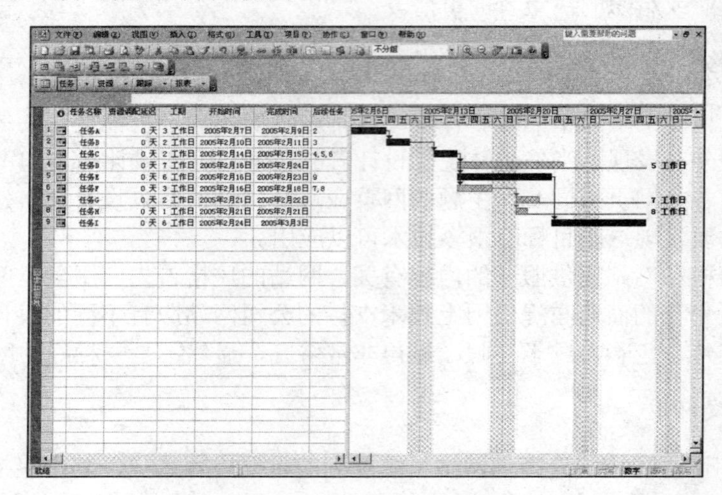

图 2-1　MS Project 的主界面视图

该应用软件的主要功能如下。

（1）定义项目。

（2）规划项目活动。

（3）规划资源需求并配备资源。

（4）规划项目成本。

（5）质量和风险管理。

（6）信息交流和安全。

（7）优化项目计划。

（8）分发项目计划。

（9）跟踪和管理项目。

2.3　可行性分析

在制定出网站系统规划后需要对初步规划进行可行性分析，因为只有可行的规划才有意义。可行性是指在当前组织内外的具体条件下，对于规划的网站系统是否具有开展研制工作的必要的技术、资金、人员及其他条件；规划的方案是否先进并且可行；企业的管理制度和管理方式是否适应网站系统的应用等等一系列问题。这些问题不解决，再好的方案也无法变为现实。对这些问题的分析就是可行性分析的主要任务。

网站系统的可行性分析主要对以下三个方面的可行性进行分析。

2.3.1　管理可行性分析

网站系统的开发建设是现代化管理和电子商务的需要，但同时它又需要有一定的环境支持，否则不仅会影响网站作用的发挥，甚至会造成网站系统开发过程受阻。所以管理可行性分析的目的是研究企业或组织是否在管理方面具有网站系统开发和运行的基础条件和环境条件。为了得出正确的结论，在管理可行性分析工作中很重要的一项就是进行组织结构调查与分析，其中主要包括以下两方面内容。

1. 对现在管理的规范程度进行调查分析

电子商务网站系统，是企业信息的搜集、传递、处理和展示的系统之一，所以科学的管理是建立电子商务网站的前提。只有在合理的管理体制，完善的规章制度，稳定的生产秩序，科学的管理方法和程序，以及完整、准确的原始数据的基础上，才能有效地建立信息系统。如果一个企业的管理基础工作薄弱，管理水平与先进的信息处理技术手段不匹配，原始数据来源的正确性、及时性无法保证，就不可能建立一个畅通的信息系统，也无法建立一个有效运行的电子商务网站。这样的企业必须在建立网站之前，首先改进企业管理，或者是先开发一些比较规范、见效快的业务系统。如果建立网站，也只能建立功能比较简单的网站。

2. 管理人员的认可和支持程度分析

电子商务网站的建设和管理需要对管理人员的素质和对网站引起的变化的认可和接受程度，特别是主要决策者的支持程度进行调查分析。

网站系统的建设绝不是几个开发人员的事，会涉及到组织或企业的各个部门和管理人员工作方式的变革，并且由此必然涉及到业务流程和组织机构的重组。这就要求各部门的员工具有一定的素质并且对新的工作流程持认可和支持的态度，特别是企业主管的认可和支持是网站系统成功开发的首要条件。

企业的主管和各级管理人员应该意识到，信息系统的建设符合企业长远利益，会使企业的信息化管理和信息的应用水平提高到新的层次，从而大大提高企业的素质、增强企业竞争力。为此，在网站系统开发之前和开发过程中，需要企业做好对员工的培训、流程的重组以及利益的冲突的平衡等工作。

2.3.2 技术可行性分析

技术方面的可行性分析，就是根据现有的技术条件，分析规划所提出的目标、要求能否达到，以及所选用的技术方案是否具有一定的先进性。信息系统技术上的可行性可以从硬件（包括外围设备）的性能要求，软件的性能要求（包括操作系统、程序设计、语言、软件包、数据库管理系统及各种软件工具），能源及环境条件，辅助设备及配件条件等几个方面去考虑。

1. 技术能否实现规划所提出的目标

可行性分析是建立在系统初步规划所制定的总体方案基础上，这时必须有一个经过各方基本认可的系统目标，从技术上分析这些目标是否能实现，并分析技术的先进性。在分析技术可行性时要考虑网站以下一些技术指标的实现问题。

（1）网站的可使用性：网站必须易于使用，而不只是信息的简单堆砌。这一要求直接与网站的版面设计和服务器的功能定义相关联。

① 网站要有好的导航功能：当网站的网页数目比较多时，应该提供站内搜索引擎服务，便于客户可以方便、快捷地在站内查找所需的信息。

② 网页要有可读性：网页尤其是长篇的网页需要有结构，可以考虑把长篇的网页分成多幅，或者提供网页之内的书签链接。

③ 网页的下载速度要快：如果下载时间超过 10 秒钟，将令人难以忍受。

④ 网站应能让用户达到其专门的使用目的。

（2）网站的交互性：交互性网站是网站发展的主流趋势。网站的交互有人对机和人对人两种。网站设计应提供足够的交互渠道。

① 人机交互的内容越来越多，例如有点歌播放，在线购物、计票等。

② 人对人的交互有电子邮件、BBS、聊天室等。

③ 在网站上设立使用方便的反馈信箱，既可用于提供客户投诉的渠道，也可以了解用户的需求。

④ 网站的交互应用会大大地增加网站的处理功能和存储容量。网络带宽的要求及网站内部结构设计也要相应地调整。

（3）网站性能及其可扩展性：网站用户代表的是一个以几何级数膨胀的群体，如何保证网站高性能的前提下，不断满足越来越多用户的需求，将牵涉到网站内部结构的规划、设计、扩展与系统维护。从网站实现的技术角度来看，网站的主要性能指标包括以下几个方面。

① 响应时间。

② 处理时间。

③ 用户平均等待时间。

④ 系统输出量。

2. 技术的先进性

电子商务网站系统的开发既不能采用先进但不成熟、不稳定的技术，又不能采用过时的技术。信息技术发展的摩尔定律表明了其变化和淘汰的快速。也许在开发之初还是主流、先进的技术，但当需要实现时，该项技术已经过时。为了保证所开发的系统有尽可能长的生命周期，在选用技术时一定要根据企业的实力，选择市场上比主流技术稍微超前一些，稳定可靠，性能价格比较高的技术和设备。同时还要考虑到系统开发过程中，前期的系统分析设计工作本身会需要一段时间，在这段时间中，技术、设备的价格、可靠性等还会发生变化。

当然，技术的先进性主要表现在能否实现网站所要实现的功能。技术是为目标服务的，所以在分析技术的先进性时，不能离开所要实现的功能。

2.3.3 经济可行性分析

经济可行性分析主要是对开发项目的投资与效益做出预测分析。即从经济的角度分析网站系统的规划方案有无实现的可能和开发的价值；分析网站系统所带来的经济效益是否超过开发和维护网站所需要的费用。

网站系统的投资包括硬件设备和软件系统，开发费用及培训成本，运营费用及维护、更新的支出等多项内容。网站系统的效益也要从提高效率、减少库存、改善服务质量、增加订单、提高企业竞争力以及可获得的社会效益等多个方面进行分析。

简单地说，经济可行性分析主要包括以下三方面的内容。

1. 是否有足够的资金支持

一个功能完善的网站系统的开发，需要企业大量的资金支持。有时，规划的方案虽然非常先进、有很高的价值，但超出了企业所能承受的成本，从经济上说就是不可行的。

2. 投资回报

规划的方案应有让企业的所有者能接受的投资回报的形式以及较短的回报周期。如果一个网站系统的规划方案没有明确的赢利时间表，或投资回报的周期太长，企业的所有者（包括股东以及投资者等）会无法忍受。这样的方案失去了开发的基本目的，所以也是不可行的。

在设定具体可行的营业收入目标时需要分析以下几个方面的因素。

（1）企业自身的知名度。

（2）网站的浏览量预测分析。

（3）网站的宣传计划。

（4）分析客户的购买行为对站点的依赖程度。

3. 网站成本分析

在收入目标确定之后，还须估计出成本才能对获利能力进行具体的评价。网站的经营成本将在第 8 章中有更详尽的分析，在这里仅列出成本的几个主要方面。

（1）网站信息的更新成本。目前很多企业的站点缺乏同步更新，使很多已经售空的商品依然摆放在网站上，这样会给商户带来信誉上损失。具有一定规模的电子商务网站其更新信息的任务是比较繁重的。

（2）软件开发维护成本。电子商务站点的设计需要一定量的软件开发和维护成本。

（3）宣传成本。网站的推广和宣传需要一定的成本，其中包括在其他网站上登广告、搜索引擎登录等费用。

（4）订单和客户反馈信息的处理成本。当网站管理员接到客户发送的订单和客户的反馈信息后，必须统一处理订单和客户信息。

（5）运营管理成本。网站投入运行后，每天都需要支出管理人员的工资以及设备运行、能源消耗等费用。

（6）委托代理成本。一般企业无法解决电子商务业务流程中的所有技术环节，往往需要一个交易平台提供商的支持，提供商需从每笔交易中提取一定比例的佣金作为回报。

2.3.4 可行性分析报告

在可行性分析的基础上要向企业决策者提交可行性分析报告，目的是由他们决定网站系统的开发是否可以继续进行。可行性分析报告包括如下一些主要内容。

（1）企业目前的基本情况：包括企业目标、规模、组织结构等。

（2）企业现行管理以及信息系统应用的情况：包括现行的管理制度、信息系统的组成、性能以及在管理中存在的主要问题等。

（3）拟建的网站系统的总体方案。

（4）经济可行性分析：包括新系统的投资、运行费用、经济效益及社会效益。

（5）技术可行性分析：包括对所提供的技术的评估，分析使用所提供技术建立网站系统达到预期目标的可行性。

（6）系统运行的可行性分析：分析网站系统对管理的思想、管理体制和方法变更的要求，实施各种有利于新系统运行的改革建议的可行性，人员的素质和适应性。

（7）结论：对可行性分析研究结果的简要总结。

可行性分析报告的结论是有关网站系统开发能否继续的基本依据之一。可行性分析报告的结论不一定是可行，而是以下六种可能的情况之一。

① 可以立即开始网站系统的开发工作。

② 需要增加资源才能进行系统的开发。

③ 需要推迟到某些条件具备后才能进行系统的开发。

④ 需要对目标进行某些修改后才能进行系统开发。

⑤ 方案完全不可行，需要推倒重做。

⑥ 没有必要进行系统开发，终止工作。

可行性分析是系统开发的关键环节之一，它在一定程度上决定网站系统是否能继续开发。如果要开发网站系统，首要的条件就是获得企业或组织高层的支持，因此，可行性分析报告一定要严谨、科学、实事求是，并具有很强的说服力，然后提交给组织的高层领导，以获得他们的批准及支持。

可行性分析报告一经通过，就不仅代表系统分析人员的观点，而且是组织、企业的领导、管理人员和系统分析人员的共同认识，并成为以后开发的最主要依据。

2.4　编写电子商务网站策划书

一个网站的成功与否与建站前的网站规划有着极为重要的关系。在建立网站前应明确建设网站的目的，确定网站的功能，确定网站规模、投入费用，进行必要的市场分析等。只有详细的策划，才能避免在网站建设中出现的很多问题，使网站建设能顺利进行。电子商务网站策划与规划有相近的内容但也有一些区别。电子商务网站策划书一般由投标的网站系统开发者根据用户需求撰写。

2.4.1　电子商务网站策划书的内容

网站策划是指在网站建设前对市场进行分析、确定网站的目的和功能，并根据需要对网站建设中的技术、内容、费用、测试、维护等做出规划。网站策划书对网站建设起到计划和指导的作用，对网站的内容和维护起到定位作用。

网站策划书相当于商业项目计划书，其内容与网站系统规划内容类似。网站策划书内容应该尽可能涵盖网站规划中的各个方面，同时网站策划书的写作务必要科学、认真、实事求是。网站策划书包含的内容如下。

1. 建设网站前的市场分析

（1）相关行业的市场分析。目前市场的情况调查分析，市场有什么样的特点和变化，目前是否能够并适合在因特网上开展公司业务。

（2）市场主要竞争者分析。例如竞争对手上网情况及其网站规划、功能作用。

（3）公司自身条件分析。包括公司概况、市场优势，可以利用网站提升哪些竞争力，建设网站的能力（费用、技术、人力等）等。

2. 建设网站目的及功能定位

（1）为什么要建立网站，是为了宣传产品，进行电子商务，还是建立行业性网站？是企业的需要还是市场开拓的延伸？

（2）整合公司资源，确定网站功能。根据公司的需要和计划，确定网站的功能：产品宣传型、网上营销型、客户服务型、电子商务型等。

（3）网站的目标。根据网站功能，确定网站应达到的目的和作用。

（4）企业内部网的建设情况和网站的可扩展性。

3. 网站技术解决方案

根据网站的功能确定网站技术解决方案。

（1）采用自建服务器，还是租用虚拟主机或主机托管的方式。

（2）选择操作系统，用 UNIX、Linux 还是 Window 2000 Server/NT。分析投入成本、功能、开发、稳定性和安全性等。

（3）采用系统性的解决方案（如 IBM，HP 等公司提供的企业电子商务解决方案），还是自行开发。

（4）网站安全性措施，防黑、防病毒方案。

（5）相关程序（如网页程序 ASP、JSP、CGI、数据库程序等）开发。

4. 网站内容规划

（1）根据网站的目的和功能规划网站内容，一般企业网站应包括：公司简介、产品介绍、服务内容、价格信息、联系方式、网上订单等基本内容。

（2）电子商务类网站要提供会员注册、详细的商品服务信息、信息搜索查询、订单确认、付款、个人信息保密措施、相关帮助等栏目和内容。

（3）如果网站栏目比较多，则应周密考虑栏目内容的合理分配和相互关系。

网站内容是网站吸引浏览者最重要的因素，无内容或不实用的信息不会吸引匆匆浏览的访客，可事先对人们希望阅读的信息进行调查，并在网站发布后调查人们对网站内容的满意度，以及时调整网站内容。

5. 网页设计

（1）网页美术设计一般要与企业整体形象一致，要符合 CI 规范，要注意网页色彩、图片的应用及版面规划，保持网页的整体一致性。

（2）在新技术的采用上要考虑主要目标访问群体的分布地域、年龄阶层、网络速度、阅读习惯等。

（3）制定网页更新和改版计划，如在半年到一年时间内进行较大规模的更新或改版等。

6. 网站维护

（1）服务器及相关软硬件的维护，对可能出现的问题进行评估，制定响应时间。

（2）数据库维护，有效地利用数据是网站维护的重要内容，因此数据库的维护要受到重视。

（3）内容的更新、调整等。

（4）制定相关网站维护的规定，将网站维护制度化、规范化。

7. 网站测试

网站发布前要进行细致周密的测试，以保证正常浏览和使用。主要测试包括以下测试内容。

（1）服务器稳定性、安全性。

（2）程序及数据库测试。

（3）网页兼容性测试（如浏览器、显示器）。

（4）其他测试。

8. 网站发布与推广

（1）网站测试后进行发布的公关、广告活动。

（2）搜索引擎登记等。

9. 网站建设日程表

各项规划任务的开始完成时间、负责人等。

10. 费用明细

各项事宜所需费用清单。

以上为网站规划书中应该体现的主要内容，根据不同的需求和建站目的，内容也会增加或减少。在建设网站之初一定要进行细致的规划，才能达到网站建立的预期目的。

特别应该注意的是电子商务网站策划的关键是找到准确的定位。第 1 章介绍了不同类型的电子商务网站的实例，说明不同类型的网站不仅内容不同，主要的功能、营销的策略都有区别。随着企业规模、经营内容的区别，网站千差万别，类型繁多。有的网站包括几百万个到几亿个网页，有的可能只有不到 10 个网页。网站的定位还体现了服务内容、服务质量的差别，因此网站策划书的编写也没有完全统一的格式。

2.4.2 电子商务网站策划书实例

这里给出一个软件公司为国内某著名家电厂商编制的网站策划书实例。为了保护商业机密和减少篇幅，在实例中略去了家电厂商和开发公司的名称并做了必要的节略和格式上的改变。

1. 前言

电脑自动化办公已将经营管理从传统模式中解脱出来，但仅作为单独使用的一台机器对它来讲是一种太大的浪费，由电脑强强联手所组成的网络将会改变整个经营思路。它可以实现企业经营最根本的一条真理——减员增效，它的信息高速路使一切传递变得迅速快捷、有条不紊。

本公司拥有专业的网站设计应用及维护人员，我们将根据贵公司的具体情况及需要量身定做一个商务网站，帮助您充分利用国际互联网上的信息资源，服务现有客户，挖掘潜在客户，最大限度地开拓国内外市场，为公司产品早日成为真正的世界名牌竭尽所能。

2. 网站设计需求

（1）建立完善的电子邮件订购系统。
（2）建立完善的网上采购，销售系统。
（3）树立企业形象。
（4）保持市场的领先地位。
（5）吸引更多的客户。
（6）为现有的客户提供更有效的服务。
（7）开发新的商业机会。
（8）建立完善的网上服务系统。
（9）提高管理效率。
（10）建立完善的跟踪系统。

3. 网站语言

（1）简体中文。
（2）繁体中文。
（3）英文。
（4）法文。

4. 网站设计风格

（1）以企业CI系统为基础，以不同浏览者阅读习惯为标准。
（2）网站属性：垂直型网站。

（3）华人风格（中文版）。

（4）纯欧美风格（英法文版）。

5. 网站布局

针对企业发展方向及战略部署计划对网站进行规划，以实现良好的运行，实现网站架设目标。

（1）网站信息布局。主要是主体信息结构及布局，它是总体网站的框架，所有的内容信息都会以此为依据进行布局，清晰明了的布局会使浏览者能方便快捷地取得所需信息。

（2）网站页面制作先进技术应用。这是一个成功网站所不可缺少的重要部分，本公司在这方面有着非常雄厚的实力。网站的内容必须要生动活泼，网站的整体风格必须创意设计，才能吸引浏览者停留，我们采用现今网络上最流行的 CSS、Flash、JavaScript 等技术进行网站的静态和动态页面设计，动态的按钮，活动的小图标，优美协调的色彩配以悦耳的背景音乐，将会给浏览者留下深刻的印象。我们将根据贵公司的企业 CI 及各种产品的特性，配合整个网站本身的设计风格对每个系列的产品进行网上的重新包装设计，务求达到展现产品是高品位的高档产品的品牌形象。

（3）中文版网站结构。中文版网站结构如图 2-2 所示。

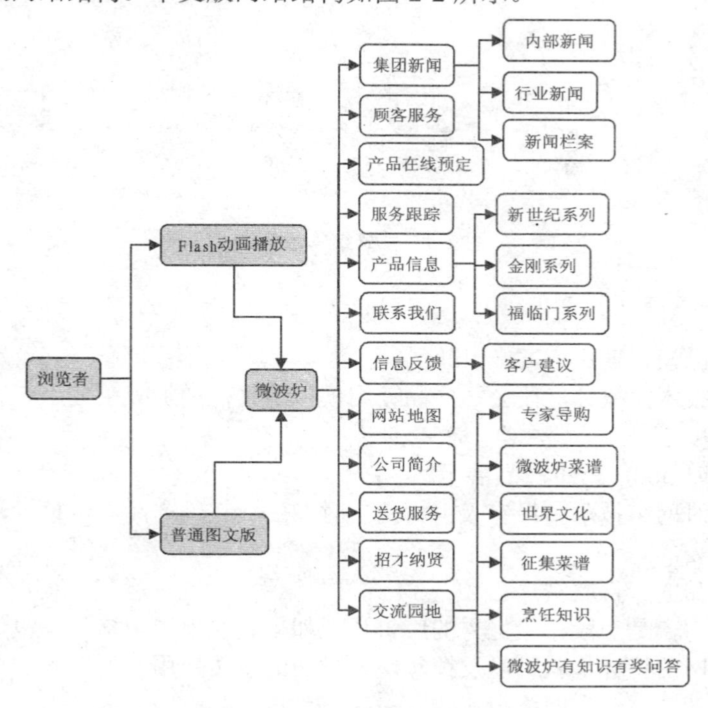

图 2-2　中文版网站结构

（4）英文版网站布局（略）

6. 系统设计

使用 MDaemon 作为企业内部的电子邮件服务器，IMail 作为公司雇员与 Internet 的相关业务伙伴交换邮件的外部服务器。它们之间使用一台 3COM RAS 1500 作为连接设备。使用定时拨号模式让内部邮件服务与外部邮件服务作定时邮件交换。系统结构如图 2-3 所示。

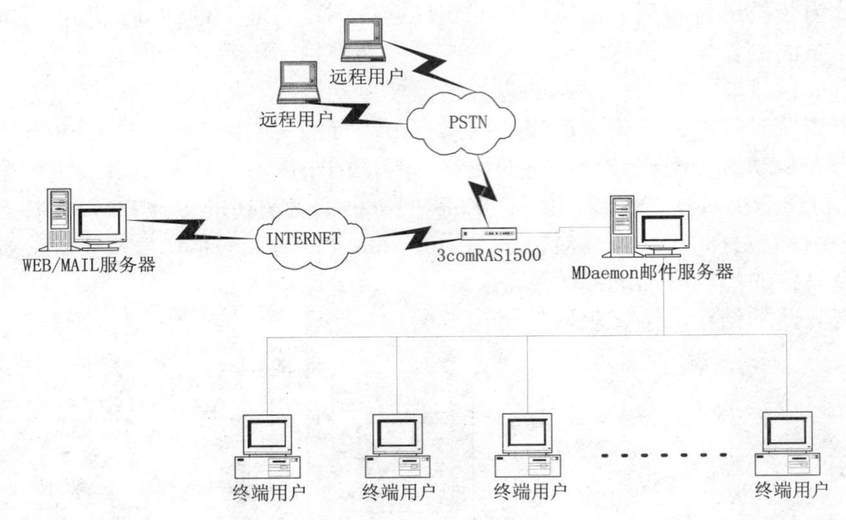

图 2-3 系统结构示意图

7. 网上产品展示方案

（1）网上产品模拟使用方案

利用多媒体技术，设计一段公司产品使用模拟情景，增加吸引使用者和游览者对贵公司及产品的忠诚度。

（2）网上实时 360° 三维产品展示

网盈使用现时网络技术中最有吸引力的实时 360° 三维产品展示技术，在网上尽情展现公司产品的英姿。

（3）公司产品的广告欣赏

公司的产品广告是一段相当优秀的广告片，如果仅在电视中播放是很可惜的，但如果能充分利用互联网的特性，就可以发挥实现长时间的宣传效用，所以我们可以将广告片段进行重新改造，使其适合在网络中流传。

8. 客户信息反馈系统设置

（1）公司产品使用调查问卷。
（2）购买行为分析表。
（3）供应商、分销商信息登记。
（4）客户资料登记。
（5）意见反馈表 Feedback。
（6）网站点击跟踪。
（7）浏览人数统计器。
（8）会员管理系统。

9. 网站信息交流系统

（1）聊天室。
（2）BBS 公布栏。

10. 在线商务推广

（1）与世界最大的前 100 家互联网信息检索器连接。
（2）与最大的前 20 家中文信息检索器连接。
（3）放入国际认证产品网。
（4）放入中国资源网。
（5）放入 6 个最大的国际贸易站点。
（6）在国内电子公告栏 BBS 发布信息。
（7）在中文 Yahoo!上发布广告信息一个月。
（8）通过 E-mail 向海内外潜在的销售商及消费者推广格兰仕微波炉的信息。
（9）产品 Flash 震撼广告动画推广及传播。
（10）soim 分类杂志电子邮件广告。

11. 技术支持和培训

（1）技术支持（略）
（2）培训
① 网站管理系统的使用。
② 网站管理系统的维护。
③ 信息发布系统的使用。
④ 信息发布系统的维护。
⑤ 网站界面风格控制系统的使用。

⑥ 网站界面风格控制系统的维护。
⑦ 后台管理系统的使用。
⑧ 搜索引擎的使用。
⑨ 搜索引擎的维护。
⑩ 索引库的维护。
⑪ 网站的建设和维护。

12. 报价（略）

2.5 习题与实践

2.5.1 习题

1. 什么是网站系统的规划？
2. 网站规划有什么意义？
3. 网站规划的主要方法有哪些？
4. BSP 的主要流程是什么？
5. 网站系统规划的主要内容有哪些？
6. 什么是可行性分析？
7. 什么是技术可行性？
8. 管理可行性分析的主要内容是什么？
9. 为什么要进行经济可行性分析？
10. 可行性分析报告应包括什么内容？
11. 可行性分析报告的结论是不是一定可行？
12. 电子商务网站有哪些主要类型？
13. 电子商务网站策划书主要包括哪些内容？

2.5.2 实践

1. 查询一个你认为比较好的企业网站，分析其网站的结构和功能。

2. 调查一个小型企业，为其规划一个网站。

3. 组织一个 3～5 人的电子商务网站开发团队，使用微软公司的 Projece 2003 软件制定开发上述规划网站的计划。

4. 策划一个网上书店，写出策划书，并分组展开讨论。

第 3 章　电子商务网站分析与设计

对电子商务网站有了比较全面的认识后，接下来就要研究如何建设一个网站。这里不是讨论用什么技术开发网站，而是把电子商务网站看作是一种特殊类型的信息系统，站在系统的角度介绍开发网站的方法和过程。

对于网站系统，在开发具体的网页及其细节内容之前，首先应按照一般信息系统开发的步骤并结合网站系统的特点，进行需求的详细调查、分析，进行系统的总体设计，然后再进行详细设计，这样才能保证将来设计出来的网站符合规划的目标要求，网站前台网页和后台管理的设计才有可靠的基础。

3.1　电子商务网站系统的开发方法

第 1 章已经从系统的观点来分析，将电子商务网站本身看作是一个系统，而且这个系统又是更大的系统——企业信息系统和电子商务系统的一部分。因此，电子商务网站的建设过程，实质上是信息系统的开发、设计与实现的过程。

根据信息系统的开发方法，在网站系统的开发过程中，可以采用的典型方法有：结构化生命周期法、快速原型法以及面向对象法等，在实际网站建设过程中可以综合运用这些方法，以提高开发效率和质量。

3.1.1　结构化网站开发方法

任何一个系统都遵循一个发生、发展和消亡的过程。结构化开发方法是采用结构化系统分析与设计方法，并按照生命周期流程来进行信息系统开发的方法，所以也称为生命周期法。结构化系统开发方法的基本思想是：用系统工程的思想和工程化的方法，按用户至上的原则，结构化、模块化、自上而下地对网站系统进行分析、自下而上的实现的方法。整个开发流程如图 3-1 所示。

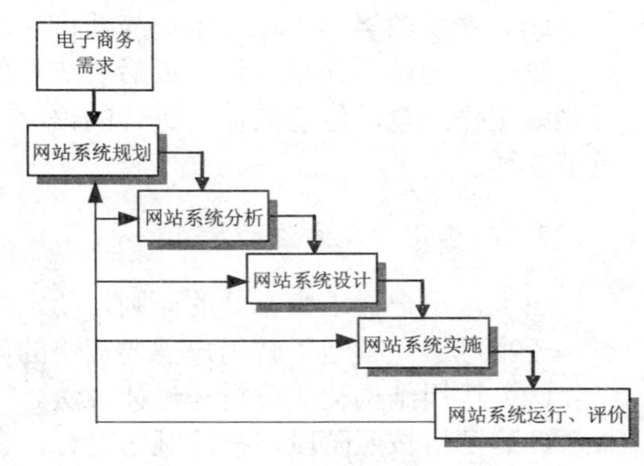

图 3-1　结构化开发方法流程

1. 结构化开发方法的步骤

结构化网站系统开发方法就是先将整个网站开发过程划分出若干个相对独立的阶段，然后分阶段实施系统的开发。每一个阶段都有明确的开发任务和开发的成果以及相应的评测指标；每一个阶段都需要有完整的开发文档和资料；每一个阶段的开发成果是下一个阶段开发的基础和依据。

结构化生命周期法的开发电子商务网站的过程一般可归纳为规划、分析、设计、实施、维护和评价 5 个阶段。

（1）网站系统规划阶段

系统规划是企业原来没有开展电子商务，没有建设网站，或者原来的网站系统因种种原因已经不能适应企业电子商务发展的需要时，提出建立一个新网站系统的要求，并就用户需求以及确立新网站系统开发的目标原则、方案和计划等问题进行可行性研究的工作，并确定最终的网站系统总体方案，包括网站的目标、布局、风格等内容。

（2）网站系统分析阶段

网站系统分析阶段的主要工作是对企业网站系统需求和市场情况等进行详细调查分析，构造出新网站系统逻辑模型和功能模型。这一阶段的主要目的是解决系统将要“做什么”的问题。

（3）网站系统设计阶段

网站系统设计是在系统分析提出的逻辑模型的基础上，使用各种网站开发工具来实现网站系统各项功能的工作，也就是解决新系统具体“怎么做”的问题。

（4）网站系统实施阶段

网站系统的实施是指按照系统设计提出的物理模型以及实施方案来进行的服务器等设备安装与调试、网站程序设计与调试、业务人员培训以及系统测试与切入等工作。该阶段的实质是要将系统设计的物理模型转化成能够实际运行的系统。

（5）系统的运行管理、维护与评价

这是新网站系统投入运行以后所进行的各项管理、维护工作，以及运行一段时间以后对系统工作质量、经济效益所进行的评价工作，也是保证网站系统正常运行并发挥效益的重要工作。

2. 结构化开发方法的特点

（1）以用户需求为驱动的原则，要求开发人员和用户密切联系，及时交流信息，从而有利于准确、完整地了解用户需要解决的问题，提高网站系统开发的质量。

（2）运用结构化的分析与设计方法。

（3）严格按照阶段、按照顺序进行。在运用结构化方法进行系统开发时，每个阶段都是以前一个阶段的结果为根据，因此基础扎实、不易返工，有利于对整个开发工作实现工程化的项目管理。

（4）结构化生命周期法存在的主要问题是技术上要求高，开发周期长，费用较高，以及由于用户的需要事先就已经严格确定，容易与新系统的实际成果产生较大差距等。

结构化系统开发方法的突出优点主要表现在：强调系统开发过程的整体性和全局性，强调在整体优化的前提下来考虑具体的分析设计问题；结构化方法严格地区分开发阶段，强调一步一步严格地进行系统分析和设计，每一步工作都应及时地总结，发现问题及时地反馈和纠正，从而避免了开发过程的混乱状态；结构化方法采用模块化的结构构建系统，便于系统开发的组织和分工，提高开发效率。

但是，结构化方法也存在严重的缺点，过程和文档要求过于复杂，并使系统开发周期过长，并由此带来了一系列的问题（如在这段漫长的开发周期中，原来所了解的情况可能发生较多的变化等）。另外，这种方法要求系统开发者在调查中就充分地掌握用户需求、管理状况以及预见可能发生的变化。这不大符合人们循序渐进地认识事物的规律性，特别是在网站开发工作中实施有一定的困难。

3.1.2　快速原型法

快速原型法是 20 世纪 70 年代中期提出的，是旨在改进生命周期法缺点的一种系统开发的方法。它是根据用户提出的需求，由用户与开发者共同确定系统的基本要求和主要功能，并在较短时间内建立一个实验性的、简单的信息系统原型。在用户使用原型的过程中，不断地依据用户提出的评价意见对简易原型进行修改、补充和完善，如此反复，使快速原型越来越能够满足用户的要求，直至用户和开发者都比较满意为止。

1. 快速原型法的开发过程

快速原型法的开发过程可以归纳为 5 个步骤，如图 3-2 所示。

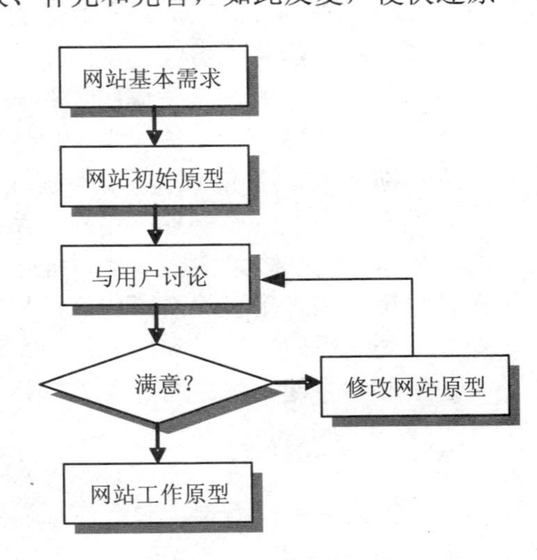

图 3-2　快速原型法流程

（1）确定网站系统的基本要求和功能。这是建立快速原型法的首要任务和编写原型报告的依据。开发者根据用户对网站系统提出的主要需求与功能，确定网站应具有的基本功能、网页的基本风格等，得到一个简单的网站模型。在快速原型法的早期工作中，通常基本功能是以最简单的形式置入原型的。

（2）建造网站初始原型。网站系统开发人员在明确了系统基本要求和功能的基础上，依据计算机模型，以尽可能快的速度和尽可能多的开发工具来建造一个结构仿真模型，即快速原型。由于要求快速，这一步骤要尽可能使用一些软件工具和原型建造工具，以辅助进行系统开发。

（3）和用户一起运行、评价、修改初始原型。初始原型建造成后，就要交给用户立即投入试运行，各类人员对其进行试用、检查、分析效果。

（4）由于构造原型中强调的是快速，省略了许多细节，一定存在许多不合理的部分，所以，在试用中开发人员和用户之间要充分地进行沟通，尤其是对用户提出的不满意的地方要进行认真细致的反复修改、完善，直到用户满意为止。

（5）建造网站系统的工作原型。在用户满意的初始原型基础上进一步完善性能、编制必要的文档资料和技术文件，最后提交给用户，作为系统开发的结果。

原型法的关键是通过迭代，逐步逼近用户的需求目标。在迭代时会有两种可能：一种可能是系统双方都满意，原型成为正式原型，继续执行，最终成为一个完整的信息系统；另一种可能是双方对系统都不满意，认为原型必须进行彻底的修改，或认为原型根本不可用，放弃原型。

2. 快速原型法的特点

（1）系统开发效益高：运用快速原型法可以使系统开发的周期短、速度快、费用低，获得较高的综合开发效益。

（2）系统适用性强：由于快速原型法是以用户为中心的，系统的开发符合用户的实际需要，所以系统开发的成功率高，容易被用户接受。

（3）系统的可维护性：由于用户参与了系统开发的全过程，对系统的功能容易接受和理解，使得系统的移交工作比较顺利，而且有利于系统的运行、管理与维护。

（4）系统的可扩展性：由于快速原型法开始并不考虑许多细节问题，系统是在原型应用中不断修改、完善的，所以系统具有较强的可扩展性，功能的增减都比较灵活方便。

由于在系统开发初期，用户对系统的认识不可能十分清楚。在这种情况下，他们对系统的需求也无法表达清晰，所以通过原型法开发的过程，不仅是系统开发的过程，也是开发者对用户需求了解不断深化、用户对信息系统的功能不断认识和学习的过程，这样就能保证系统的适用性。另一方面，原型法的应用是建立在强有力的开发工具基础之上的。没有使用非常方便、快捷的开发工具，就无法实现快速原型法开发信息系统。

3. 软件支撑环境

尽管原型方法有很多长处，但必须指出，它的应用必须有一个强有力的软件支持环境作为背景，没有这个背景它将变得毫无价值，各种网站开发平台和开发工具的发展使得原型法开发电子商务网站变得更加简便。

快速原型法的主要缺点在于系统的开发缺乏统一的规划和开发的标准，难以对系统的开发过程进行控制，同时快速原型法对系统开发的环境要求较高。例如，开发人员和用户的素质、系统开发工具的运用、软件环境、硬件环境等，都对快速原型法的开发效果产生重要的影响。

3.1.3　面向对象方法

面向对象方法是现在程序设计及系统开发的主流方法和发展趋势，其原因是因为有利于实现软件的复用，提高系统开发的效率和质量。考虑到整个教学计划的安排，在这里不准备过多介绍面向对象方法的细节，只介绍一些基本的概念和开发过程的组织方法。

1. 基本概念

在信息系统分析设计中，面向对象方法就是基于构造问题领域的对象模型，以对象为中心构造信息系统的方法。其基本做法是用对象模拟实际问题的实体，以对象之间的联系来刻画实体之间的联系。

面向对象方法的基本观点是，客观世界（信息系统开发所面临的对象）是由对象组成的，每个对象都有自己的内部状态和运动规律，不同对象彼此之间通过消息相互联系和相互作用。面向对象方法的基础和核心是对象和类的概念。

（1）对象是将状态和行为封装在一起，数据和过程封装在一起的程序单元；

（2）类是一组具有相同数据结构和相同操作的对象的集合。

2. 在网站设计中的应用

网站系统和一般的应用系统还是有很大区别。其形式类似，功能规范，更容易开发。例如电子商务网站虽然千差万别，但仔细分析其结构和组成的元素，其实有很多共同的特点。基本元素都是网页，网页虽然内容各不相同，但表达的方法有很多相同的地方，按照功能分解，无非就是订单、购物篮、支付、产品展示和后台管理、数据库连接等有限的几种类型。如果把网页看作对象，根据功能分为若干类，按照面向对象的方法组织开发，则自然可以大大提高开发效率和质量。

网页和网站开发工具的发展，越来越丰富的网站开发资源，大量可以重用的组建控件都为网站的开发者带来极大的方便。

3. 极限编程的概念

这是面向对象系统开发方法在系统开发过程中的新理念。极限编程追求的是一种敏捷、高效、低风险、柔性、可预测、科学而充满乐趣的软件开发方法。这个目标主要是通过以下一些管理原则实现的。

（1）快速反馈

通过及时快速地获取反馈，迅速改变产品以满足用户需求。这种反馈体现在开发团队内部、开发团队与客户之间以及管理层之间，提倡一对一的结对编程和口头交流，开发和测试同步进行，在开发时提前单元测试代码，边开发边测试边发布，及时发现问题。

（2）简单原则

秉承“够用即好”的原则。只要今天够用就行，不考虑明天会发现的新问题。这样小步快走的思路可以快速提供可以运行的系统版本，至于以后的问题通过代码重构和系统良好的结构与扩展性来解决。

（3）增量和迭代的原则

将系统的开发看成是一个持续集成的过程。将开发、测试和发布相结合，不断开发、不断测试、不断发布。首先解决需求清晰的重要的问题，为今后的修改做好准备，每次修改采用微调的方式，每次发布的版本在保证其价值的前提下尽量小。但每一次发布的版本并不是一个半成品，而是一个经过测试可以运行并值得发布的优质系统。这样不断发布新的版本显然可以激发开发者的热情，也可以创造和客户沟通的良好环境。

显然这种方法将生命周期法的一个生命周期过程变成多个螺旋上升的迭代生命周期的组合。无论是一个生命周期还是多个迭代增量式的生命周期，系统分析和设计的概念都是重要的。

由于电子商务网站开发的特点，网页上的一个个元素，一个个网页，网站的一个个栏目等都可以看作对象，再加上强大的网站开发工具，面向对象的开发思路和极限编程的组织实施方法在电子商务网站的开发建设中应该有广阔的应用前景。

3.2 电子商务网站系统分析

电子商务网站的项目正式立项后，网站系统的开发就正式开始。首先要做的就是电子商务网站系统分析。系统分析是信息系统开发生命周期中十分关键的阶段，它是一个反复调查、分析和综合的过程，是系统设计质量的基础。许多电子商务网站开发失败的原因之一往往是忽视或没有做好网站系统分析。

3.2.1 网站系统分析的一般概念

电子商务网站系统是一个相当复杂的系统，尤其是基于 Web 的信息系统，不仅涉及到企业或组织内部的管理信息，还要与因特网相连，涉及到客户、合作伙伴、供应商等无数网上信息的传送和处理。对于这样的系统，在设计和实施前必须进行认真的系统分析。所谓信息系统分析，就是以系统的观点，系统工程的方法对要开发对象的范围、内部及外部信息需求进行充分、详细的调查、分析，从逻辑上弄清楚，未来的系统究竟要“做什么”的过程。

系统分析的目的是要弄清楚新系统将要“做什么”。因为在系统规划阶段只是对系统的需求作了初步的分析，主要是确定系统的目标和方向，并没有严格的逻辑设计过程。在信息系统分析阶段，则需要认真分析用户的需求，用科学的方法来表达并深入分析新系统方案。

在一般信息系统的开发中，系统分析的任务是在现行系统的基础上建立一个符合规划目标、满足用户需求的新系统的逻辑模型。实际上就是绘制新的系统蓝图，因此系统分析又被称为系统的逻辑设计。

信息系统分析的内容主要是原系统的业务和信息流程是否通畅，是否合理，业务流程和数据之间的关系，以及为了实现系统规划的目标，新系统应该具有什么样的功能。

电子商务网站的系统分析工作要在前期规划方案的基础上完成网站系统的逻辑方案设计。最终为后面的系统的物理设计工作打下基础。

在系统分析中，自始至终都要十分重视以下 3 个问题。

1. 开发人员和用户之间的互动

开发人员和用户之间的互动是指，通过用户和开发人员之间的沟通、交流和讨论，构造一个最能满足客户需求、逻辑上最合理、性能价格比最高的逻辑设计，而且这个交互过程应贯穿整个开发过程。从某种意义上讲，这个交互过程越充分、越深入，开发的系统越能满足用户要求、系统的质量越高。开发人员和用户之间沟通的必要性在于：

（1）用户熟悉原来的业务流程，但用户不知道新系统能做什么；

（2）技术人员知道技术的作用，但不熟悉具体的业务流程。

因此，开发人员闭门造车和用户怎么说就怎么做，都是不可取的。只有通过交互过程才能发挥双方的优势，共同完成系统的开发。

有些网站开发人员往往急于求成，在未明确新系统究竟需要“做什么”的情况下，就开始进行模块设计、程序编写等工作，而用户却不清楚开发人员在设计一个怎样的系统，直至系统完成之后，用户才发现它们不符合要求，但为时已晚。开发人员和用户不能很好沟通必然会造成系统开发的失败。

2. 采用结构化的分析方法

结构化方法是构建复杂工程常用的方法，也就是系统工程的方法。其要点是自顶向下、逐步求精、模块化实现。这样做的好处是将复杂的问题逐步分解成一个个简单的问题，从总体轮廓到细节，步骤清晰、容易实施。分解的具体步骤如下。

（1）首先确定系统的边界和系统内外信息的交换，以及产生信息的信息源及接受信息的信息宿，也被称为范围视图。

（2）将系统分解成若干主要功能，并确定系统共享的数据库，又被称为顶层视图。

（3）如果某个功能仍比较复杂，则可继续分解成若干简单的功能。

（4）直到分解的每一个功能模块都足够简单为止，这时各个模块及其之间的关系组成系统的底层视图。

对于不同的系统，分解的步数和功能模块的多少都不相同，但结构化分解的方法都相同。在这里，结构化包含了两层含义，其一，分析的步骤是结构化的；其二，将一个复杂的系统用若干相对简单的模块来实现。

系统分析也称为系统的逻辑设计，新系统的方案被称为新系统的逻辑模型。在逻辑设计阶段既不开发程序代码，更不涉及硬件设备，这些工作是在物理设计阶段才去考虑的问题。如果一开始即进行编程设计，往往造成许多麻烦，常常会多次返工，事倍功半。

3. 网站系统分析的特点

对于不同类型的电子商务网站，分析的方法和难度不同。如果要构建一个基于 Web 的完整系统，则必须经过如上所述复杂的分析过程，采用将一般信息系统的分析方法和网站系统分析方法结合的方法。如果企业内部已经建立了基于计算机和局域网络的管理信息系统，则开发网站系统就要考虑如何和已有信息系统以及因特网相连接。如果只是构建一个单独的网站，则网站系统分析相对要简单得多，其分析和设计过程的阶段划分也不如复杂系统开发那么明显。

网站系统分析除了一般系统分析的内容外，一般还具有如下特点。

（1）网站成为信息系统中重要和关键的部分，是连接企业内外信息流通的桥梁和门户。

（2）要考虑如何将原来的管理功能上网，系统的工作方式变为浏览器/服务器模式。

（3）新系统功能的扩展：包括电子商务、新的营销方式、客户关系管理等内容。

（4）新系统会涉及到业务流程的重组。

（5）网络数据库设计以及与网页的交互。

（6）系统安全问题变得更加严重，需要考虑数据备份、防火墙、信息过滤、信息加密、防病毒等问题。

（7）网站用户除了企业内部管理人员外，还包括因特网上的客户。

（8）系统管理方式的变化，由金字塔式管理变为网络化管理。

3.2.2 网站系统详细调查

虽然在系统规划时需要做初步的调查，但对于系统分析来说是远远不够的，还需要自上而下的对信息及其处理过程进行详细的调查研究。

1. 详细调查的目的

信息系统的处理对象是依附在业务流程中的信息和数据，而信息系统分析的基础就是首先要弄清在原来的系统业务流程中包含了哪些信息以及这些信息是如何处理的。详细调查的目的，是通过对原系统自上而下的详细调查和分析，使系统开发人员全面掌握真实和尽可能完整的信息、数据及其处理过程和对新系统的功能需求，为构建新系统的逻辑模型建立正确的基础。如果对系统的信息和需求调查的不充分，或搜集的是一些错误信息，那么后面的分析和设计工作就不可能会有什么正确结果了。

2. 详细调查的内容

详细调查的范围应该是围绕组织内部及外部信息流所涉及领域的各个方面。信息流是伴随业务流、商流、物流、资金流、人员流动和管理流程而存在的，所以详细调查要涉及组织的所有方面和整个业务过程。其中一些主要内容如下。

（1）组织机构和功能业务：它包括组织机构、业务功能以及业务过程与组织结构之间的关系等。

（2）组织目标和发展战略：根据组织的目标确定系统的功能和结构。

（3）系统的外部环境：现行系统和哪些外部实体有工作联系，有哪些物质或信息的来往关系，哪些环境条件（包括自然环境和社会经济环境）对该组织的活动有明显的影响。

（4）决策方式和决策过程：决策所需要的数据、数据表达形式和数据的处理方式。

（5）管理方式和方法：包括系统的功能、人数、技术条件、技术水平、管理体制、管理流程、工作效率、可靠性等。

（6）数据与数据流：包括数据项定义、数据处理过程、数据的输入和输出数据存储以及数据的流向等。

（7）现行系统存在的问题和改进意见：各方面对现行信息系统的情况及新信息系统的研制持怎样的态度？包括各级领导、各管理部门、各基层单位以及有工作联系的外单位，他们对现行系统是否满意，希望如何改变，以及持这些看法的理由。

3. 详细调查的方法

详细调查的信息来源是系统的用户，包括管理人员和客户。系统调查研究是系统开发人员与用户的沟通过程。信息的形式是多种多样的，例如文件、会议记录、单证、账册、谈话记录等。调查时可以自上而下，从宏观到细节，对于不同的信息可以采用不同的调查方法。

常用的系统调研方法如下。

（1）个别访问。适合对高层管理信息的调查。

（2）开座谈会。适合对某一方面信息的专项调查。

（3）问卷调查。适合对应用范围较大信息的调查。

（4）网上调研。适合对网上客户或市场信息的调查。

详细调查涉及组织内外管理工作的各个方面，涉及各个层次的管理和操作人员，甚至包括网上客户。用什么方法调查出所需要的信息，不仅是一种技巧，也需要调查人员具有很强的沟通、交流、表达能力，这也是信息系统开发人员必须具备的素质。在详细调查过程中可以借助一些图形工具或表格工具来进行数据的分析和处理。

4. 数据分析

由于用户了解的信息都具有局限性，而且对于新系统不可能有很清晰的理解，从不同渠道调查的信息往往是含糊地、不分主次地罗列出许多问题及要求，所以在系统分析时，必须由系统研制人员首先要把这些信息明确化、定量化、条理化，形成科学严格的系统目标，然后才能应用这些信息得出正确的分析结论。

3.2.3 网站的需求分析

在一般信息系统分析中，需求分析是指新系统对信息、信息处理方法等的需求，是系统详细调查的结果，也是设计新系统逻辑模型设计的基础。在网站系统详细调查过程中，网站客户需求分析是非常关键的一个环节，尤其是对于商务网站，确定网站的目标客户是十分重要的工作。

1. 客户需求分析的重要性

电子商务与传统商务的根本区别之一是将客户放到核心的位置。只有清楚地确认谁是站点的客户，他们需要什么，他们的兴趣何在等，企业才可能在站点上提供他们所需要的内容和信息。只有让企业的站点吸引住目标客户并用站点所提供的信息留住他们，企业的站点才可能取得成功。

如何才能保证企业网站的内容符合客户的需要呢？在进行网站建设之前，就应当对企业网站的客户需求进行调查和分析，即在充分了解本企业的业务流程、所处环境、企业规模、行业状况的基础上，对网络市场进行详细的调查，并对网上客户现实的以及潜在的各种需求做出细致的分析。在此基础上，企业可以了解潜在客户在需求信息量、信息源、信息内容、信息表达方式、信息反馈等方面的要求。这样，企业网站就能够有的放矢地为客户提供最新、最有价值的信息。全面的客户需求分析的目的是使企业网站不仅仅只停留在简单的信息展示上，而且成为真正的应用功能型网站，使之尽可能多地实现电子商务网站的功能。

2. 网站系统需求分析方法

网站建设前，通过网络市场的调查，对网站将来的潜在用户进行可能的需求分析，并提交需求分析报告，根据分析报告的结论对网站的功能设计进行规划和实施。网站开通后，通过客户在本网站访问和购物的情况和提出的需求意见，结合当时网络市场的调查，定期对本网站现有客户及潜在用户需求进行分析，写出分析报告，以指导网站的维护和管理，调整网站的营销策略，实施更好的营销创意。

网站开通后，可以利用网站的信息搜集功能，对上网顾客进行经常的调查。对于第一次来访的用户，为了使上网者愿意提供自己的信息，网站可以采取各种奖励措施。例如对第一次访问网站的顾客，可以通过奖励的办法让他们尽可能详细地填写个人信息，并指导他们如何注册；对于已经注册的用户，可以通过发表评论、投票评比、网站明星的等栏目，吸引顾客反馈信息。另外，网站提供流畅的顾客投诉通道并及时进行处理和向顾客反馈处理结果是非常重要的，这也是网站搜集顾客需求信息的重要途径。

图 3-3 为“卖网”网站注册网页。“卖网”的用户注册信息非常详细，为了使用户主动填写尽可能多的信息，“卖网”采取了奖励“龙珠”方法，即奖励注册者在本网站购物的优惠电子货币。

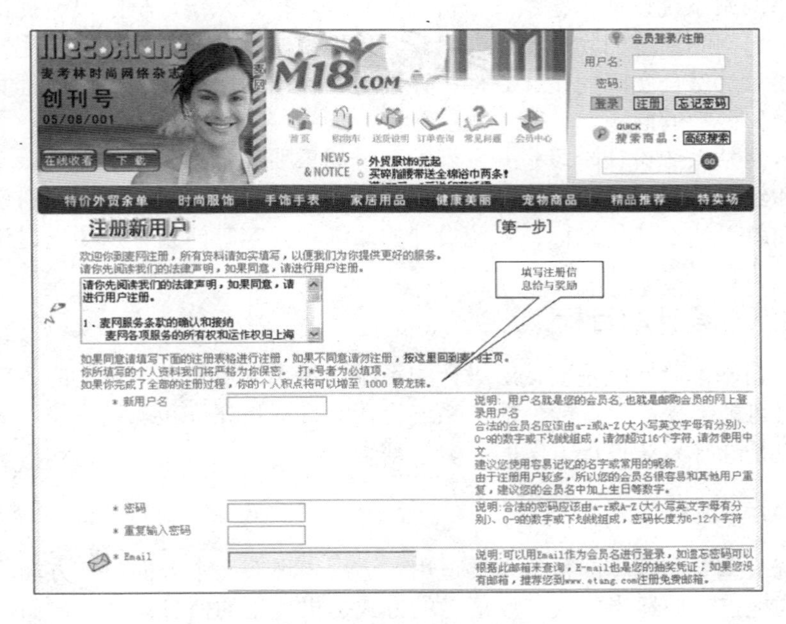

图 3-3 “卖网”用户注册网页

3. 客户需求分析的主要内容

客户需求分析的内容随着网站的类型以及经营的商品和服务的不同应有所区别。一般来说，对访问者的需求分析考虑应包括以下几方面。

（1）年龄范围。

（2）兴趣范围。

（3）工资收入和购买力。

（4）受教育程度。
（5）民族背景。
（6）性别。
（7）职业。
（8）语言。
（9）婚姻状况。

3.3 电子商务网站系统设计

电子商务网站系统设计是在系统分析的基础上，根据系统分析阶段所提出的新系统逻辑模型，建立起网站系统的物理实施方案。具体地说，就是根据网站系统逻辑模型所提出的各项功能要求，结合实际的设计条件，详细地设计出网站系统的处理流程和基本结构，具体解决“如何做”的问题。

电子商务网站系统设计阶段是开发网站系统的重要环节，它的工作质量直接关系到新系统的质量和经济效益。因此，整个系统设计过程的各项工作都必须按照科学的方法和程序进行。下面就系统设计的目标、系统设计的原则和内容等问题分别加以讨论。

3.3.1 网站系统设计的目标

系统设计的基本目标就是要使所设计的系统满足系统逻辑方案规定的各项功能要求。同时，还要尽可能地提高系统的性能。系统设计的目标是评价和衡量系统设计方案优劣的基本标准，也是选择系统设计方案的主要依据。

1. 系统的适用性

信息系统最重要和基本的目标是要适用。适用表现在两个方面：一方面，要在适当的时间，适当的地点，向适当的人，以适当的方式提供适当的信息；另一方面，信息系统还应在使用者需要的时候，非常方便地找到他们所需要的信息，并尽可能提供决策的支持。其中，所谓适当信息的含义包括信息的内容和形式。系统适用性原则充分体现了信息系统开发用户至上的宗旨。

2. 系统的可靠性

可靠性（也称为健壮性）是对任何一个实际运行系统的起码要求。系统的可靠性是指系统在正常运行时对各种外界干扰的抵御能力，这是对系统的基本要求，也是系统设计时必须首先要解决的主要问题。系统在工作时，可能会遇到各种各样的外界因素的影响和干扰，这些影响和干扰，有些是意外的操作错误，有些则是外界不可预测的因素造成的。

这就需要在系统设计时，对所有可能发生的这些情况都有所考虑，并采取相应的防范措施，主要从系统设计角度充分考虑系统的操作容错、系统安全监测、系统检错纠错功能、数据备份等问题，系统就会有较高的可靠性。

3. 系统的可维护性

系统的可维护性是指系统的可变更或可修改性。系统投入运行以后，由于系统的环境和要求是在不断地发展和变化的，所以不可避免地会逐渐暴露出设计上的缺陷和功能上的不完善，以及在使用过程中出现的硬件故障和软件故障等情况。所以，系统就需要不断地修改和完善，以适应用户的使用要求，这是伴随系统运行整个过程的一件持续不断的工作。因此，必须要求系统是可以维护的，而且操作要尽可能方便。对系统修改的难易程度，主要取决于系统硬件的可扩充性、兼容性和售后服务质量；系统软件的可操作性、先进性和版本升级的可能性；数据存储结构规范化程度及方便性；应用软件的设计方式等方面的因素。如果对应用软件采用结构化设计方法，将会增加系统模块的独立性，使系统的结构清晰，便于维护和修改，从而可以提高系统的适应性。

信息系统的可维护性可以归结为以下几方面。

（1）正确性维护。改正系统中存在的错误。

（2）适应性维护。适应环境的变化，扩展新的功能。

（3）增强性维护。为了提高系统性能而增加新的功能。

4. 系统的效率

系统的工作效率可以用对处理请求的响应时间或单位时间内处理的业务量来衡量。由于系统所选择的工作方式不同，其工作效率的含义也不相同，如联机实时处理系统的工作效率为对处理请求的响应时间；而批处理系统则为单位时间内平均处理的业务量。对于小型信息系统，系统的效率问题不是很明显，但当系统规模较大、处理的信息量很大、信息处理比较复杂时，系统的效率就是一个关键问题了。

信息系统的效率是个综合的概念。一般来讲，影响系统工作效率的主要因素有：硬件的运行速度，软件系统的性能，参数的设置情况，应用软件结构设计的合理性及中间文件调用的次数和数量等。

5. 系统的效益

企业建立信息系统的基本出发点是要使组织或企业获得效益和竞争的优势。当然，效益有多种表现形式，需要在系统分析设计时充分考虑。系统效益的分析是一件比较复杂的事情，在第 6 章还将专门讨论。

为了实现上述目标，就要求在系统设计时选用通用的、主流的、具有较好兼容性的软件和硬件；采用开放式、接口简捷的设计结构；严格遵守开发步骤；建立完整、规范的开发文档资料；建立科学的评价和监测方法。

上述性能是互相联系、互相制约的。在某些条件下，它们是互相矛盾的，但是在另外一些条件下，它们又可能是彼此促进的。例如对系统的可靠性和工作效率来说，为了提高系统的可靠性，就需要增加校验功能和对错误情况的处理功能，这势必要延长系统的处理时间，似乎降低了系统的工作效率，但是从另一方面看，如果系统的可靠性提高了，则能保证系统长时间安全运行而不中断，系统总的运行效率就比较高。

因此，系统设计人员必须根据具体系统的目标要求和实际情况，权衡利弊后，再决定将哪些指标放在主要位置上加以考虑，哪些指标可以放在次要位置上处理。

3.3.2 系统设计的一般原则

为了使开发的信息系统最终能满足设计规划的目标，一般信息系统的设计要遵循以下一些基本原则。

1. 用户为中心原则

用户为中心原则，主要是强调用户在信息系统开发的整个过程中的主导作用。其主要表现如下。

（1）系统必须要满足用户的目标。

（2）系统的开发过程需要用户的参与。

（3）在开发过程中要争取用户的支持和理解，尤其是高层决策者的支持。

（4）用户的培训是开发过程的重要环节之一。

（5）用户的认可程度和素质的高低直接影响系统运行的质量和生命力。

2. 简单性原则

简单性原则是指在达到系统预定目标的条件下，应该使系统尽量简单、适用。一般来说，用户总是希望得到一个操作简单、使用方便、功能完善、易于维护和修改的系统，因此在系统设计过程中，必须考虑到尽量使数据处理过程操作简化，要使人工输入的数据尽可能减少，使输入数据的形式易于理解和掌握，系统结构要清晰、合理，要尽力避免一切不必要的复杂化，以满足用户在操作和维护方面的需求。

3. 经济性原则

系统开发的目的是要获得效益，这就要求在开发过程中，也必须遵守经济性原则，即在设计过程中无论是系统的结构设计，还是硬件和软件的选择等，都要尽可能地降低系统的设计成本，减少不必要的费用支出，严格执行预算计划，这里既要考虑到实现系统的费用，又要考虑到系统实现后的维护和运行费用。

4. 完整性原则

系统是一个有机的整体，应该具有一定的整体性。因此，在系统设计时，必须保持它的功能完整，联系密切。要使整个系统有统一的信息代码、统一的数据组织方法、统一的设计规范和标准，以此来提高系统的设计质量。

5. 可靠性原则

可靠性既是评价系统设计质量的一个重要指标，又是系统设计的一个基本出发点，只有设计出的系统是安全可靠的，才能在实际运行中发挥出它应有的作用，因此在系统设计过程中，必须考虑到对各种不安全因素抵御能力的设计。例如，对错误数据检错纠错能力设计，出现意外情况后系统恢复能力设计等。

以上是系统设计的一些基本原则。除此之外，还要根据系统设计的具体目标和条件，考虑一些具体设计要求和原则。

3.3.3 系统设计的一般过程

网站系统设计是要在分析阶段产生的逻辑模型基础上建立系统的物理模型，整个过程可分为 3 个步骤。

（1）系统总体设计。其中包括系统总体结构设计、系统数据库设计、计算机及网络系统配置方案设计。

（2）系统详细设计。主要包括系统代码设计、用户界面设计以及计算机处理过程设计。

（3）编写系统设计文件。主要是系统设计说明书。

1. 系统总体设计

系统总体设计的方法通常可以采用结构化的方法，即由顶向下、逐步求精和模块化的方法。系统总体设计涉及到系统的总体结构等方面，将决定系统各个部分的性能，所以十分重要。具体包括以下一些步骤。

（1）功能结构设计。功能结构设计的任务主要是确定系统包括哪些子系统，各个子系统之间的信息关系。在确定系统结构时可借助一些专门的图形工具。

在此基础上确定系统的功能模块结构。可以采用结构化的方法，将系统首先看成一个模块，然后把它按功能分解成若干个第一层的主功能模块，这些模块各自完成一定的功能，互相配合，共同完成整个系统的功能。如果每个主功能模块功能还比较复杂，可以再进一步通过结构化设计方法，将其逐层分解成多个大小适当、功能单一、具有一定独立性的模块，以便于进行程序设计。

（2）系统处理流程设计。即通过处理流程图的形式，将系统对数据的处理过程和数据在系统存储介质间的转换情况详细描述出来，它是系统物理模型的重要组成部分，也是进行程序设计的主要依据之一。

（3）系统数据库设计。它主要是根据系统分析阶段所得到的数据关系集和数据字典，再结合系统处理流程图，进行数据库的规范化设计，确定每个共享数据库和数据表的结构及关联。

（4）计算机和网络配置设计。现代信息系统无一不是建立在网络和计算机环境基础之上的。合理的配置系统环境，可以达到使用较小的投资，获得较好的系统性能的目的。

计算机系统配置主要包括计算机硬件、系统软件的配置。网络系统的配置包括网络结构、网络基础设施、网络设备和接口设计等。在配置计算机和网络系统时要遵循以下的原则。

① 根据系统开发规划，考虑系统近期和远期目标，先规划、后购买。

② 计算机系统要具有一定的先进性，以使系统具有较长的生命周期。

③ 硬件要与存储设备、输入、输出设备以及软件系统配套，一起规划。

④ 经济性，选择性能/价格比较高的软、硬件系统。

2. 系统详细设计

（1）代码设计。代码设计就是对系统中的数据进行编码，并使这种编码作为数据的一个组成部分，用以代表客观存在的实体或属性，以保证它的唯一性，并便于计算机进行分类处理。各类数据编码要符合标准化要求，对各类文件及数据库的命名及对各类图表的绘制等都要按照一定的规范和标准进行。

（2）输入/输出设计。它主要是指对以记录为单位的各种输入、输出报表格式的详细描述。另外，人机对话格式的设计以及对输入、输出设备的考虑也在这一步完成。

（3）程序流程设计。它是根据模块的功能和系统处理流程图的要求，设计出程序流程图或框图，为程序员进行程序设计提供依据。在这一步设计中，也可以结合运用结构化语言等工具，来更清楚地描述出程序的功能和结构。

（4）系统安全策略设计。为了保证系统能够安全可靠地运行，还要考虑对系统的可靠性和数据的保密性进行设计，例如操作权限的设计和数据加密设计等。

3. 编写系统设计文档

系统设计的最终结果是系统设计说明书，它是系统设计阶段的成果，也是系统实施阶段的唯一出发点和依据。因此系统设计说明书首先应该全面、准确和清晰地阐明系统实施过程中具体应采取的方法和技术以及相应的环境要求。其次，对系统的总体结构，所有的功能模块等都应有详尽的说明。第三，在描述中应准确、清晰，且文字简捷，便于阅读。

系统设计说明书主要包括以下内容。

（1）系统结构图。

（2）数据库设计说明。

（3）计算机和网络系统配置说明。

（4）代码设计说明。

（5）用户界面设计说明。

（6）计算机处理过程说明。

（7）系统使用操作规程。

在系统设计结果得到有关人员和部门认可之后，就可以拟定新系统实施计划，详细地制定出实施阶段的工作内容、时间安排和具体要求。实施方案经过批准后，就可以正式转入实施阶段。

3.3.4　电子商务网站系统设计的特点

网站系统是一般信息系统概念的延伸和发展，由于信息传递和表达方式的变化，使得网站系统的设计与传统信息系统设计相比，发生了许多变化。本节只列出一些网站系统设计中的主要特点，来说明这种区别。

1. 网站系统设计流程

一般来说，网站系统的设计流程主要包括网站目标细化、确定网站要素和网站设计三部分。

（1）网站目标细化

网站目标细化是根据网站系统规划的目标和系统分析的结果，按照项目管理的方法，将目标进一步细化，分阶段、分步骤予以实施。这里，根据网站建设的项目特点，详细设计出项目真正运作的相关要素，它包括网站系统每个项目阶段的任务、计划和人员安排，以及检测指标和最终提交的文件材料。

（2）确定网站要素

确定网站要素包括明确网站内容及结构，网站功能需求（如交互机制）和网站表现形式（如色彩搭配、字号选择），还应包括确定网站对象和网站提供哪些服务等内容。

（3）网站设计

网站设计的内容非常多，大体包括以下三个方面。

① 纯网站本身的设计，例如文字排版、图片制作、平面设计、三维立体设计、静态无声图文、动态有声影像等。

② 网站的延伸设计，包括网站的主题特征设计、智能交互、制作策划、形象包装、宣传营销等。

③ 站点采用的网络、数据库等技术也是保证网站最终良好运行的关键。

2. 电子商务网站系统设计原则

网站系统和传统信息系统的最大区别在于用户，网站的用户包括两部分：企业内部用户和企业外部的客户。任何一个访问企业网站的网民都是企业潜在的客户，为了吸引并留住他们，并发现和培养忠诚的客户，除了要遵循一般信息系统的设计原则外，电子商务网站系统设计时还要遵循以下 3 个基本原则。

（1）内容第一原则。认真规划网站及每个网页所要表达的内容，尽可能为网民提供丰富的内容，以此来吸引更多网民的注意力。网站和网页设计技术的选择主要服务于内容的需要，而不是采用的技术越先进越好。例如，在设计网页时图片的尺寸和数量、多媒体技术的应用都要慎重。千万不要让网民（潜在的客户）耗费一整个晚上的时间与金钱，才发现原来网站里根本没有要找的东西，这种痛苦真不是三言两语可以形容。内容可以是任何东西，包括文字、图片、影像、声音等等，但一定要跟这个网站所要提供给人的信息有关系。

（2）3 次点击原则。在设计网站层次时要考虑到方便网民的查询，尽量使网民在搜索网站内容时最多经过 3 次鼠标的点击就能找到。网站的内容要求要丰富，访问的速度又要快捷，这就需要认真设计网站的结构和网站的导航策略。

图 3-4 所示的是新浪网功能繁多的主导航条设计。

图 3-4 新浪网的主导航条设计

（3）服务至上的原则。服务是电子商务的最高宗旨。无论是内容的选择、还是服务的承诺，都是从用户的角度出发的。为客户提供个性化的、一对一的服务是电子商务根本的优势，而这一优势的实现主要是通过网站设计和服务功能来实现的。

这三个基本原则的实质都体现了客户在网站系统设计中的重要性，这些基本原则的实现是通过一些具体的内容体现的。

3. 网站系统设计技术的运用

网站的目的是为别人提供所需的信息，这样人家才会愿意光临，网站才有其真实意义，但有很多网站忽视了这个基本目的，复杂的设计技巧跃居网站设计的主角，内容信息反而沦为末端。实际上，技术运用的唯一标准是对客户需求的满足。那么究竟好网站的条件是什么？如何才能使技术的运用真正体现上述三个基本原则？

（1）考虑不同网民的连线状况

网民上网或许使用办公室的ISDN，也可能使用学校的高速专线，但设计者必须知道，目前不少人所使用的还是通过 Modem 电话拨号的方式上网，而且线路上经常会碰到速度很慢，甚至无法连接的情况。所以在设计网页时就必须以这种普遍状况为设计参考量，不要放置一堆会加重塞车情形或让人等得发火的东西。最后，设计完成之后，最好自己通过远端 Modem 拨接上网的方式来亲自测试一下。

（2）考虑使用者的浏览器

必须考虑上网者使用着不同的浏览器软件和显示器，包括大小、颜色、分辨度、支持的技术等都不相同，甚至要考虑到有些地方上网的速度还很慢；浏览器有许多种，常用的有 Internet Explorer、Netscape 等；显示器的分辨度有 1024×768、800×600 等；颜色也不相同，有 256 色甚至 16 色等。

如果想要让所有的人都可以毫无障碍地访问企业的网站，那么最好使用所有浏览器都可以阅读的格式，不要使用只有部分浏览器可以支持的 HTML 格式或程序技巧。如果想要展现设计者的高超技术又不想放弃一些潜在观众，可以考虑在主页中设置几种不同的观赏模式选项（例如纯文字模式、图形模式、Java 模式等等），供浏览者自行选择。

（3）重视首页的设计

网站主页对整个网站来说是至关重要的，因为它是别人认识这个网站的第一印象，最好在主页中对这个网站的性质与所提供内容做个扼要说明与导引，让上网者判断要不要继续进入里面。其次，在主页中应有很清楚的类别选项，而且尽量符合人性化，让上网者可以很快找到需要的主题。

在主页的设计上，最好坚持简洁而清爽的原则。

① 若无必要，尽量不要放置大型图形文件或加上不当的动画程序，因为它会增加下载时间，导致上网者失去耐心；

② 页面的版面布置要简洁清晰，否则上网者会找不到所需的东西。

如果主页没有给上网者留下好印象，其结果很可能是上网者弃之而去，网站中的内容再丰富也没有用了。

（4）内容的分类

内容的分类很重要，可以按主题分类、按性质分类、按企业组织分类，或按人类思考直觉式地分类等，一般而言，按人类的直觉式思考会比较亲切。但无论哪一种分类方法，都要让使用者可以很容易找到目标，而且分类方法最好尽量保持一致，若要混用多种分类方法也要掌握不让使用者搞混的原则。此外，在每个分类选项的旁边或下一行，最好也加上这个选项内容的简要说明。

（5）互动性设计

网站设计的另一个特色就是互动。好的网站网页必须与浏览者有良好的互动性，包括整个网站栏目的设计和导航设计，都应该掌握互动的原则，这样让使用者感觉到每一步都确实得到适当的回应，产生亲切感和吸引力。如果用户的操作得不到响应或回应的时间太长，都会让人难以忍受。互动性设计需要一些设计上的技巧与软硬件支持。

（6）图形应用技巧

图形是网站的特色之一，它带有醒目、吸引人以及传达信息多的功能。好的图形应用可以让网页增色不少，但不当的图形应用会带来相反效果，而其中又以使用大量无意义及大型的图片成为网页设计的大忌。网站中图片使用的原则是：能不用的尽量不用；能少用的尽量少用；如果必须使用，也应尽量缩小图形尺寸。

尽量减少图片的主要原因是考虑目前国内的网络传输资源极为有限，所以在使用图片时一定要考虑传输时间的问题。根据经验与统计，浏览者可以忍受的最长等待时间大约是90秒钟，如果网页无法在这段时间内传输并显示完毕，那么使用者就会毫不留情掉头离去。因此必须依据HTML文件、图形文件的大小，考虑传输速率、延迟时间、网络通信状况，以及服务端与使用者端的软硬件条件，估算网页的传输与显示时间。

另外，在图形使用上，尽量采用一般浏览器均可支持的压缩图形格式，例如JPEG与GIF格式等，而其中JPEG的压缩效果较好，适合中大型的图形，可以节省传输时间。如果真要放置大型图形文件，最好将图形文件与网页分开，在网页中先显示一个具有链接功能的缩小图片或一行说明文字，然后加上该图形文件大小的说明（例如100KB），这样不仅加快网页的传输，而且可以让使用者判断是否继续进入观看。

还有一点要注意，为了节省传输时间，许多人习惯采用“关闭图形”的模式观看网页，甚至有人使用纯文字的浏览器。因此当放置图片时，一定要记得为每个图片加上不显示时的说明文字（也就是在HTML文件中的图形文件后面加上alt文字说明），如此使用者才能知道这个图形代表什么意义，判断要不要观看。特别是如果这个图形具有可链接的选项功能时一定要加上说明文字，并给予同样的链接功能。

（7）背景底色选择

有些设计者喜欢在网页中加上背景图案，认为这样可以更美观，却不知这样会耗费传输时间，而且容易影响阅读视觉，反而给使用者不好的印象。所以，若没有绝对必要，最好避免使用背景图案，保持干净清爽的文本。但如果真的喜欢使用背景，那么最好使用单一色系，而且要与前景的文字有明显区别，最忌讳使用花哨多色的背景。

（8）HTML文档的设计

一些设计者在撰写HTML文件时，会简略一些命令格式，但为了日后维护方便，撰写

HTML 时最好架构完整，而且初学者也可以借此对 HTML 语法有正确认识。另外，如果网站想让别人可以透过搜寻站来找到，那么千万不要忘了在〈Title〉指令中加上可供搜寻的关键字串。为了增加与使用者的互动，网页中最好也加上可供使用者表达意见的 E-mail 信箱，在 HTML 中一定要注意它的格式命令写法，在 PC 系统下，文件的大小写不分，但在 UNIX 系统下，大小写有区分。

（9）避免滥用技术

技术是令人着迷的东西，许多开发人员也喜欢使用最新的网页开发技术，似乎只有使用最新的技术才能体现网站的水平。其实，好的技术运用会让网页栩栩如生，令人叹为观止；但不当的技术则适得其反，反而成为网页的缺陷。在选择开发技术时要注意以下问题。

① 使用技术时一定要考虑传输时间，不要成为他人观看的沉重负担；

② 技术一定要与网站本身的性质及内容相配合，不要卖弄一大堆不相干的技术。

例如，有一个最常见的技术应用，就是利用 JavaScript 撰写一个走马灯的功能，让文字可以动态地显示在窗口的最下一栏，这种方式看起来似乎很酷，但却容易遮住该位置原本用来显示地址及传输状态的功能，反而造成使用者的不便。何况既然只是显示一两个文字，何不直接放在 HTML 文本中呢？Java 小程序也是目前网络上的常见技术，它是一个好用的利器，擅长于动态物象的呈现，虽然只要浏览器支持就可以运动，但同样也需要考虑传输时间，以及一般人的电脑系统负荷等问题。最后，技术最好不要用得太过多样而复杂，有些人似乎不展现功力就不快乐，所以也不管合不合适，就把所有可用的技术全部用在里面，而浏览者却看到一个令人生厌的网页。

4. 网站的可靠性

网站系统对技术的依赖超过传统信息系统，尤其是系统的可靠性设计，直接关系到系统是否能实际运行。在用户访问电子商务站点时，看到的是一系列漂亮、生动的页面，但这绝不是网站设计的全部，在这些漂亮的网页后面，还隐藏着复杂的网站管理系统和数据库系统在维持系统的正常运行。此外还包含一些复杂的计算机系统，用来维护这些站点以保证其处于高峰状态下的性能。因为，对于在任何给定时间内都要处理数以千计的 Web 应用请求，而且每天要响应十几万个页面浏览的电子商务站点来说，要获得峰值性能同时还要顾及到将来的发展需要，这的确是一个复杂的问题。

像新浪网的 Web 页面或者当当网上书店、TCL 的在线站点正常运行的背后，都有大型、有规律的服务器和复杂的负载平衡软件在有条不紊地运转着。具有容错功能的代理软件时刻准备处理用户的 Web 请求、数据库访问请求，以及读取高速缓存中的数据和向网络路由器发送各种各样的数据包请求。

提高系统的可靠性可以从系统的硬件、软件和运行环境三方面来考虑。

（1）硬件主要指选用可靠性较高的设备。

（2）软件指在程序中设置各种检验措施，以防止误操作和非法使用。

（3）运行环境指对系统的硬件和软件的各种安全保障措施、操作的规章制度等。

在开发电子商务软件尤其是大型系统时，要考虑到认证体系、支付方式、安全保护、物流配送、因特网的基础设施等环节中可能存在的问题。其主要包括以下内容。

（1）在考虑认证体系时，应与银行系统合作，建立公正、权威的金融认证中心，并给软件预留接口，这样，开发出的软件才具有可扩充性。

（2）软件在支付方面，可考虑多种支付方式，例如邮局汇款、银行划拨、一卡通、信用卡等。客户使用这样的软件时，才觉得灵活、方便。

（3）要考虑现行的因特网网络资源的带宽与运行速度。

5. 网站的结构设计

网站的结构是指网页的组成及其相互链接的关系，网站结构设计属于网站的总体设计。网站是一个系统，系统的结构对系统的性能有着重要的影响。一个具有良好结构的网站就像一篇好文章，让人爱不释手；好的结构还可以使访问者很容易找到所需要的内容，另外，由于网站的开发一般都由多个设计人员同时进行，首先规划好网站的结构就显得更加重要，否则结构混乱，无法正确链接，内容重复或遗漏等，将造成事倍功半、欲速则不达的结局。网站结构设计的内容应包括：网站基本功能（宽度）；网站层次（深度）；网页内容的划分；网页间的链接关系（导航）；网页总体风格设计，以及企业网站站标和数据库的规划等。

一个简单的企业网站结构如图 3-5 所示。

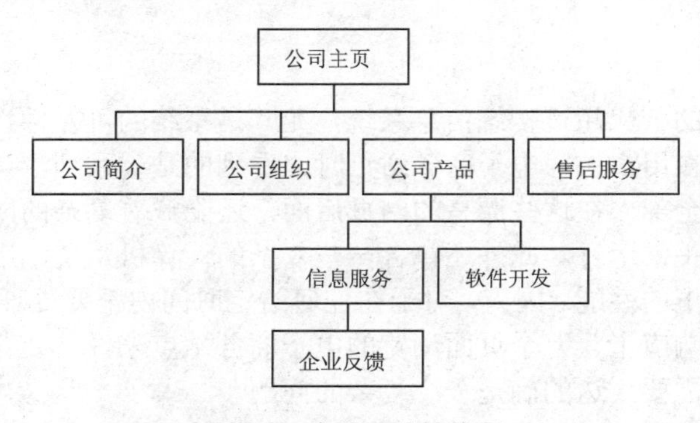

图 3-5 企业网站结构图

3.4 电子商务网站数据库选择

对于简单网站可以不用数据库管理，但如果涉及网上产品的展示或网上交易等，则一定要用数据库管理产品、客户和交易等信息，否则无法维护网站。另外，为了实现网页信息的及时动态更新，需要将网页显示的信息用数据库组织和管理起来。数据库的设计要根据数据库的规范化原则以及消费者使用和网站管理者维护方便的原则综合考虑。很难设想没有数据库支持的商业网站如何运行。因此，数据库在电子商务网站设计中占据着重要的位置。

3.4.1　常用的网站数据库

在网站开发时可以应用多种类型的关系数据库，下面仅列出目前在国内企业网站应用较多的几种数据库。

1. Access

Access 是微软公司开发的数据库产品之一。Access 集成在微软的 Office 办公软件中，而 Office 一般在购买计算机时已经内装。现在较新的版本是 Access 2003，它作为微软公司办公软件的组件之一而集成在 Office 2003 中。使用 Access 无须编写任何代码，只需通过图形化操作界面就可以完成大部分数据库的管理和操作。它是一个面向对象的采用事件驱动机制的关系数据库管理系统。它可以通过 ODBC 与其他数据库相连接，实现数据的互操作。也可以与 Word、Excel 等办公软件进行数据交换和数据共享。

由于 Access 与 Office 捆绑在一起，它可以方便地应用 Windows 以及 Office 系统中的各种资源。而且它提供了图形化简单应用开发界面，使用十分简便，对初学者是一种入门的选择。本书第 4 章的网站实例就是选用了这种数据库。

2. SQL Server 2000

Microsoft SQL Server 是微软开发研制的数据库产品，性能高效稳健，并与 Windows NT 系列的操作系统完美兼容，它是一个客户机/服务器结构的关系数据库管理系统，具备客户机/服务器结构的一切优点。微软公司的 SQL Server 2000 是一个能与任何支持大规模和高复杂应用程序的数据库系统相媲美的数据库系统。SQL Server 2000 可运行在台式机、笔记本上，也可以运行在 Windows 2000 的多处理器的计算机上。

如果电子商务网站的系统环境为 Windows 2000＋IIS 5.0，程序代码为 ASP，那么选择 SQL Server 2000 作为网络数据库，是建构中型电子商务站点的最佳选择之一。

3. Oracle

从 Oracle 8i 版本以后，Oracle 变成了一个面向 Internet 环境的数据库，它改变了信息管理和访问的方式，将新的特性融入到传统的 Oracle 服务器之中，从而成为一个面向 Web 信息管理的数据库。Oracle 8i 支持 Web 高级应用所需要的多媒体数据，支持 Web 繁忙站点不断增长的负载需求。

2001 年 Oracle 又推出了 Oracle 9i 数据库、应用服务器和开发工具包组成的集成化数据库系统，特别适合于企业级、基于电子商务的数据库开发和应用。它具有完整性、集成性、和简单性等显著特点。

Oracle 9i 的新特点主要有：操作简易，可扩展性好，引入插件（Cartridge）技术为开发人员提供一组全面的 API，以允许所开发的数据插件具有与 Oracle 的数据插件相同的内部访问机制；Oracle 几乎能在所有的平台上运行，并且完全支持所有工业标准，所以客户可利用很多第三方应用程序、工具、网关和管理实用程序，Oracle 的开放特性减少了客户对专用操作系统的依赖；在安全性方面，Oracle 引入了细粒度化的访问控制，改进了多层环境的安全模式，Web 服务器软件或应用服务器常设在防火墙上或防火墙外；通过限制一个中间层连接哪些用户以及将中间层作为一个特殊用户进行审计；对象关系数据库的对象类型的数据可使用 SQL*loader 来装载，并行查询可以利用对象类型或对象表在表上实施操作；提供了先进的网络特性和管理能力，Oracle 安全目录是一个层次数据仓库，可用来存储企业用户信息，安全目录支持授权访问数据加密实现安全接口层（SSL）。

总之，Oracle 作为目前一个流行的数据库平台，优势在于其安全性和海量数据处理能力，可以运行在 Unix、Windows NT/2000 和 Linux 等多种操作系统平台上，是大型电子商务站点网络数据库的最佳选择。

4. DB2

DB2 是 IBM 的数据库产品，现在已经推出支持多种语言的 6.1 版。DB2 既可运行于 IBM 平台，也可运行于几乎所有的非 IBM 平台，如 UNIX、Windows9X、Sun Solaris 等。它拥有强大的电子商务的功能，并将其多媒体功能扩展至图像、音频、视频、文字及先进的对象关系支持功能，使其网络及管理功能进一步加强。在 DB2 中还内置了 XML 分析程序，使用户在 DB2 表格中可以使用 XML 文件内容或从 DB2 表格创建 XML 标签文件。

DB2 是 IBM 电子商务解决方案的一部分，而且提供了强壮、安全的网络服务。它还支持大型数据仓库的 WWW 操作，例如数据挖掘、决策支持和 OLTP（联机事务处理）等。

5. MySQL

MySQL 是由 MySQL AB 公司开发和维护，其最新稳定版本为 3.23，而它的最新开发版本 4.0 已经进入了 Alpha 测试阶段。MySQL 独特的许可费用制度，很容易让用户对它印象深刻：它的价格随平台和安装方式的不同而改变，其 Windows 版本在任何情况下都不免费，而对任何 Unix/Linux 版本，如果用户或系统管理员自己安装是免费的，第三方安装则必须支付许可费用。

MySQL 的主要目标是快速、健壮、易用。MySQL 最初的开发目的是在一个便宜的硬件设备上能够快速处理海量数据的 SQL 服务器。经过多年的测试，它已经是可以提供一组丰富实用功能的系统了。MySQL 的主要特点是：完全支持多线程、多处理器；支持多平台，例如 Linux、Macs、ALX、HP-UX、OS / 2、Solaris、SCO、Windows 9X / 2000 等等；可支持多种数据类型；支持 Select 语句；支持 ODBC，可以在一个查询语句中对不同数据库中的多个表进行查询；索引采用快速 B 树算法，每个表允许有 16 个索引，每个索引可以有 16 个列，索引名称可长达 256 个字节；支持定长和变长记录；可以处理大数据库；数据库中所有的列都有默认值；可以支持多个不同的字符集，例如 ISO-8859-1、Big5 等；函数名、表名、列名之间不会产生冲突；服务器可以给客户端提供多种语言的出错信息；MySQL 客户端可以通过 TCP/IP 连接、Unix Sockets 或者 NT 下的命名通道连接到服务器端；MySQL 特有的 Show 命令可以查询数据库、表和索引信息等等。

如果电子商务网站的系统环境为 Linux＋Apache Httpd，程序代码为 PHP，那么选择 MySQL 数据库，将是实现高性能、低价格的最佳组合，是建构中型或大中型电子商务站点的最佳选择之一。

3.4.2　Web 数据库访问方法

前面已经介绍过在因特网上可以使用诸如 Access、Oracle、SQL Server 等多种数据库，每种数据库的存取格式都不相同，所以早期开发数据库应用程序只能依靠数据库厂商所提供的开发工具。难道现在开发者还需要针对每种数据库安装并学习一种开发工具吗？ODBC 可以帮助开发者解决这个难题。

1. 什么是 ODBC

ODBC（Open Data Base Connectivity）中文含义是开放数据库互联。这是一个标准的数据库接口，提供给应用程序一个标准的数据库存取方式，使得应用程序不用考虑使用何种数据库系统，只需使用 ODBC 来存取数据库源，由 ODBC 去实现不同数据库间的数据转换。我们编写应用程序时只需要向 ODBC 数据源存取数据就可以了。一般来说，凡是提供 ODBC 驱动程序的数据库都可以作为网络数据库。ODBC 的作用如图 3-6 所示。

2. 存取数据库对象

虽然 ODBC 为数据库访问提供了方便，但是使用 ODBC 应用程序接口也不容易，所以就出现了数据库存取对象的概念。目前常用的数据库访问技术有 ASP、JSP、PHP 等。应用这些技术访问数据库实际上就是通过调用一些组件（如 ADO 组件）来实现的。组件将数据库存取应用程序接口的功能封装在一起提供给编程者使用。由于采用了面向对象的数据库访问技术，大大简化了网页和数据库的连接。

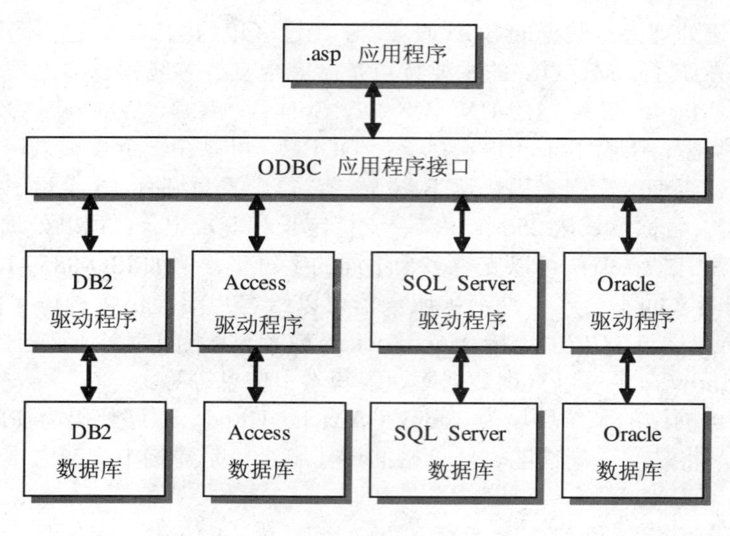

图 3-6 ODBC 原理图

3.5 网站系统代码设计

和一般信息系统设计一样，在电子商务网站系统中，每种实体（人、事、物、部门）都必须有代码，甚至文件和数据表的命名，都应有统一的代码标准。代码的功能主要表现在以下两方面。

（1）它是实体明确的、唯一的标识。使用代码便于数据的存储和检索，可节省存储单元和节省时间。

（2）使用代码可以提高计算机的处理效率。编码后排序、累计、合并、统计分析等许多处理可利用代码来实现，不仅能简化程序，而且处理效率高。

3.5.1 代码设计的一般原则

现代企业的代码系统已经发展为十分复杂的系统。随着计算机应用的广泛和深入，计算机集成制造系统的发展，代码设计不仅要考虑处理信息系统的要求，还要考虑满足计算机辅助设计、辅助制造的需要；不仅要考虑本部门的应用，还要考虑适用于大范围内信息共享和通信的发展。因此，代码设计是一件复杂的工作。合理的代码系统是计算机应用软件系统具有生命力的重要因素。目前，一些重要代码已建立了国际标准、国家标准和行业标准，在设计时应尽量采用这些标准，但还有许多代码需要本企业自己确定。在设计代码时要遵循以下原则。

（1）代码必须在逻辑上满足应用要求，在结构上与处理方法相一致。例如在设计统计信息代码时，为了能提高处理速度直接根据代码进行统计时，就应将一些统计项目内容包含在代码结构之中。

（2）代码必须具有唯一性。每个代码所代表的实体应该是唯一的。

（3）代码应表意直观，逻辑性强，便于记忆和减少错误的发生。

（4）应具有可扩充性，以适应变化的需要。当增加新实体时，可直接在原代码系统中扩充，而不需要重新组织。

（5）力求短小精悍。代码长度增加，出错率也随之增大，并且占据的存贮空间也增多，所以应在满足要求的前提下，力求短小精悍。

（6）尽量符合现有编码标准。一般情况下，如果有国际标准，则要采用国际标准；如果没有国际标准，则采用国家标准；否则，需要制定行业或企业的代码标准。

3.5.2　常用的编码方法

常用的编码方法有下列几种。

1. 顺序编码法

编码时按实体出现的顺序，或按字母（数字）的升序排列。例如“1”表示教师，“2”表示学生等。顺序编码的优点是简明、用途广，常与其他编码方法组合使用，追加新码比较方便。但这种码没有逻辑含义，它本身不表示任何信息特征；追加的数据只能列在最后，删除数据则会造成空码。

2. 成组编码法

给一组实体一定的代码区间。这种编码方法比较简单，占用的位数少。例如 00~19 表示图书，20~39 表示影碟，40~59 表示服装等。

3. 十进制编码法

当实体具有若干类标志，并且要根据这些标志做各种数据处理时，应采用这种编码方法。这种代码为每一类标志给以若干十进制位数。例如，用 8 位表示商品的代码，前两位表示商品类型，接着两位表示商品的分类型，后面的 4 位表示商品名称。

4. 组合编码法

由若干种简单码组合而成，是多种编码方法的组合，使用起来更具有灵活性。

3.5.3 电子商务网站代码设计

电子商务网站代码设计的主要目的是使网站信息代码化，以便于网页信息数据库管理，也便于程序设计。其中主要包括以下一些内容。

（1）网页文件名称设置。

（2）数据库及数据表文档命名。

（3）数据库中字段元素的命名。

（4）网页信息的代码：如新闻、商品等。

（5）图像文件的命名。

（6）商品命名代码。

不同类型信息的代码设计应遵循相应的原则。例如网页文档名称或数据库名称的设置，可以统一采用英语（或汉语拼音）、分段命名的方法。每段的名称表示网页或数据库的内容和层次，段之间可用下划线分隔。有些开发工具不支持汉字文档名，或汉化不是很彻底，对汉字的文件名称有时会出现错误处理，所以一般不直接用汉字作文档名称。至于商品名称代码则应遵循国际或国标规定的代码规范。

3.6 电子商务网站设计技巧

除了前面讲过的设计原则和方法外，还有一些很成熟的设计技巧可以在网站设计时灵活运用。下面介绍一些网站设计的技巧，说明为了使网站富于情趣，应该避免做什么，应使用什么工具软件以及什么才是上网者喜爱或者厌恶的网站。

1. 简化操作、留住访问者

如果用户不能迅速地进入企业的网站或操作不便捷，那么网站设计就是失败的。不要让用户因失望而转向对手的网站。

2. 不断优化内容

内容是一个网站的核心。以前，很多企业网站就像一本广告册子，更糟糕的是，网站使用了大量的图片，需要很长时间才能打开网页。有些网站，虽然页面设计的某些方面是成功的，但是内容太空泛，并且要花很长时间才能找到所要的东西，这样的网站不能算是一个成功的网站。网站要根据顾客的意见不断优化其中的内容。

3. 保持网页能快速下载

下载页面的时间太长最易引起访问者的反感。根据经验，一个标准的网页应不大于

60K，通过 56K 调制解调器加载最多花 30 秒的时间，也有设计者说网页加载应在 15 秒以内。

4. 注意网站的及时升级

要时刻注意网站的运行状况。即使性能很好的主机，随着访问人数的增加，也可能会运行缓慢。为了不失去访问者，一定要根据访问者数量的变化情况，仔细计划好网站设备和软件系统的升级计划。

5. 不要使用网站地图

有些网站设计者喜欢把他们的网站地图放在网站上，目的是使访问者对网站的结构和功能一目了然。其实这种做法是弊大于利。绝大部分的访问者上网是寻找一些特别的信息，他们对于网站是如何工作的并没有兴趣。为了方便顾客的访问，关键是需要改进网站的导航和搜索功能的设计。

6. 慎重使用特殊字体

虽然开发者可以在设计的 HTML 文档中使用特殊的字体，但是，却不可能预测网站的访问者在他们的计算机上将看到什么。因为使用的浏览器不同，在设计者计算机里看起来相当好的页面，在另一个不同的平台上看起来可能非常糟糕，甚至根本无法显示。对于这样的问题可以使用级联样式表 CSS 解决，但是只有最新版的浏览器才支持 CSS。

7. 避免在网页上出现错别字

正确的拼写看似简单，但对网页的设计十分重要，也体现设计者的良好素质。但是许多设计者都忽视或缺少这种素质，致使常常在漂亮的页面上出现错别字。这种失误也会引起上网者的反感。

8. 不要过多使用滚动条

要合理分配和布置每一个网页的版面，不要使网页过长、过宽。上网者往往厌恶在网上使用滚动条。

9. 设置网站介绍栏目

网站应当有一个很清晰的网站介绍栏目，介绍网站的背景和特点，告诉访问者该网站能够提供些什么，以便访问者能找到想要的东西。除此以外，有效的导航条和搜索工具使人们很容易找到有用的信息，这对访问者很重要。

10. 避免使用向前和向后按钮

应当避免强迫用户使用向前和向后按钮。网站的设计应当使用户能够很快地找到他们所要的东西。绝大多数好的站点在每一页同样的位置上都有相同的导航条，使浏览者能够从每一页上访问网站的任何部分。

11. 尽量少使用 Flash 插件

虽然许多 Web 设计者认为 Flash 功能很强大，并且 IE 5.0 和 Netscape 5.0 以上的版本都支持 Flash，在使用时不必再下载任何插件。但是对一般的商业网站，最好还是慎重使用 Flash 插件，这样用户就不必浪费金钱和时间去下载他们根本不想看的图像。

12. 动画与内容应有机结合

确保动画和内容有关联，它们应和网页浑然一体，而不是干巴巴的。动画并不只是慎用插件，在 Web 设计中，如果依赖于一些特别的插件，会减少网站的吸引力。如果访问者没有见到所要求的插件，将不得不到其他站点去下载，这样访问者有可能一去不返了。

网页设计技巧也会随着开发工具的不断发展而不断丰富。对于不同类型的网站，设计技巧的采用也不能一概而论。但有一点是不会变的：技巧的应用要服务于网站的目标和网页的内容。

3.7 习题与实践

3.7.1 习题

1．什么是系统分析？
2．信息系统分析的主要工作是什么？
3．举例说明详细调查的内容和方法。
4．网站的需求分析主要分析哪些内容？
5．系统设计的主要目标是什么？
6．系统设计要遵循哪些基本原则？
7．系统设计主要分为哪几个阶段，每个阶段的主要工作是什么？
8．结合实际说明网站系统设计有哪些主要特点？
9．数据库在网站中有什么作用？
10．有哪些常用的网站数据库？
11．代码设计在系统设计中有什么作用？
12．常用的编码方法有哪些？
13．代码设计原则是什么？

3.7.2　实践

1．查找 3 个你喜欢的符合设计原则的网站，分析其设计特点。

2．查找 3 个不符合网站设计原则的网站，分析问题的所在，提出改进意见。

3．分析几个优秀网站在设计中运用的一些技巧。

4．构思一个网站，并对该网站的需求进行调查和分析，写出分析报告，并设计出网站的结构。

第 4 章　电子商务网站的创建

这里所说的电子商务网站的创建是指如何将设计好的网站发送到一个能为网上客户提供网上电子商务服务的网站站点，或称作 Web 服务器。网站的开发一般都是在 PC 机或局域网环境下完成的，因特网上的用户还没法访问。要建成一个真正的 Web 网站还需要将它发布到一个和因特网相连接的、能不间断地提供 Web 访问管理和控制功能的 Web 服务器的指定目录中。这样，企业才在万维网空间真正安了家，世界各地的网民通过浏览器才能拜访企业开发的网站。本章主要说明企业如何建立自己的网站服务器。

4.1　电子商务网站服务器建设方案

Web 服务器包括提供 Web 服务的系统程序，安装这套系统的服务器以及相应的网络环境，因此，Web 网站兼有硬、软件系统的概念。建立网站包括域名申请、方案选择、网站发布、安全管理等一系列的工作。建立网站的方法有多种，例如虚拟主机、主机托管、企业网站的 Web 服务器、ASP 外包服务等。

4.1.1　选择因特网服务商

选择网站安放的方式是网站建设中很重要的环节。选择哪种方法不仅要看企业的具体情况，还要了解因特网上能提供哪些 Web 服务的内容。

在因特网上提供各种服务的服务商被称作因特网服务提供商（ISP），或因特网内容服务提供商（ICP）。他们除了提供网上信息外，还提供因特网接入、电子邮件以及多种建立网站的服务，使得许多小企业也很容易得到因特网的服务。但每个因特网服务商提供的服务种类的多少和每项服务的收费标准可能各不相同。企业为了保证顺利开展电子商务，必须认真选择服务提供商。

选择的主要原则大致有如下几条。

（1）服务项目的多少及服务质量。

（2）接入速度。

（3）信箱、网页以及虚拟主机的空间。

（4）技术支持。

（5）知名度、费用等。

4.1.2　租赁网页空间

如果一个企业还没有自己的 Web 服务器，但又希望在 Internet 上发布信息，那么可以自己制作 Web 页面，或者委托 ISP/ICP 服务商或类似的专业公司代为制作，然后在受托服务商的主机上租用一定的空间，把自己的 Web 页面及信息放在托管服务商的主机上指定的目录下发布。这种方式非常经济实用，无需任何软硬件投资，适用于小信息服务商、中小企业信息的发布。

还有些 ISP/ICP 服务商提供免费网页空间服务，即在服务商的某台提供 Web 服务的主机中为企业或个人建立一个虚拟的网站目录，存放客户自己的网站文档，并给客户一个域名，这样全世界任何一台连接到因特网的计算机都可以访问到该网站。免费的网页空间主要是为网页爱好者提供的一种服务，但也完全可以用来为某个公司特别是小型企业发布企业信息。

这样的网页空间特别适合网站设计初学者学习和实践，也可用于企业开展电子商务的初探，建立实验网站。有很多个人网站的设计非常专业、具有很高的商业价值，常常成为企业收购的对象。

免费的网页服务一般不提供数据库和复杂网页设计技术的支持，给网页设计增加了限制，管理起来也不很方便，所以不能放置规模较大的网站。国内目前可提供免费网页空间服务的 ISP/ICP 有很多，可以上网查找，但一定要注意免费网页的提供情况是经常变化的，所以如果利用免费网页空间建设企业的电子商务网站一定要选择那些规模较大、提供的免费空间较大、技术支持较丰富而且服务信誉良好的服务商。

4.1.3　虚拟主机

虚拟主机，实际上就是在 ISP/ICP 的主机上租用一定的磁盘空间来安置开发的网站，它是使用特殊的软硬件技术，把一台计算机的主机分成一台台“虚拟”的主机。每一台虚拟的主机都具有独立的域名和 IP 地址（或共享的 IP 地址），具有完整的因特网服务器功能。在同一个硬件、同一个操作系统上，运行着为多个用户开发的网站程序，互不干扰；而各个用户拥有自己的一部分系统资源（IP 地址、文件存储空间、内存、CPU 等）。

在因特网服务商的主机上可以同时安置多个公司的网站。所谓的虚拟主机，不是企业自己的主机但和拥有自己的主机一样使用，对企业本身来讲它是虚拟的。另外，虚拟主机不是一台独立专用的主机而是由多个网站共享，但对每一个网站和使用者来说似乎和独立主机没什么不同。在外界看来，每一台虚拟主机和一台独立的主机完全一样。有了虚拟主机，企业可以有自己独立的域名，自己的IP地址，而且因特网服务商负责对虚拟主机进行维护。由于多台虚拟主机共享一台真实主机的资源，每个用户承受的硬件费用、网络维护费用、通信线路费用均大幅度降低，所以给中小企业开展电子商务带来了便利。另外由于用户不需要负责机器硬件的维护、软件配置、网络监控、文件备份等工作，所以也不需要为这些工作头痛、再开支经费。因特网服务商提供监控服务的功能和技术支持，以及不断的技术更新，确保企业在因特网上的投资获得丰厚的回报。

如果企业已经建立了某种形式的因特网连接，再建立虚拟主机则不需要任何新的硬件投资，只需要向所选择的ISP/ICP申请一个IP地址和域名，以及虚拟主机服务请求。ISP/ICP服务商在他已有的主机上为企业建立一个IP地址的虚拟目录，这就是企业的虚拟主机。

4.1.4 主机托管

主机托管是建立Web服务器的另一种方式。支付一定的管理维护费用就可将企业购置的网络服务器托管于某个因特网服务商，这种方式特别适合中小型企业网站的建立。因为，企业建立一个网站，购置一台最基本的网络服务器要花数万元，还需要购置并不断更新配套的应用软件系统，聘请专业的软件人员负责网站运行和维护，这些费用的总和远远高于将网站主机托管出去的费用。因特网服务商的专业技术人员负责维护工作，并及时实现软件的更新、升级，不仅可为企业减少运营和管理费用，也可减少网站系统的投资风险。有很多因特网服务商提供主机托管服务。

实例：中华企业网（www.companycn.cn）提供的主机托管服务

companycn.com 是一家专业从事网络服务的公司，提供网络域名注册、主页制作、维护、虚拟主机硬盘空间租赁、主机托管、局域网建设、网络主页的再宣传、信息管理员和网页制作设计员的培训等全流程的服务。

表4-1为“中华企业网”提供的主机托管服务。用户自备服务器硬件，自己安装软件，主机设在公司主机房。公司负责该机器连接到网络上，并在机器“宕”机时帮助将其重新启动。

表4-1 中华企业网提供的主机托管服务

	1U普通服务器托管	2U普通服务器托管	4U普通服务器托管
上海电信机房	4G接入骨干网	4G接入骨干网	4G接入骨干网
端口	百兆共享	百兆共享	百兆共享
费用（年付）	6 500元/年	9 000元/年	15 000元/年
IP地址数量	1个	1个	1个

注：如需另外增加IP个数，100元/月。

中华企业网提供的服务标准如下。

（1）高品质机房环境及设备。

（2）恒温、恒湿控制系统。

（3）双路交流电+UPS+柴油发电机。

（4）机架式服务器配置。

（5）服务器系统软件安装、调试。

（6）24×7×365 网络系统管理维护与技术支持。

（7）24 小时服务器运行状态、流量监测。

（8）紧急状况处理。

（9）标准远程管理软件使用培训。

4.1.5　外包

随着因特网技术的迅速发展，因特网服务的类型和深度也在发生着变化。因特网服务提供商经历了因特网服务提供商（ISP）→ 因特网内容服务提供商（ICP）→ 因特网应用服务提供商（ASP）的发展过程。即服务内容由单一到多样的发展过程，服务的概念得到了越来越深刻的体现。

ASP 是应用服务提供商的意思，即通过网络特别是 Internet 以外包或租赁方式为客户提供各种服务的商家。这里的“各种服务”的含义非常广泛，诸如，替企业部署主机服务及管理、提供和维护企业的应用软件（如人事、财务、ERP 等应用软件），以及企业网、E-mail 等服务。总之，凡是企业需要在因特网上做的事情 ASP 几乎都可以代办。企业通过浏览器连接 ASP 服务网站，键入公司名称、密码，即可使用各种应用软件和存取各种资源。对于资金或专业人才缺乏的中小企业，利用 ASP 提供服务，实现网站的建设、管理及维护，应该说是一条多快好省的途径。

实例：网路神在线（www.yeahi.net）提供的 ASP 服务

网路神在线是 OnlineNIC（中国频道）授权的国际域名一级注册代理商，也是国内最大的域名注册商之一。国际、国内域名注册只需两天，速度十分快捷。网路神公司区别于一般的因特网服务商，除了协助客户建立高品位的商业站点以外，还提供企业在因特网上需要的各种服务，并注重网络营销，使客户在因特网上的投入能得到丰厚的回报，是一个名副其实的 ASP 服务商。网路神在线的主页如图 4-1 所示。

网路神在线提供的服务有多种规格可供客户选择。下面仅以“网上商城套餐”为例说明 ASP 的服务内容。

（1）cn 域名，一个一年。

（2）500M 网页空间，含 50 个邮箱用户。

图 4-1 网路神在线的主页

（3）Flash 首页一张。

（4）20 张内页（客户订单以表单形式发送至客户邮箱），文字录入 1 万字以内，图片处理 30 幅以内。

（5）新闻发布系统（新闻录入 20 条）+网上商城系统（录入产品 80 款）+BBS 论坛+网站调查系统+访问统计系统。

（6）1 年内 15 张内页修改。

（7）网站制作完成 3 个月后，保证 Google，百度，中搜网站收录。

（8）价格：12 800 元。

实际上，多数因特网服务商都提供企业因特网的一站式服务，为企业开展电子商务提供了方便。表 4-2 列出了一些提供 ASP 外包服务的公司的名称和网址。

表 4-2 部分 ASP 服务商的网址

网 站 名 称	域 名
北京万网网络技术有限责任公司	www.net.cn
北京信海科技发展公司	www.chinadns.com
北京信诺立兴业网络通信技术有限公司	www.sinonets.net.cn
北京京讯公众信息技术有限公司	www.263.net
北京迈至科网络技术处理有限责任公司	www.magicw3.com.cn

（续表）

网站名称	域　　名
北京瀛海威信息技术有限责任公司	www.ihw.com.cn
北京电报局	www.bta.net.cn
吉通通信有限责任公司互联事业部	www.gb.com.cn
中国电信集团公司数据通信局	www.chinatelecom.com.cn
北京首信网创网络信息服务有限公司	www.capinfo.com.cn
搜狐爱特信信息技术（北京）有限公司	www.sohu.com

4.2　域名的选择

在因特网中，计算机之间的通信使用 IP 地址进行统一寻址。但是由于 IP 地址是一串二进制数字，没有很明显的象征意义，而且记忆起来十分困难，所以几乎所有的 Internet 应用软件都不要求用户直接输入主机的 IP 地址，而是直接使用与其对应的具有一定意义的域名。

4.2.1　域名的格式

因特网上的域名采用树型和分层命名的方法，每个域名分为几段，用点号分开。其格式为：主机名.网络名.机构名.顶级域名。例如海信公司网站的域名是：www.hisense.com.cn 。

从右至左分别表示域名由高到低的层次。cn 为表示国别的顶级域名，com 为表示企业类型（公司）的次级域名，hisense 是海信公司的英文名称，是第三级域名，www 是公司 Web 服务器的名称，做最底层域名。

顶级域名的格式在国际上有严格的规范，根据顶级域名的不同，域名有不同的格式。

1. 国家域名

以国家代码做顶级域名，如中国的代码是 cn，英国的为 uk，加拿大的为 ca 等。美国原来没有作为顶级域名的国家代码，从 2002 年 4 月开始使用 us 作为国家域名代码。当以国家代码做顶级域名时，我国国内网站的次级域名又包括类别域名和区域域名两套域名体系。比如：清华大学的网站 www.tsinghua.edu.cn 以网站类别做次级域名，其中次级域名为.edu，表明这是一个教育单位的网站；天津电信的网站 www.tpt.tj.cn 以行政区域做次级域名，其中次级域名.tj，表明行政区域为天津。目前我国行政区域域名共 34 个，如.bj 为北京、.gd 为广东等。

2. 国际域名

国际域名直接以网站类型做顶级域名。表明网站类型的顶级域名原有 7 类，分别是 ac、com、edu、mil、gov、net、org。后来因网站数目增加太快，原有的域名资源日益枯竭，因特网指定名称和地址分配公司（ICANN）2000 年 11 月批准新增 7 个顶级域名，分别为 biz、info、name、pro、museum、coop、areo，所以现在已有 14 个网站类型的顶级域名，网站可以根据实际情况选择某个类型做自己网站的域名。顶级国际域名类型如表 4-3 所示。

表 4-3　顶级国际域名类型

序号	域名	应用	序号	域名	应用
1	ac	学术单位	8	biz	商业组织
2	com	公司	9	info	信息服务
3	edu	教育部门	10	name	个人域名
4	mil	军事部门	11	pro	律师、医生等专业人员
5	net	网络公司	12	areo	航运公司、机场
6	gov	政府部门	13	coop	商业合作组织
7	org	非赢利组织	14	museum	博物馆及文化遗产组织

中国国内企业网站既可以申请注册以 cn 为顶级域名的国内域名，也可以申请注册以公司类型域名为顶级域名的国际域名。域名最多可以有 5 层，最少可以有 2 层，但以 3 层（以网站类型做顶级域名）或 4 层（以国别为顶级域名）者占绝大多数。例如联想电脑公司的域名为：www.lcs.legend.com.cn，包含 5 层，而 IBM 公司的域名是 ibm.com，就只有 2 层。

4.2.2　域名的确定

企业申请注册域名主要是确定第三层和底层域名的内容，高层域名只须根据需要按规定选择即可。第三级域名经常作为公司的网上标志（有时也被称为公司的域名），底层域名则是 Web 服务器的名称。虽然原则上网站域名的内容可以随便选择，但由于网站域名是企业在因特网上的品牌和标志，以及域名在因特网上的唯一性，所以域名的确定也要深思熟虑。一个响亮、便于记忆的域名可以增加网站被访问的机会。

确定域名的一般原则如下。

（1）单位名称的中英文缩写。

（2）企业的产品注册商标。

（3）企业广告语。

（4）与企业产品、服务有关联，能反映企业经营活动和经营理念的域名。

（5）短小、独特、有吸引力、易记忆。

（6）简单有趣的名字，如：hello，howareyou，163，3721 等。

然而，将上述内容浓缩在一个域名里是非常困难的。因此，可以多注册一些域名，分别反映上述不同的方面，分别指向不同网站或同一个网站的不同部分，这是企业网上营销的有效手段，还可以防止一些不法之徒抢注相近域名的情况发生。在美国，一些知名企业注册有上千个域名，中国的海尔集团也注册了通用顶级域名以下的几十个域名，堪称是中国传统经济走向因特网的典范。

由于网站域名具有无形的价值，所以抢注域名的事件经常发生，使我国很多著名企业成为受害者。因此，还没有建立网站的企业应该抓紧去申请一个域名，以便保护属于自己的品牌，不要把属于自己的无形资产拱手送给他人。

4.2.3　域名的管理

目前，因特网上国际域名的注册和解析工作是由国际机构因特网信息中心 InterNIC（http://www.internic.net ）负责，该机构委托网络解析公司（Network Solutions ）负责日常的经营活动。国内域名则由中科院中国因特网信息中心 CNNIC（http://www.cnnic.net.cn ）负责，同时负责维护和解析工作。CNNIC 的主页如图 4-2 所示。

图 4-2　CNNIC 的主页

CNNIC 对域名的管理严格遵守《中国因特网域名注册暂行管理办法》和《中国因特网域名注册实施细则》的规定。按照国际惯例，域名申请遵循“先申请，先服务”的原则。一个域名一旦被申请，就将永远属于申请者，除非它自动放弃或转让。

企业可以到授权的域名注册服务商处进行域名注册。目前各地都有 CNNIC 授权的国内域名注册代理服务商。

4.2.4 域名的注册

CNNIC 现在已经不再直接受理域名注册的业务，中国企业网站注册国内域名可通过 CNNIC 域名注册申请授权代理商来完成。国内企业也可申请国际域名，以便将自己的网站推向世界。申请国际域名可以通过 CNNIC 实现，也可以通过国际域名管理机构（InterNIC）或国际域名注册申请代理商来进行。但应注意，在中国境内接入中国因特网而注册的国际域名必须要在 CNNIC 登记备案。

域名注册可以在上述机构或授权代理公司的网站上进行，注册的方法和步骤在网页上都有十分详细的提示和解释，只要按提示的步骤一步步去做就可以完成申请和注册。在网上申请注册后有时还需要提交相关的书面文件，交纳一定的注册费用（在不同的机构或不同的公司注册所需的费用可能不同）。申请注册域名的申请人可以采用 WWW、电子邮件、传真、邮寄、来访等方式提出注册申请。申请注册的步骤一般如下。

（1）注册.cn 域名遵循“先申请先注册”的原则。

（2）与注册服务机构签订在线（或书面）域名注册协议。

申请者应当在域名注册协议中保证：遵守有关互联网络的法律和规定；遵守《中国互联网络域名管理办法》以及主管部门的其他相关规定；遵守中国互联网络信息中心制定的域名注册实施细则、域名争议解决办法等相关规定以及修订后的版本；提交的域名注册信息真实、准确、完整。

（3）填写域名注册申请表。

申请.gov 域名的单位必须是政府机构，申请步骤除联机注册外，申请者需要提交下列书面资料：

① 盖有申请单位公章的域名注册申请表。

② 证明申请单位为政府机构的相关资料。

在二级域名 edu 下申请注册三级域名的规则，由中国教育和科研计算机网网络中心另行规定。

4.2.5 通用网址技术和中文域名注册

因特网建立以来，域名一直是以英文字母表示的，这给不懂英文的中国人上网造成了一定的困难，所以通用网址技术应运而生。通用网址技术是一种基于域名基础之上，专用于 WWW 浏览的访问技术。它通过建立通用网址与网站地址 URL 的对应关系，有效地降低了域名体系的复杂性，是实现浏览器访问的一种便捷方式。访问者不用记忆或输入 http://、www、.com、.net 等复杂、冗长的英文域名，只要在浏览器网址栏中输入通用网址

（企业、产品、品牌的名称或拼音）就可以直达目标网站。

通用网址提供了四种访问方式。

（1）中文网址：输入企业、产品的全称或简称即可直达目标，如输入“联想集团”，可以直接到达联想集团公司的网站。

（2）英文网址：输入“IBM”即可访问 IBM 的网站。

（3）拼音网址：输入拼音、拼音字头如“QJD”，就可访问全聚德集团的网站。

（4）数字网址：输入企业的电话号码、股票代码即可直达相应的网站。

早在 2000 年 1 月 18 日，中国因特网信息中心就已经开始试运行中文域名系统。中文域名的开通，从根本上解决了中国人使用因特网的难题，并保护和利用了企业原有的中文品牌资源，受到国内企业的欢迎，很多企业都注册了中文域名。

注册中文域名时，应先注册相应的英文域名。当用户在浏览器地址栏中键入中文域名时，中文域名系统先将中文域名翻译成英文域名，再由英文域名服务系统负责从域名到 IP 地址的解析。如果域名服务器中没有安装中文域名服务器软件，用户在客户端则需安装一个客户端软件。

4.3　自建 Web 服务器

为了实现企业的信息化管理，中型或大型企业还应组建企业的内部网络。内部网络中有各种应用服务器和数据库，提供企业内部信息的共享和管理。随着因特网的推广和电子商务的发展，企业管理的概念正在由企业内部向企业外部延伸，随之而来出现了企业内部的局域网络与因特网相连接的趋势。同时，企业内部的网络广泛采用因特网的技术，如：Web、E-mail 等，以便实现企业内外信息的沟通和共享。这种企业内部的网络常常被称作 Intranet（企业网）。

这种情况下的企业网，可以设置独立的 Web 服务器，放置企业自己的网站。建立自己管理的 Web 站点可以为站点的管理、维护以及信息的及时更新提供极大的灵活性，并通过合理的设计和管理，使站点具有较高的安全性和可靠性。但这种建立方式的资金投入量较大，还要求有较强的技术力量来支持网站的开发、维护和管理。

4.3.1　企业 Web 站点接入

图 4-3 为企业 Web 服务器接入因特网的系统结构示意图。企业的 Web 服务器是通过企业网的路由器与 ISP 相连，同时必须为 Web 服务器指定一个静态的 IP 地址。为了加强企业网的安全性，可以在企业网和服务商之间增加防火墙和代理服务器。

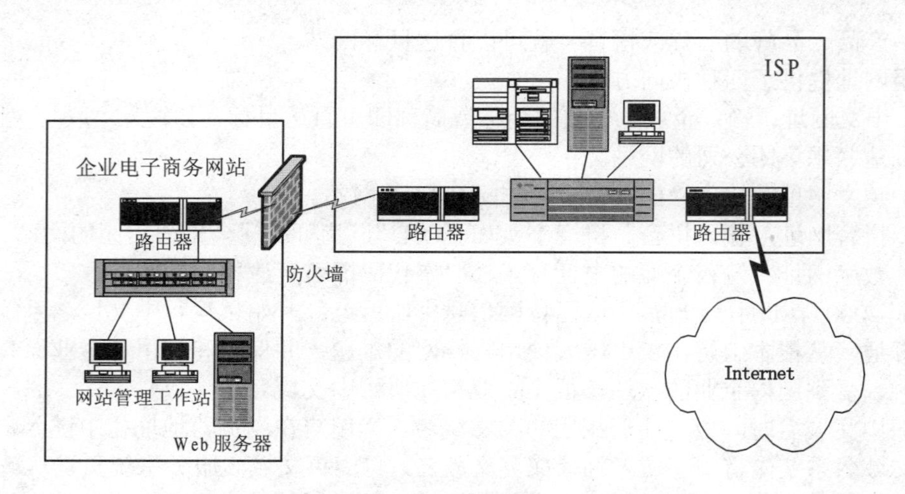

图 4-3　企业 Web 服务器通过 ISP 接入因特网

4.3.2　接入方式

企业网可以通过物理通信线路，如 PSTN（公共电话网）、X.25 网、FRAME RELAY（帧中继网）或专线与因特网相连。网站接入技术是与因特网连接的最后一步，因此，又叫最后一公里技术。

由于接入技术直接影响速度等指标，所以选择接入方式时应考虑以下基本要求。

（1）有高的传输率（即带宽）。

（2）可以随时接通或可以迅速接通。

（3）价格便宜，工作可靠，随处可用。

目前，企业电子商务网站可选择的接入因特网的方法有如下六种。

1. 拨号网络

采用 Modem 通过电话网接入，是传统的接入技术，这种接入技术方法简单，但速度低，每次建立链接所需时间较长，独占电话线，Modem 和电话不能同时使用，不能满足视频信号的要求。因此，它不是企业网站理想的接入方式。

2. 专线（DDN）接入

DDN 为数字数据网络，是利用数字信道提供永久性或半永久性的通信电路，是以数据信号为主的数字网络，可以满足客户对不同通信速率的要求。DDN 包含了数据通信、数字通信、数字传输、计算机和带宽管理等技术，为客户建立自己的专用数据网络提供条件。

相对于拨号上网，DDN 具有上网速度快、线路稳定、保持连通等特点。因此，对于那些上网业务量较大或需要建立自己网站的企业、组织来说，租用 DDN 专线应该是比较理想的选择。

目前，租用 DDN 的付费方式主要有三种。

（1）电信收取的 DDN 接入一次性费用，包括手续费、设备费、初装费以及月租费等。其中月租费和租用的线路带宽有关。目前专线的速度标准很多，从 64Kbps 到 2Mbps，速度越快收费越高。

（2）有些运营商按固定的月租收费（包月），当然也和线路带宽有关。

（3）有些运营商按信息流量收费，一般是按输入信息流量收费。

使用 DDN 专线上网除了需要上网的基本设备外，用户还需设置一台基带 Modem 和一台路由器。

3. 非对称数字用户线系统（ADSL）

ADSL 的最大好处是不需架设专用网络，只需利用电话线作为传输介质，就能在一对铜质双绞线上得到三个信息通道：一个为标准的电话服务通道；另一个是速率为 640Kbps~1.0Mbps 的中速上行通道；还有一个速率为 1~8Mbps 的高速下行通道。这三个通道可以同时进行工作。由于上行和下行通道速率可以不相同，所以称为非对称的数字用户线系统。ADSL 依靠先进的调制解调技术来实现上述的优越性，无须改动现有的铜缆网络设施就能提供宽带业务，所以越来越受到企业和个人用户的欢迎。

与 ADSL 相似的技术还有 HDSL 等多种，所以有时把这些技术统一称为 xDSL 接入技术，ADSL 是其中的一种。

4. 混合光纤同轴网（HFC）

该网络是在有线电视网的基础上发展起来的，用户端需安装电缆调制解调器。HFC 可以提供有线电视、话音、数据和其他交互业务。该网络的优势和特点是：

（1）凡是接通有线电视的用户均可接入；

（2）提供多种业务类型：高速因特网接入、视频点播及全方位的社区服务；

（3）无须拨号，具有一直在线的特点。

5. 光纤接入网

凡使用光纤作为传输介质的网络都可以称为光纤接入网。从技术上分为有源光网络和无源光网络两种。

根据光纤深入用户群的程度，可将光纤接入网划分为以下几种。

（1）FTTC—光纤到路边。

（2）FTTZ——光纤到小区。

（3）FTTB——光纤到大楼。

（4）FTTO——光纤到办公室。
（5）FTTH——光纤到用户。

6. 无线接入网

无线接入技术是一种非常有发展前途而且使用灵活的接入方式。无线接入网分为通过微波接入和通过卫星天线接入两种。对于微波接入，可在较近距离进行双向传输话音、数据和图像等。因为微波传输距离较近，因此需要将业务区划分为若干个服务区，在每个服务区设立基站。

随着网络技术的发展，特别是宽带接入技术和无线接入技术的发展，必将会产生更多、更好的因特网接入技术。

4.3.3 企业建立 Web 站点平台

Web 服务器软件种类很多，选择时主要考虑其所支持的操作系统平台、安全性、可靠性等因素。在此以 Microsoft 公司的 Internet Information Server 6.0（IIS 6.0）为例介绍 Web 服务器的配置与管理。

1. IIS 6.0 的软件环境要求

（1）Windows Server 2003。
（2）IE 6.0。

2. IIS 6.0 的硬件环境要求

（1）CPU：Pentium III 以上。
（2）RAM：64MB 以上。
（3）硬盘：300MB 以上。

4.4 应用 IIS 6.0 建立 Web 服务器

IIS 即 Internet 信息服务系统的功能是提供信息资源的发布和数据传输的方法，主要建立在服务器端，接受客户端发来的请求并进行处理，实现服务器和客户机之间的信息交流和传递，从而可以构建功能强大的 Web 应用服务器。

在安装 IIS 6.0 之前，计算机中应该已经安装了 Windows TCP/IP 协议和连接实用程序。另外，要在 Internet 上发布网站，ISP/ICP 必须提供服务器的 IP 地址、子网掩码和默认网关的 IP 地址。

目前 IIS 6.0 只能在 Windows Server 2003 中安装，所以下面以 Windows Server 2003 环境为例，介绍 IIS 6.0 的安装和 Web 服务器的建立方法。

4.4.1　IIS 6.0 的安装

Internet 信息服务 6.0 在默认情况下安装在 Windows Server 2003 中。使用控制面板中的“添加/删除程序”应用程序可以删除 IIS 6.0 或其他组件。如果没有安装 IIS 6.0 则可按下述步骤安装：

鼠标单击“开始”按钮，指向“设置”，单击“控制面板”，然后启动“添加/删除程序”应用程序；选择“配置 Windows”，单击“组件”按钮，然后按照屏幕提示安装、删除或添加 IIS 组件，便可完成 IIS 6.0 的安装。

系统安装 IIS 6.0 后进入信息服务窗口的方法主要有两种。

（1）“开始”按钮 → 设置 → 控制面板 → 管理工具 → Internet 服务管理器→Internet 信息服务。Windows Server 2003 的 Internet 信息服务窗口如图 4-4 所示。

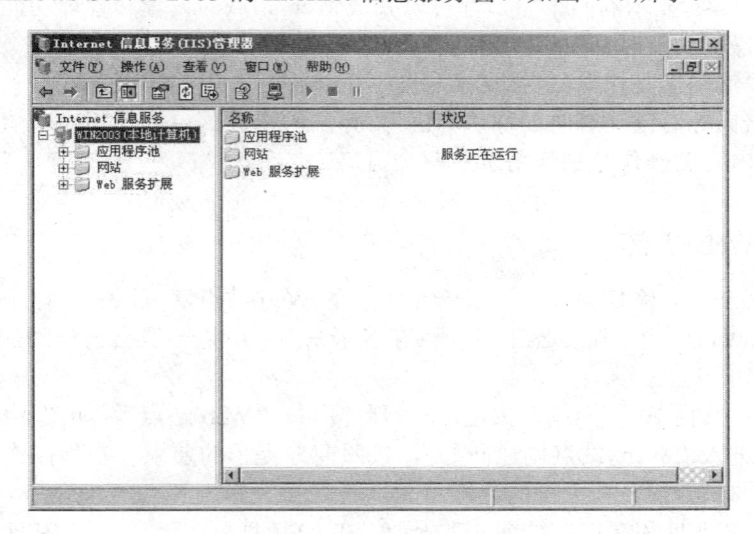

图 4-4　Internet 信息服务窗口

（2）桌面 → 右键单击“我的电脑” → “管理” → 计算机管理窗口。计算机管理窗口如图 4-5 所示。在这个窗口中包括了 Windows Server 2003 的全部管理功能，也包括了“Internet 信息服务”的管理功能。

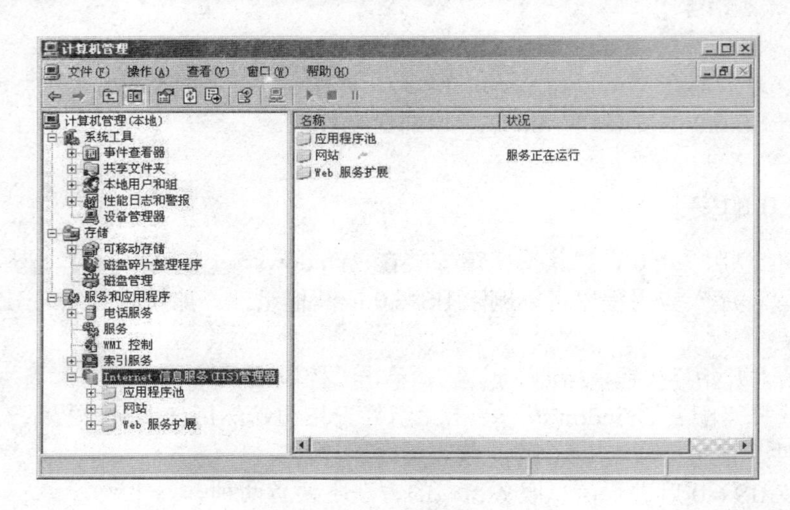

图 4-5 计算机管理窗口

图 4-4 和图 4-5 显示的两个窗口都可以完成 Web 站点的设置和管理功能，操作方法也相同。在选择操作功能时都可以使用两种方法。

① 通过“活动工具栏”（包括文字和图形工具按钮）中的功能选项。

② 由单击鼠标右键（有时简称“右击”）弹出的快捷菜单选择相应功能。

以下有关内容的操作分别使用了这两个窗口。

4.4.2 创建 Web 站点

安装 IIS 6.0 后，系统自动建立了一个默认的 Web 站点，可以利用这个默认的站点作企业的 Web 站点，但由于服务器上可能存在多个站点，所以一般会另外添加新的站点。添加站点的步骤如下。

（1）活动工具栏 →“操作”按钮 →“新建”→“Web 站点”，如图 4-6 所示。

这时系统进入“Web 站点创建向导”，按照向导提示的要求一步步操作就可以完成站点的创建。下面只介绍一些关键的步骤。

（2）设置 IP 地址和端口，如图 4-7 所示。在 IP 地址框中键入本机 IP 地址，端口一般默认选择为 80。

（3）设置 Web 主目录，如图 4-8 所示。主目录是存放网站文件夹的真实路径。

（4）设置 Web 站点访问权限，这是网站安全控制的一部分。图 4-9 是 Web 站点访问权限设置对话框，系统默认设置了读取和运行脚本权限，其他权限可根据需要选择设置。

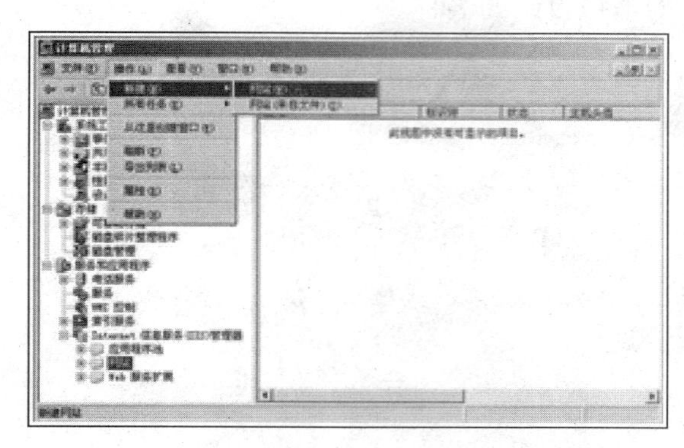

图 4-6　添加 Web 站点操作

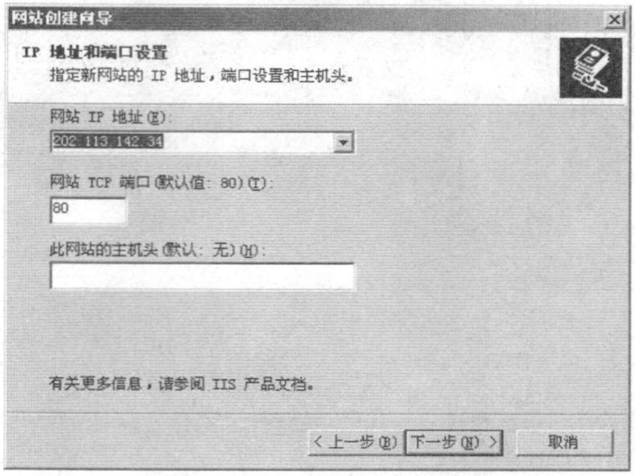

图 4-7　Web 站点创建向导

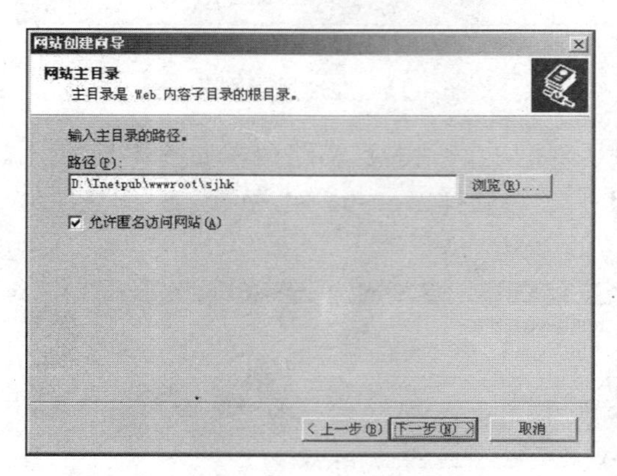

图 4-8　设置 Web 主目录

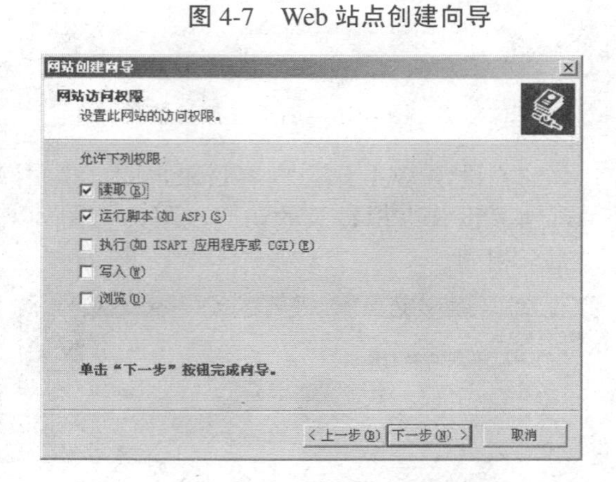

图 4-9　Web 站点访问权限设置窗口

4.4.3　创建虚拟目录

用户可以在某个 Web 站点中创建虚拟目录。这里所谓的虚拟目录是指在物理上并非包含在 Web 站点主目录中的目录，但对于访问 Web 站点的用户来说，此目录好像确实存在于 Web 站点的主目录中。创建虚拟目录实际上就是建立一个到实际目录的指针，实际目录下的内容不需要迁移到 Web 站点的主目录下。

创建虚拟目录的方法如下。

（1）选择要在其中创建虚拟目录的 Web 站点，例如选择“sjhk”站点。然后按图 4-10 所示的方法，单击“活动工具栏”中的“操作”按钮，在出现的菜单中选择“新建”下面的“虚拟目录”选项，则启动“虚拟目录创建向导”。

（2）按照“虚拟目录创建向导”的要求，分别输入“虚拟目录别名”，如图 4-11 所示。

所谓别名是将来在所选择站点主目录下显示的虚拟目录的名称。

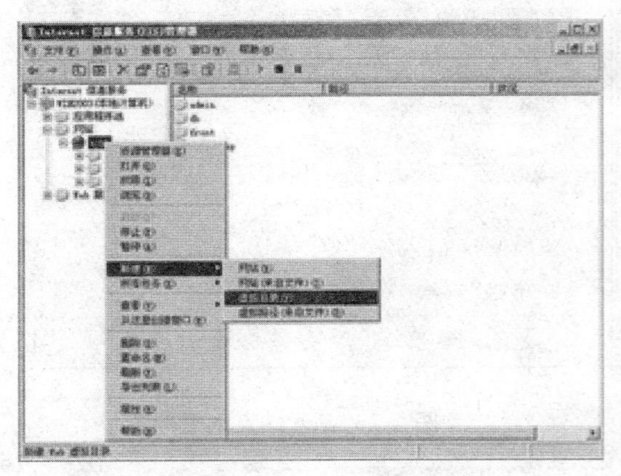

图 4-10　创建虚拟目录

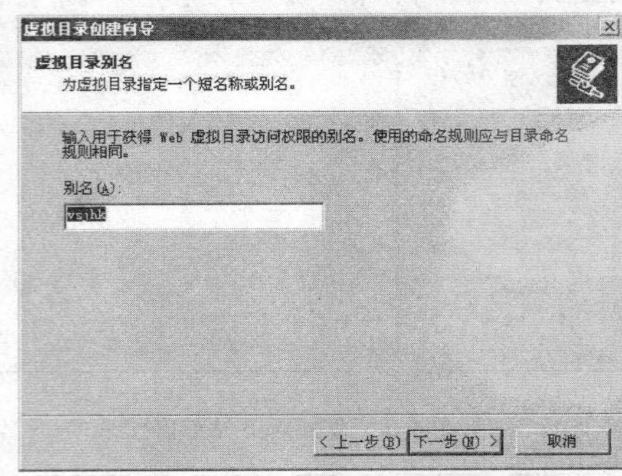

图 4-11　虚拟目录别名设置

（3）设定 Web 站点内容目录，即虚拟目录所对应的网站的真实路径，如图 4-12 所示。

（4）设置虚拟目录的访问权限，如图 4-13 所示，选择方法与新建 Web 站点的权限设置完全相同。

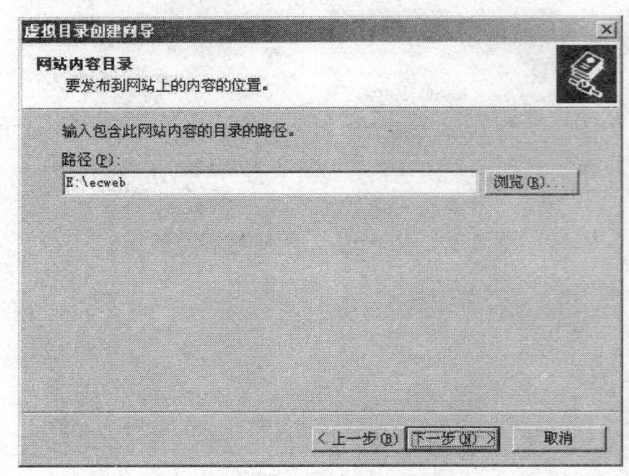

图 4-12　Web 站点内容目录设置

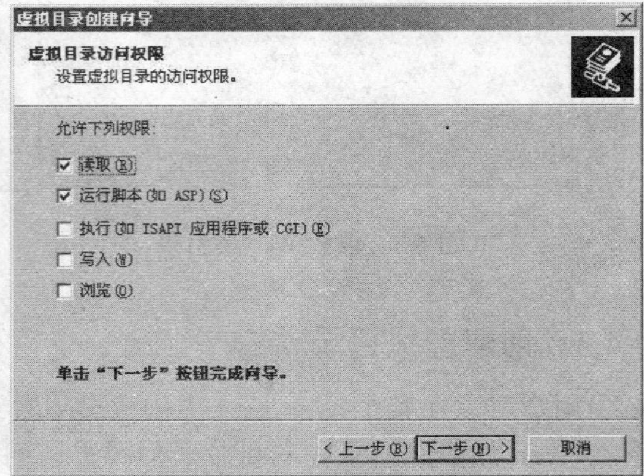

图 4-13　Web 站点权限设置

虚拟目录创建完成后，还可以修改其属性的设置。方法是：在 Internet 信息服务窗口，右击虚拟目录名，然后在弹出的快捷菜单中选择“属性”选项，则打开如图 4-14 所示的所选的虚拟目录属性设置对话框。通过这个对话框，可对该虚拟目录的属性进行重新设置。

新创建的 Web 站点和虚拟目录，在“Internet 信息服务窗口”左侧的目录树子窗口中显示的结果是不同的，如图 4-15 所示。

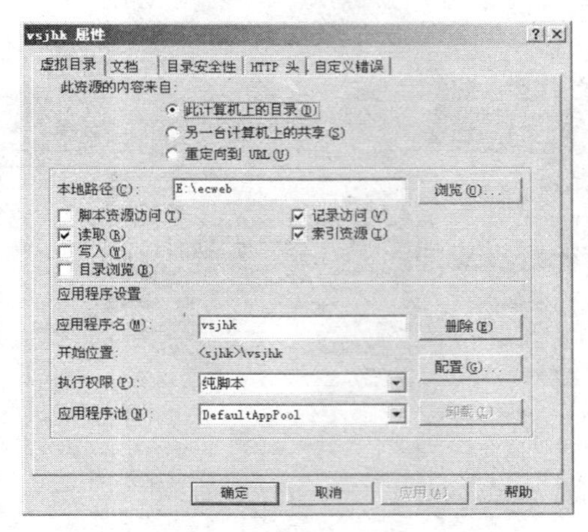

图 4-14　虚拟目录属性设置对话框

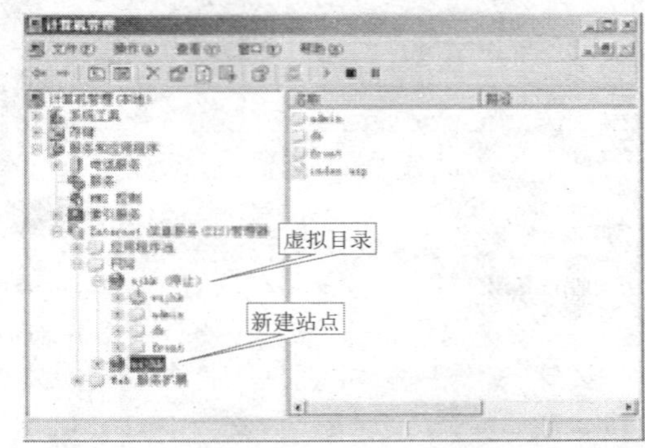

图 4-15　虚拟目录和新建站点设置的结果

4.4.4　Web 站点的属性设置

Web 站点创建完成后，还要对其属性进行设置。Web 站点的属性包括很多重要参数的设置。这些参数对网站的安全、正常运行关系重大，IIS 6.0 在这方面提供了强大的管理功能。在 Internet 信息服务窗口右击要设置属性的站点名称，在弹出的快捷菜单中选择“属性”功能选项，则弹出如图 4-16 所示的站点属性对话框。

该对话框包括 10 个选项卡。下面从不同的角度介绍一些主要选项卡的用法。

1. Web 站点标识设置

如图 4-16 所示，选择“Web 站点选项卡”。在“Web 站点标识”区，可以设置站点名称、IP 地址、TCP 端口等属性。在“连接”区，可以对并发连接数进行限制，在“限制到”文本框中键入限制数，如果选择“无限”，则表示不对同时连接到站点的用户数限制。“连接超时”文本框可以键入连接超时的时间，如果一个连接与 Web 站点未交换信息的时间达到设定的“连接超时”时间，Web 站点将中断该连接。

2. 站点用户管理

IIS 5.0 中有专门的 Web 站点“操作员”选项卡，可以完成操作员的设置和添加等管理功能，而 IIS 6.0 中没有单独的操作员管理功能，站点用户的管理可以通过 Windows Server 2003 的系统用户管理功能来实现。

在如图 4-17 所示的计算机管理窗口中，选择“系统工具”中“本地用户和组”功能选项，就可以建立一个网站用户管理组，实现对网站用户的集中管理。

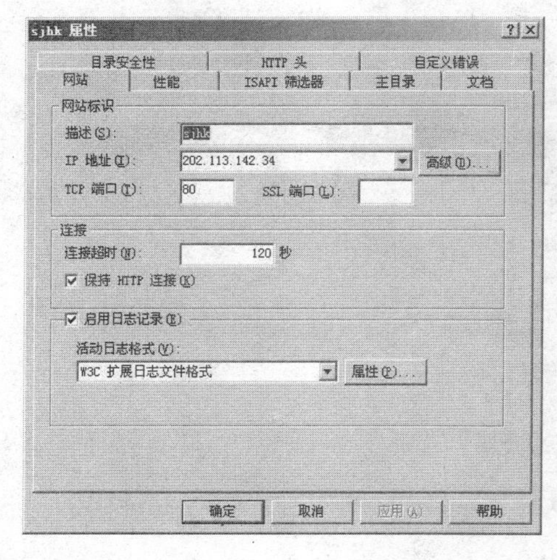

图 4-16 Web 站点标识

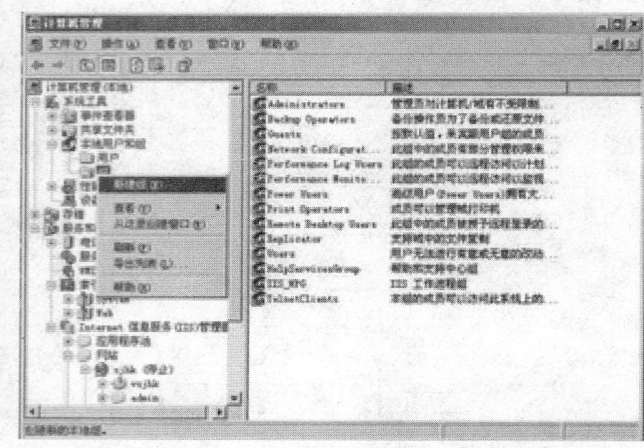

图 4-17 用户组管理窗口

3. 设置主目录

主目录是指在 Web 站点中，用来存放被发布的网站文件的根目录，例如，IIS 安装时创建的默认站点的主目录为“\wwwroot”。在创建 Web 站点时，如果已经指定了主目录，利用如图 4-18 所示的属性对话框的“主目录”选项卡还可以修改设定的主目录。

主目录位置有三种定位方式：“此计算机上的目录”，“另一计算机上的共享”，“重定向到 URL”。首先选择定位方式为“此计算机上的目录”，然后在“本地路径”文本框中键入新的目录，如图 4-18 所示。

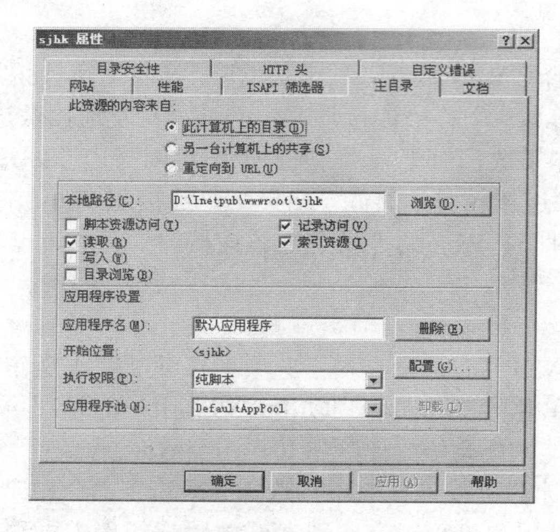

图 4-18 主目录选项卡

4.4.5　Web 站点访问控制

安全性是任何一个 Web 网站首要的问题，IIS 提供了多重访问控制机制。如果 Web 站点的内容放在 NTFS（微软公司为 NT 服务器设计的文件格式，具有较好的安全性），则有四种方法管理用户访问站点的权限，访问控制权限及级别如图 4-19 所示。

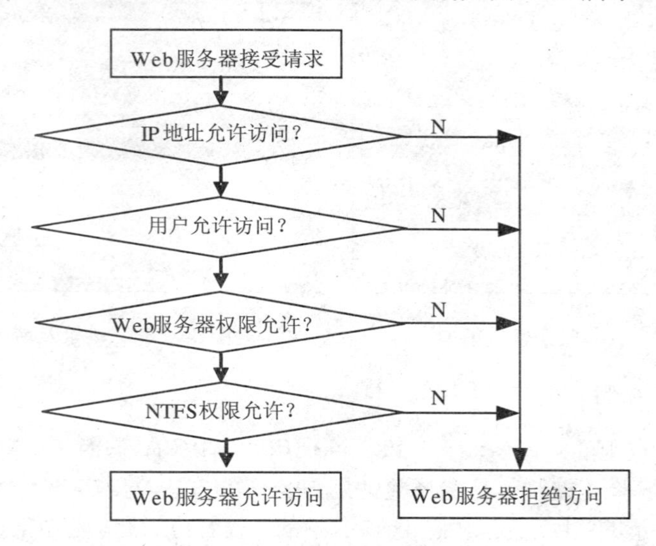

图 4-19　IIS 访问权限控制

1. IP 地址权限

通过客户计算机的 IP 地址来允许或阻止特定用户、计算机、计算机组或域访问该 Web 站点、目录或文件。当客户访问本站点时，站点将审核用户计算机的 IP 地址，以决定是否允许该用户访问本站点。该功能仅在安装有 Windows Server 2000 的设备中可用。

IP 地址权限的设置是在如图 4-20 所示的站点属性对话框的“目录安全性”选项卡中完成的。

在该选项卡中，单击“IP 地址及域名限制”区中的“编辑”按钮，则打开如图 4-21 所示的“IP 地址和域名限制”对话框。如果选择“授权访问”，则表示默认地允许所有计算机访问该站点；这时若要限制某些计算机访问该站点，可通过单击“添加”按钮在“以下所列除外”列表中加入要拒绝访问的计算机的 IP 地址、掩码或域名。

如果在对话框中选择“拒绝访问”，则默认限制所有计算机访问该站点；这时如果要允许某些计算机访问该站点，可通过单击“添加”按钮在“以下所列除外”列表中加入要允许访问的计算机的 IP 地址、掩码或域名。

如果要修改以前的设置，则可使用“删除”或“编辑”按钮操作。

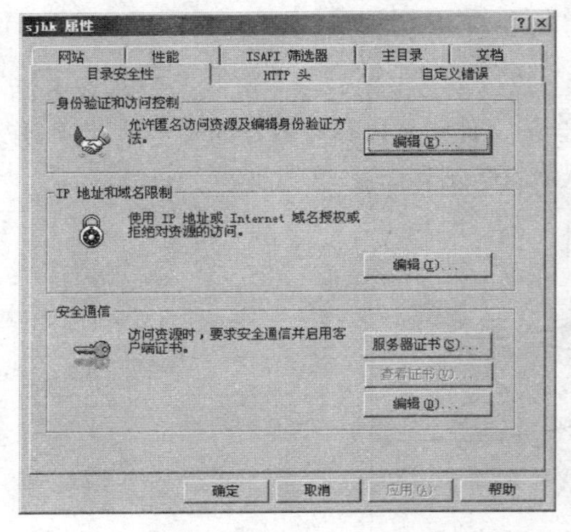

图 4-20　目录安全性选项卡

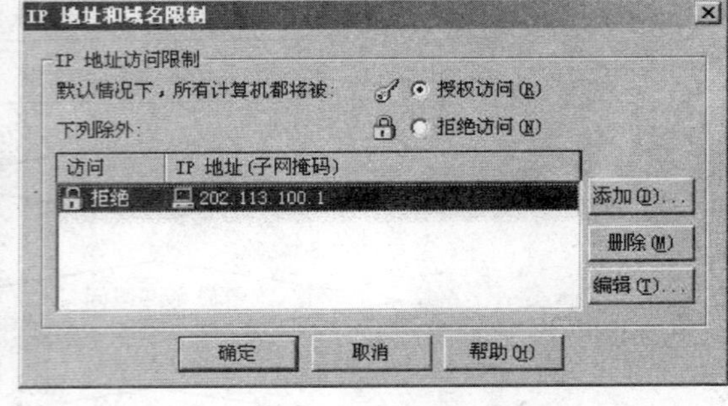

图 4-21　IP 地址及域名限制对话框

2. 用户验证控制

对于 Web 站点中的一般资源，可以允许使用匿名访问，但对于一些特殊的资源则需要有效的登录，用户验证控制就是选择验证用户身份的方法。

在图 4-21 所示的“目录安全性”选项卡中的“匿名访问和验证控制”区域中，单击“编辑”按钮，打开如图 4-22 所示的“验证方法”对话框。

通过该对话框，IIS 6.0 提供了多种用户验证方法的选择。

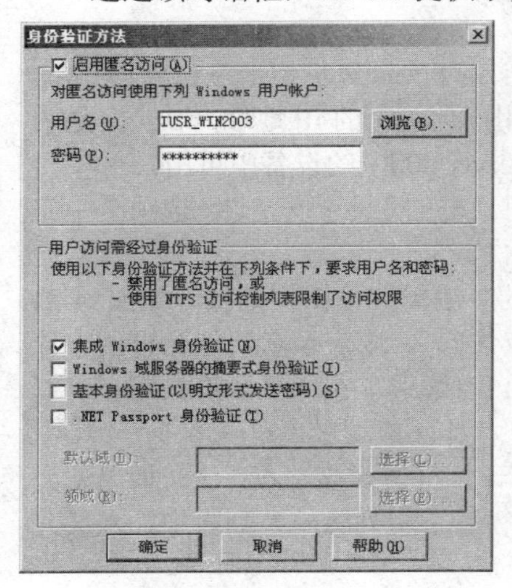

图 4-22　验证方法对话框

（1）允许匿名访问

用户访问该站点时不需要提供账号和密码，Web 服务器用一个特殊的账号作为注册账号，并为以该账号为连接的用户打开资源。一般情况下，用户通过匿名方式与 Web 服务器建立连接后，只能访问到允许匿名账号访问的站点资源。

在图 4-22 的“启用匿名访问”区域，可以设置或更改匿名用户访问本站点时服务器所使用的用户名和密码。

（2）基本验证

用户在访问该站点时，被要求向 Web 服务器提供有效的账号和密码，该方法是在 HTTP 规范中定义的标准方法，大多数浏览器都支持该方法。在该方法中，用户提供的账号和密码通过浏览器以明文传给 Web

服务器。因而要保证账号和密码的安全，需要安全通道技术。但是，首先必须创建有效的 Windows 用户账户，然后配置这些账户的 Windows 文件系统（NTFS）目录和文件访问权限，服务器才能验证用户的身份。

（3）集成 Windows 身份验证

这是系统的缺省选择验证方式，它采用加密的方法传输用户提供的账号和密码，比基本验证更安全。但这种方法是 Windows 特有的，只有 IE 浏览器支持。

3. Web 站点权限

Web 站点的操作员可以为站点、目录和文件设置权限，如读、写或执行权限。这些权限适用于所有的用户，除非某个用户具有特殊的访问权限。例如，可以在更新站点内容时关闭“读”权限，以避免用户访问，当用户访问该站点时，将收到“访问禁止”的提示信息。Web 站点目录文件权限可以用来设置针对整个站点的主目录或其中的一个子目录、文件、虚拟目录设置访问权限，其设置方法相似。例如对一个子目录设置访问权限，可用下述方法。

（1）在 Internet 信息服务窗口或管理器窗口中，选中要设置访问权限的目录，并右击鼠标，在弹出的快捷菜单中选择“属性”选项，打开如图 4-23 所示的“属性”对话框。

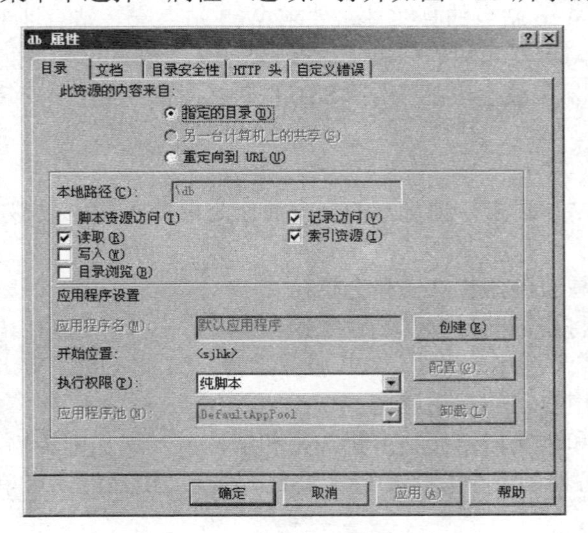

图 4-23　目录属性设置对话框

（2）在该对话框中选择“目录”选项卡。

（3）设置目录访问权限。

读取：允许用户从该目录中下载网页并浏览，该访问权限为默认设置；

写入：允许用户上传文件，即可以更改该目录中的内容。该权限的设置一定要慎重，通常设置该权限的目录应禁止匿名访问，避免站点内容的非法修改；

执行：允许用户在 Web 站点中运行程序。该权限的设置也需十分小心，因为在站点中运行一个破坏性的程序会导致系统的瘫痪；

脚本：允许运行脚本程序，该权限为默认设置。

（4）设置完成后，单击“确定”按钮。

4. NTFS 权限

如果 Web 站点的文档位于 NTFS 分区，可以借助于 NTFS 的目录和文件权限来限制用户对站点内容的访问，如完全控制、拒绝访问、读取、更改等权限。与 Web 权限不同，NTFS 权限可以针对不同的权限设置，设置起来更为方便。

4.4.6 Web 站点与浏览器的安全设置

Web 站点与浏览器的安全通信包括如下含义。

（1）Web 站点验证客户，要求浏览器中安装客户证书；

（2）浏览器验证 Web 站点的真实性，要求 Web 站点安装站点证书；

（3）Web 站点与浏览器之间的信息加密传输。

要配置 Web 服务器的安全套接字层（SSL）安全通信功能，须安装有效的服务器证书。

1. SSL 协议

在 IIS 中，上述 Web 站点与浏览器的安全通信是借助于 SSL 协议完成的。SSL 的简单流程如下。

（1）浏览器请求与服务器建立安全会话；

（2）Web 服务器将自己的证书和公钥发给浏览器；

（3）浏览器产生会话密钥，并用 Web 服务器的公钥加密传给 Web 服务器；

（4）Web 服务器用自己的私钥解密；

（5）Web 服务器和浏览器用会话密钥加密和解密，实现加密传输。

要配置 Web 服务器的安全套接字层（SSL）安全通信功能，可单击“编辑”，然后执行以下操作。

（1）要求用户建立安全（加密）链接，以便链接到目录或文件；

（2）配置 Web 服务器的客户证书映射和验证功能；

（3）创建和配置证书信任列表（CTL）。

2. Web 站点证书的获取与安装

在图 4-20 目录安全性选项卡中的“安全通信”区，单击“服务器证书”按钮，便可进入 IIS 证书向导。利用该证书向导可以完成站点证书的安装操作，下面只介绍几个主要步骤。

（1）创建证书

进入到 IIS 证书向导后，首先通过图 4-24 所示的“服务器证书”对话框选择证书分配的方法。

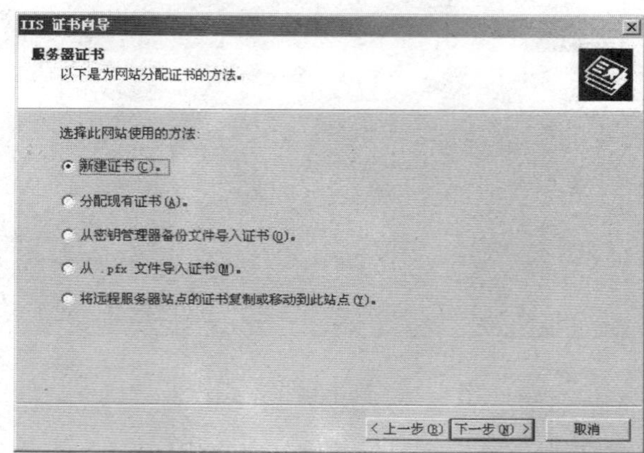

图 4-24　IIS 服务器证书

（2）命名和位长设置

打开如图 4-25 所示的“名称和安全设置”对话框，设置证书的名称和密钥的位长。密钥的位长决定了证书的加密能力；位长越长，安全性越高，但过长的位长会降低系统的性能，默认位长为 512 位。

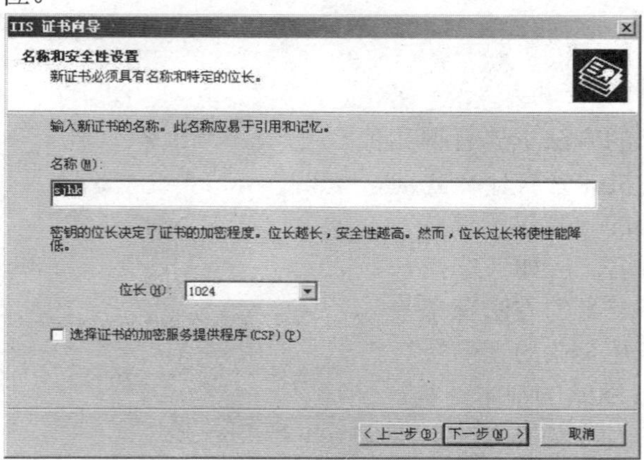

图 4-25　证书的命名和安全设置

（3）证书保存

将证书请求保存到指定路径中指定的文件中，如图 4-26 所示。

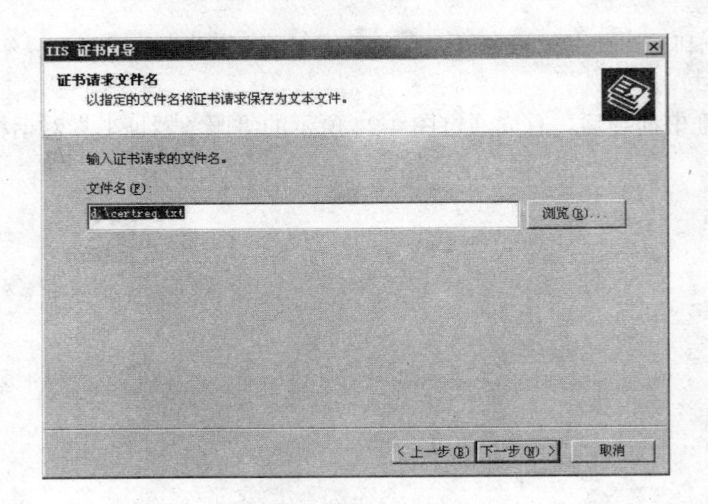

图 4-26 证书请求的保存

在企业网站的开发建设中，除了网站本身的前台网页设计和后台管理功能的设计外，Web 服务器的安装和管理也是十分重要和复杂的工作。IIS 6.0 在这方面提供了很强大的功能，使得 Web 服务器的管理操作变得更方便和容易。

4.5 习题与实践

4.5.1 习题

1. Web 网站建立的方法主要有哪几种？
2. 虚拟主机和主机托管有什么区别？
3. ASP 外包服务的内容包括哪些？
4. 什么是顶级域名，应如何选择？
5. 中国企业选择域名的方法有哪些？
6. 为什么说域名是企业的无形资产？
7. 描述企业 Web 网站的基本结构。
8. 企业网站接入因特网的方法主要有哪些？
9. 企业自建网站有什么优缺点？
10. 以 IIS 为例，简述企业网站的安全性包括哪些内容，如何实现。

4.5.2　实践

1．上网查询提供建立网站服务的公司网站，记录并比较服务项目、价格；选择一个你认为比较好的服务商，并说明理由。

2．练习在 Windows Server 2000 环境下安装 IIS 6.0。

3．利用 IIS 6.0 建立一个虚拟目录并设定其属性。

4．利用 IIS 6.0 建立一个新 Web 站点。

5．对新建的站点的安全性进行综合管理。

第 5 章 “世纪航空”网站前台功能的设计

本书通过一个“世纪航空”电子商务网站实例介绍网站具体开法技术。按照电子商务系统的基本功能，可以把电子商务网站划分为两大部分：电子商务前台系统和电子商务后台管理系统。本章将详细地讲解“世纪航空”商务网站前台的功能设计和实现，在下一章将详细地介绍后台功能，在实现这些功能的同时给出完整的网站程序源代码。

5.1 “世纪航空”网站前台设计一般概念

网站以实用为第一原则，能够实现一个完整的网上交易过程而又不脱离实际，从查询到订购都与实际的航空服务网站不相上下。而在网站的结构设计方面，力求简单，使得用户可以在很短的时间内掌握整个系统的使用方法，读者也可以很快的掌握从策划到开发的一系列方法。

5.1.1 “世纪航空”网站的策划

电子商务网站的主题要根据委托开发的公司和组织来制定，“世纪航空”网站针对方便客户查询和订购机票的要求进行设计，经过需求分析和可行性研究，发现航班服务网站还有很大的业务发展空间。国内主要有“e 龙”、“携程网”提供此项服务，且很多中小型的订票机构网站都不完善，基本上还是传统的电话订票或上营业厅直接购票。本网站由各大航空公司提供实时的航班和折扣信息，用户经注册成为会员后就可以进行订购服务，订购完成后用户可以查询票务处理的环节，再加上新闻等附加服务，基本完成了一个航班服务网站的功能。

5.1.2 “世纪航空”网站的前台功能结构

“世纪航空”的域名设计为 www.sjhk.com。电子商务网站前台的功能结构框架如图 5-1 所示。

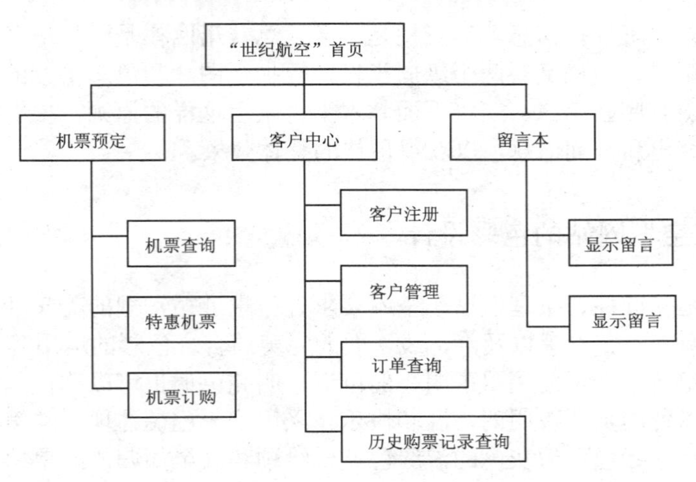

图 5-1　前台功能结构图

5.1.3 “世纪航空”网站的链接结构设计

网站的结构主要是通过各种形式的超级链接实现的。电子商务网站是一个复杂的系统，即使是一个售票的小网站，至少也有上百个文件。因此，本网站实例在设计时力求应用最少的链接得到最有效的浏览效率，既可以方便快速地到达自己需要的页面，又可以清晰地知道自己的位置。所以我们采用的办法是：以“三次点击”为原则，即用户最多只需要点击三次就可以找到所需的内容。首页和一级页面之间用网状链接结构；一级和二级之间用树状链接结构。

5.1.4 “世纪航空”网站的整体风格设计

网站的风格决定网站带给浏览者的综合和整体的感受。这个整体形象包括站点的站标（LOGO）、色彩、版面布局、浏览方式、交互性、文字、风格、内容等诸多的因素。本章中提供的“世纪航空”网站，由于是一个服务性的网站，拥有较大的信息量，主要提供航班查询和机票预售，所以，网站设计上采用标准字体（宋体）及标准色彩淡绿，突出简洁大方的风格。网站的 LOGO、导航条、版权出现在每个页面上，主页上显示了网站的大体信息，使得用户刚进入网站就可以快速的找到自己需要的东西。

5.1.5 “世纪航空”网站的网页版面布局设计

本实例“世纪航空”的网站首页布局为分栏式结构。第一栏是网站 LOGO、Banner 和导航条，第二栏是航班订购信息，第三栏是服务信息，第四栏是版权信息；同时采用了平衡式设计方法，第二、三栏又有两个纵向子栏，再加上图片和色彩搭配的合理应用，使得页面元素分布均衡有序。第二、三级页面基本上也采用这样的原则，根据网站的信息内容划分，有重点的突出和排列信息，以获得最佳的整体效果。

5.1.6 “世纪航空”网站的色彩设计

网页除了满足易读性、条理性这一基本要求外，也遵循常规的美学准则，如页面中元素的对称美、平衡美、节奏感以及点、线、面的完美结合、色彩的运用等。

本实例“世纪航空”页面采用了明亮的色调，明亮色调也可以称做是宝石的色调，清澈而有光辉，可以使网页活泼明朗，温和快乐。采用这一色调体现了柔美、轻快的网站风格，同时加上明亮的绿色和偏灰色的淡绿色调，给顾客宾至如归的购票感觉，增强了网站的亲切感和说服力。

5.1.7 “世纪航空”网站的站标设计

作为独特的传媒符号，网站的站标一直成为传播特殊信息的视觉文化语言。通过对标识的识别、区别、引发联想、增强记忆，促进被标识体与其对象的沟通与交流，从而树立并保持对被标识体的认知、认同，达到提高认知度、美誉度的效果。“世纪航空”的 LOGO 采用的是合成文字的组合形式，图案化的英文再配上中文的组合，彰显其大气、简洁的风格，同时方便用户在百度、3721 等网站搜索到本站。“世纪航空”的站标如图 5-2 所示。

CenturyAirline.com
网络实名：世纪航空

图 5-2 世纪航空 LOGO

该站标使用 Fireworks MX 等图形制作软件就可以很容易地设计完成。

5.2 “世纪航空”网站数据库的建立

电子商务是以数据库技术和网络技术为支撑的，其中数据库技术是其核心。每一个电子商务站点后台必须有一个强大的数据库在支撑其工作。从数据的管理、查询到生成动态网页以及数据的维护都离不开网络数据库。考虑到简化设计的目的，“世纪航空”采用 Access 2003 作为后台数据库。

5.2.1 建立数据库

在“世纪航空”实例网站中，数据库的文件名为“sjhk.mdb”。在这个数据库中需要创建 6 个数据表，如表 5-1 所示。

表 5-1 “sjhk.mdb” 中的数据表

序　号	表　名	描　述
1	Airline	航线表
2	Customer	会员注册表
3	Information	网站新闻信息表
4	Orderlist	订单表
5	Message	会员留言表
6	Entry	管理员密码权限表

创建该数据库的操作步骤如下。

（1）启动 Access 2003 后，单击任务窗格中的“空数据库”选项，创建世纪航空网站的数据库，数据库的名字为 sjhk.mdb，如图 5-3 所示。

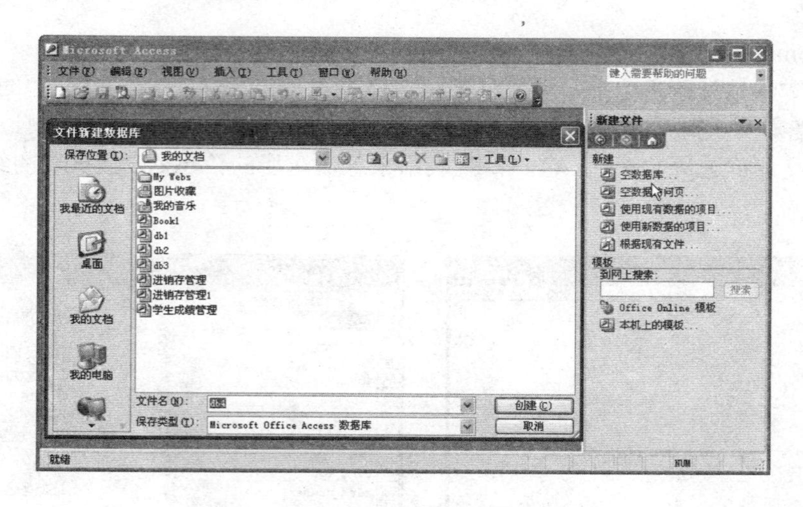

图 5-3 创建 sjhk 数据库

（2）在 sjhk 数据库表的对象窗口，选择“使用设计器创建表”，然后单击“设计”选项，创建一张数据表，打开如图 5-4 所示的窗口。

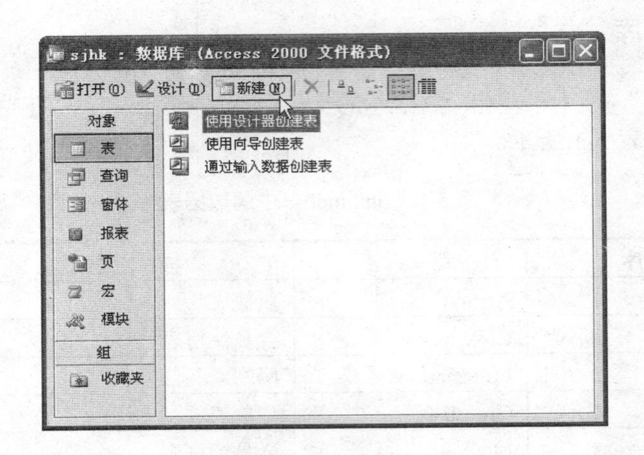

图 5-4　使用设计器创建表

本数据库中一共包括 6 个数据表，各数据表的数据结构如下。

① airline 表

此表用来存放航班的各种信息，包括航班号、起飞—到达时间、票价等信息，如图 5-5 所示。

② customer 表

顾客在本网站订购机票前，须先注册成为本网站的会员，才能实现其他的服务，这样可以方便顾客，使得顾客在再次购票的时候不必重新填写繁琐的资料，也可以方便网站管理者对客源及订单送货的管理。客户信息表用来存放注册的信息。该数据表的结构如图 5-6 所示。

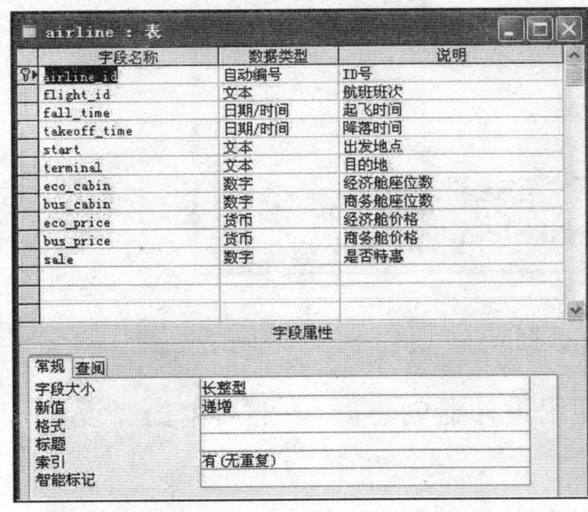

airline : 表

字段名称	数据类型	说明
airline_id	自动编号	ID号
flight_id	文本	航班班次
fall_time	日期/时间	起飞时间
takeoff_time	日期/时间	降落时间
start	文本	出发地点
terminal	文本	目的地
eco_cabin	数字	经济舱座位数
bus_cabin	数字	商务舱座位数
eco_price	货币	经济舱价格
bus_price	货币	商务舱价格
sale	数字	是否特惠

图 5-5　airline 表的数据结构

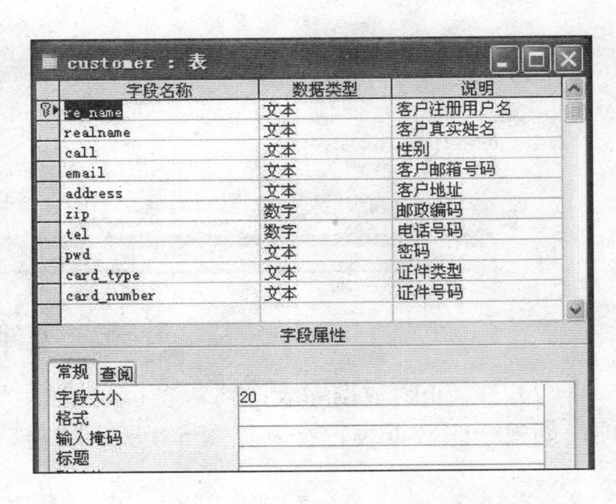

customer : 表

字段名称	数据类型	说明
re_name	文本	客户注册用户名
realname	文本	客户真实姓名
call	文本	性别
email	文本	客户邮箱号码
address	文本	客户地址
zip	数字	邮政编码
tel	数字	电话号码
pwd	文本	密码
card_type	文本	证件类型
card_number	文本	证件号码

图 5-6　customer 表的数据结构

③ information　表

用来存储网站主页中显示的新闻及活动报道，如图 5-7 所示。

④ orderlist　表

用来统计顾客每次订票的情况，也便于管理者和客户查询销售数据，是电子商务网站后台管理和商品进销存管理的一部分，如图 5-8 所示。

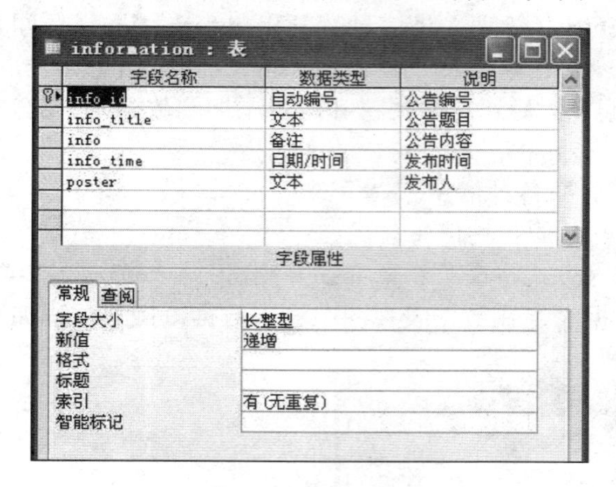

information : 表

字段名称	数据类型	说明
info_id	自动编号	公告编号
info_title	文本	公告题目
info	备注	公告内容
info_time	日期/时间	发布时间
poster	文本	发布人

字段属性

常规　查阅

字段大小	长整型
新值	递增
格式	
标题	
索引	有(无重复)
智能标记	

图 5-7　information 表的数据结构

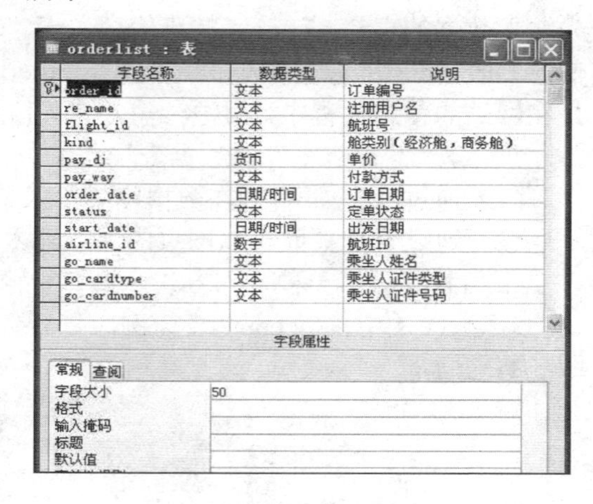

orderlist : 表

字段名称	数据类型	说明
order_id	文本	订单编号
re_name	文本	注册用户名
flight_id	文本	航班号
kind	文本	舱类别（经济舱，商务舱）
pay_dj	货币	单价
pay_way	文本	付款方式
order_date	日期/时间	订单日期
status	文本	定单状态
start_date	日期/时间	出发日期
airline_id	数字	航班ID
go_name	文本	乘坐人姓名
go_cardtype	文本	乘坐人证件类型
go_cardnumber	文本	乘坐人证件号码

字段属性

常规　查阅

字段大小	50
格式	
输入掩码	
标题	
默认值	

图 5-8　orderlist 表的数据结构

⑤ message 表

用来存储会员的留言，以便对管理部门的工作进行监督和建议，如图 5-9 所示。

⑥ entry 表

用来存放管理网站的管理员的用户名、密码和权限级别，如图 5-10 所示。

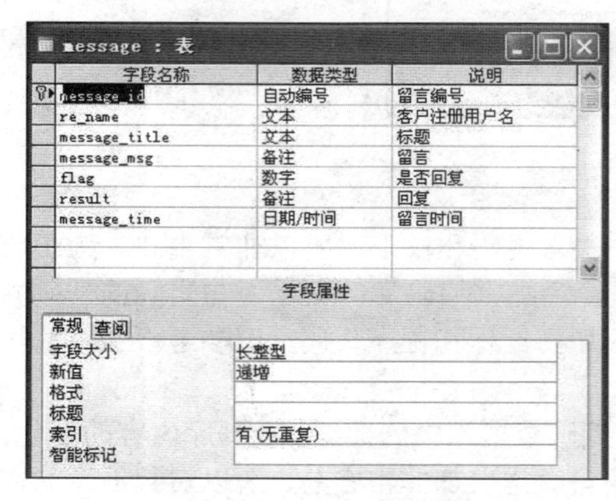

message : 表

字段名称	数据类型	说明
message_id	自动编号	留言编号
re_name	文本	客户注册用户名
message_title	文本	标题
message_msg	备注	留言
flag	数字	是否回复
result	备注	回复
message_time	日期/时间	留言时间

字段属性

常规　查阅

字段大小	长整型
新值	递增
格式	
标题	
索引	有(无重复)
智能标记	

图 5-9　message 表的数据结构

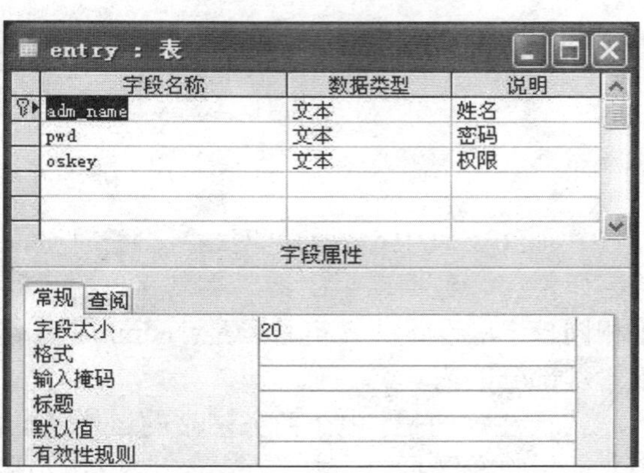

entry : 表

字段名称	数据类型	说明
adm_name	文本	姓名
pwd	文本	密码
oskey	文本	权限

字段属性

常规　查阅

字段大小	20
格式	
输入掩码	
标题	
默认值	
有效性规则	

图 5-10　entry　表的数据结构

到这里，“世纪航空”网站所需要的数据库就全部建立完成了。

5.2.2　数据表的输入

数据库建立完成后，就可以输入各表的数据信息了。在“世纪航空”数据库中，需要先输入数据的表有 airline（航班信息）表、entry（管理人员信息）表和 information（新闻信息）表。customer（会员信息）表、orderlist（订单信息）表和 message（留言信息）表，是在网站的使用过程中，由顾客输入有关信息，然后通过网页将其内容添加到数据库中的。

所以，“世纪航空”的数据表输入的方式有两种。

（1）通过 Access 直接在数据库中输入票务的各种信息。

（2）通过管理页面，以网页的方式输入商品的各种信息。

下面只介绍第一种输入方式，第二种输入方式将在第 5 章详细介绍。

在 Access 中，以 entry 表为例，打开数据表，在数据表视图中输入数据，操作过程如图 5-11 所示。

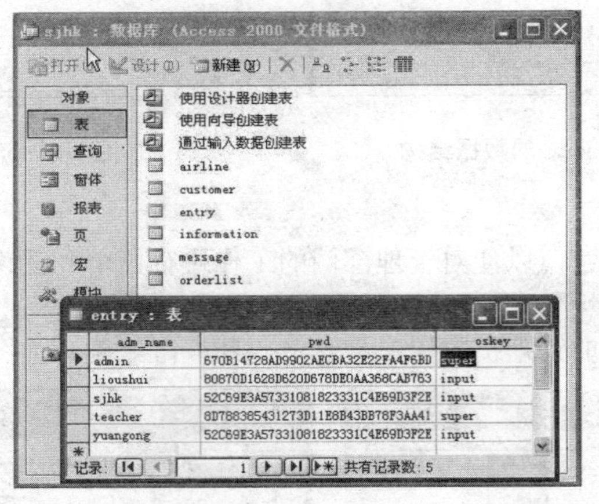

图 5-11　在 entry 表视图中输入数据

在 entry 表中存放的是网站后台管理页面的进入密码和权限，所以非常重要。为了防止密码泄露，数据库中的密码字段存放的数据是经过加密编码后的数据，与实际的密码并不相同，这里设置的真实密码是：admin。具体的加密过程和程序代码，请参考下一章的权限管理部分的内容。

需要注意的是，电子商务网站的运作完全依赖于数据库中的数据。数据库内容的变化，会立即反映在网页中。由于在 Access 中输入和编辑数据表都非常容易，所以对数据库的内容进行输入和编辑需要慎重。一般来说，只有在网站初期大量录入数据，或者是需要进行特殊的数据修改时，才会使用 Access 对数据库的内容进行直接的输入和编辑，而在其他时间，尽可能使用网站的后台管理功能进行网页方式的数据录入和修改，以保证数据库中的数据安全并正确无误。

5.3 "世纪航空"网站主页设计

网站首页是网站的形象页面，是网站的"门面"，它的设计是一个网站成功与否的关键。一个网站主题的鲜明与否、版面分类清晰与否、立意新颖与否等将直接影响到网站的点击率。网站能否吸引浏览者，使他们产生信任感，并继续点击进入其他页面，全凭首页设计的效果。

本书中的实例"世纪航空"是一个航空购票网站，有别于一般的电子商务购物网站，不需要陈列物品，但却要展示优惠价的机票以吸引顾客，同时还要有订票与查询窗口方便顾客使用。如图 5-12 所示为"世纪航空"网站的首页。

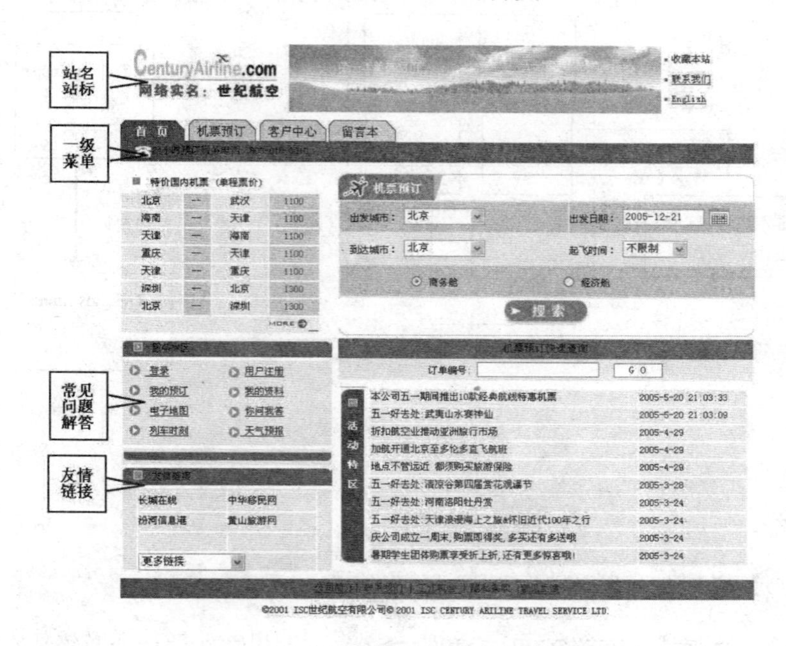

图 5-12 "世纪航空"网站首页

5.3.1 主页结构

本实例的首页涉及用于显示信息的页面 index.asp 和用于数据库链接的页面 conn1.asp。

为了阅读程序，代码中给出各关键点的解释。代码的解释内容不属于程序的必要内容，即程序执行时，不需要执行解释部分的内容。主页涉及的模块见下表 5-2 所示。

表 5-2 主页代码中的模块

序 号	说 明
1	国内特价机票部分
2	订购机票表单部分
3	订单查询部分
4	活动特区部分

程序执行流程如图 5-13 所示。

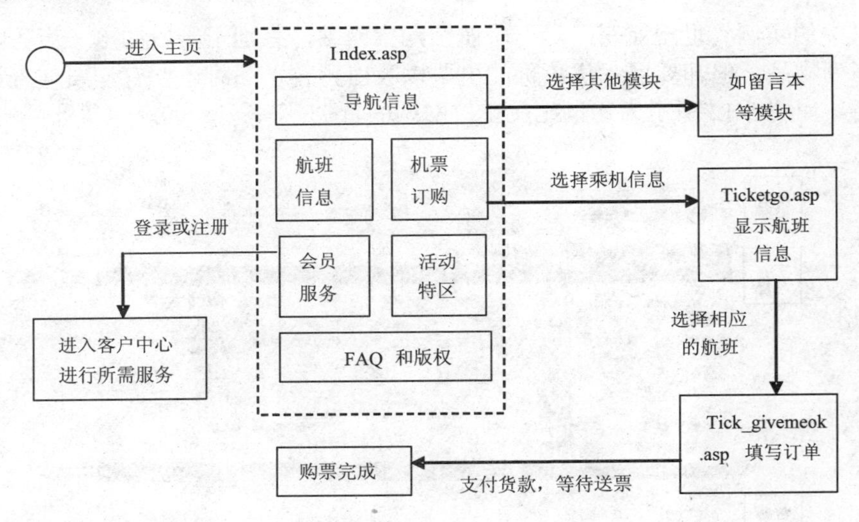

图 5-13 主页程序流程

5.3.2 主页代码

1. 【index.asp】主页页面代码

```
<!--#include file="front/conn1.asp"-->          '引用创建数据库链接对象函数文件
<html>
<head>
<title>世纪航空</title>
<SCRIPT language=JavaScript type=text/JavaScript>
```

```
    function check()
    {
    '对订单查询表单的容错信息
        var frm;
        frm=document.form4;        'form4 为查询表单的名字
        if(frm.oder_id.value=="")    '如果查询输入框不填数据，则出现警告框，不允许提交
        {   alert("请填写订单号！");
            frm.order_id.focus();
            return false;}
    }
    function check1()
    {
    '对订票窗口表单的提交函数
    var frm1;
    frm1=document.formcn;
    frm1.submit();
    }
    </SCRIPT>
    ……
    '以下为显示国内特价机票部分
    <table border=0 width="245" height="201" >
    <tr >
    <td colspan=4 vAlign=center align=left bgColor=#ffffff height=22>
      <span class=t> 特价国内机票 (单程票价)</span></td>
    </tr>
    <%
    dim rs, sql                                    '变量声明
    set rs=server.createobject("adodb.recordset")        '创建记录集对象
    '查找 airline 表中 sale 标识为 1 的记录并按经济舱价格排序
    sql="select top 7 start,terminal,eco_price from airline where sale=1 order
by eco_price"
    rs.open sql,conn,3,2                           '执行 SQL 语句，向记录集中添加数据
    if not rs.eof then                          '查找表中的信息，如果取得信息就循环显示
          rs.movefirst                             '返回头条记录
          do while not rs.eof
```

```
%>
<tr>
    <td width="77" align=center  bgcolor=#eaf6f6><%=rs("start")%></td>
    <td width="33" align=center bgcolor=#c6dfde>--</td>
    <td width="70" align=center bgcolor=#eaf6f6><%=rs("terminal")%></td>
    <td width="62" align=center bgcolor=#c6dfde>
<font color=red><%=rs("eco_price")%></font></td>
</tr>
<%
      rs.movenex        'rs 指到下一条记录
      loop
   end if
   rs.close                                    '关闭记录集
%>
<tr>
  <td colspan=4 bgcolor=#eff7f7 align=right height=21><a href="front/ticket.asp">
   <img height=13 src="front/images/more.gif" width=50 border=0></a>
</td>
</tr>
</table>
'以下为订购机票表单部分
<table width="103%" border=1 cellPadding=0 cellSpacing=0 bordercolor="#EFEFEF">
<forn name=formcn action="front/tickgo.asp" method=post>
<tbody>
<tr bgcolor="#CCCCCC">
<td width="52%" height=40 align=left>  出发城市:
<selcet style="WIDTH: 100px" name=from_city>
<%
dim sql1,rj                                '变量声明
set rj=server.createobject("adodb.recordset")     '创建记录集对象
sql1="select distinct start from airline"             '查找出发城市名称
set rj=conn.execute(sql1)                         '打开记录集对象
do while not rj.eof                          '循环输出记录集信息
response.Write("<option
value="""&rj("start")&""">"&rj("start")&"</option>")
```

```
    rj.movenext
    loop
    %>
    </selcet></td>
    <td width="48%" align=left vAlign=center>出发日期:
    '调用日历显示窗口
    <input style="LEFT: 0px; WIDTH: 100px; POSITION: relative; TOP: 0px" readOnly
size=9 value="<%=date()%>" name=dt>
    <a onclick=event.cancel Bubble=true;
    href="javascript:showCalendar('formcn*dt',document.formcn.hotel_img1);"
target=_self>
    <img  id=hotel_img1  height=22  src="front/images/newcalbtn.gif"  width=25
align=absMiddle border=0></a></td>
    </tr>
    <tr>
    <td height=40 align=left bgcolor="#EFEFEF">  </a>到达城市:
    <select style="WIDTH: 100px" name=to_city>
    <%
    dim sql2,rr  '变量声明
        set rr=server.createobject("adodb.recordset")  '创建记录集对象
        sql2="select distinct terminal from airline"      '查找到达城市名称
        set rr=conn.execute(sql2)                   '执行SQL语句，向记录集中添加信息
        do while not rr.eof
            response.Write("<option
value="""&rr("terminal")&""">"&rr("terminal")&"</option>")
            rr.movenext                             '记录集指向下一条记录
        loop
    %>
    </select> </td>
    <td bgcolor="#EFEFEF">起飞时间:
    <select style="WIDTH: 79px" name=departure_time>
    <OPTION value="" selected>不限制</OPTION>
    <OPTION value=0700>07:00</OPTION>
    <OPTION value=0900>09:00</OPTION>
    <OPTION value=1100>11:00</OPTION>
```

```
<OPTION value=1300>13:00</OPTION>
<OPTION value=1500>15:00</OPTION>
<OPTION value=1700>17:00</OPTION>
<OPTION value=1900>19:00</OPTION>
<OPTION value=2100>21:00</OPTION>
<OPTION value=2100>23:00</OPTION>
</select></td>
</tr>
<tr bgcolor="#CCCCCC">
<td height=40 align=left vAlign=center colspan=2>
<table width=70% align=center>
<tr>
<td ><input name="zwc" type="radio" value="商务舱" checked>商务舱 </td
<td><input type="radio" name="zwc" value="经济舱">经济舱</td>
</tr>
</table>
</td></form>
<td height="42" colspan=2> <div align="center">
<input type=image height=33 width=107 src="front/images/sss.gif" border=0
   name=img_submit onclick="check1()">
<img height=9 src="front/images/ss_07.gif" width=511></div></td>
</tr>
</tbody></table>
'以下为订单查询部分
<table  border="0" cellpadding="0" cellspacing="0" bordercolor="#CCCCCC">
<form name="form4" method="post" action="front/select.asp">
<tr>
<td width="509" height="25" bgcolor="#508386">
<div align="center"><font size="3">机票预订快速查询</font> </div></td>
</tr>
<tr>
<td height="27" bgcolor="#eaf6f4">
<div align="center"><font size="2">订单编号:</font>
<input style="BORDER-RIGHT: #808080 1px solid; BORDER-TOP: #808080 1px solid;
BORDER-LEFT: #808080 1px solid; BORDER-BOTTOM: #808080 1px solid" maxlength=20
```

```
size=20 type="text" name=order_id>
    <input name="提交" type="submit"
    style="BORDER-RIGHT: #808080 1px solid;
    BORDER-TOP: #808080 1px solid;
    BORDER-LEFT: #808080 1px solid;
    WIDTH: 60px;
    BORDER-BOTTOM: #808080 1px solid;
    HEIGHT: 18px;
    BACKGROUND-COLOR: #ffffff"
    title=真的写好后就可以贴上去了 ">                   '设置 input 的属性
    </div></td>
    </tr></form></table>

    '以下为活动特区部分
    <table width="100%" height="217" border="0">
    <tr>
    <td width=30 height="217" background="front/images/nk_05.gif">
    <img src="front/images/nk_03.gif" width="28" height="217"></td>
    <td vAlign=center align=right width=467 tbackground=front/image/nk_05.gif><table
width="100%" border="0">
    <%
    dim rk,sql0                                      '变量声明
        set rk=server.createobject("adodb.recordset")    '创建记录集对象
        sql0="select top 10 * from information order by info_time desc"
                                                    '查找最新的前 10 条信息
        rk.open sql0,conn,2,2                       '执行 SQL 语句，向记录集中添加数据
       if not rk.eof then                           '循环显示记录集中的所有信息
        rk.movefirst
       do while not rk.eof
    %>
    <tr>
    <td align=left  bgcolor=#eaf6f6><%=rk("info")%></td>
    <td align=left bgcolor=#eaf6f6><%=rk("info_time")%></td>
    </tr>
    <%
```

```
    rk.movenext
    loop
    end if
    rk.close
%>
</table></td></tr>
</table></td></TR></table>
<%
    conn.close                                  '清空记录集
    conn= nothing
    rs.close
    set rs=nothing
    set rj=nothing
    set rr=nothing
%>
</body></html>
```

系统中有许多页面都会引用相同的代码文件，所以使用 include 语句将已完成代码的文件包含过来，就可以简化代码的编写，如首页面中的第一行代码：

```
<!--#include file="conn1.asp"-->
```

2.【conn1.asp】数据库连接代码

```
<%
'连接数据库
    public conn
    set conn=server.createobject("adodb.connection")
    conn.open "dbq=" & server.MapPath("db/sjhk.mdb")&";driver={microsoft
access driver  (*.mdb)}"
%>
```

5.4 客 户 中 心

顾客就是上帝，电子商务网站也要同传统的销售模式一样有着良好的售后服务，这样才能提高消费者对网上购物的信任感，提升网站声誉，达到吸引更多的顾客的目的。

5.4.1 客户中心的基本功能

电子商务网站的客户中心一般都有以下几个功能。

（1）用户注册：网站的新用户在购买前，必须先在网站注册自己的信息。注册信息的内容设计应根据网站实际工作中需要的用户资料设计，如用户真实姓名、证件号码、电话、地址、邮政编码、E-mail，以方便送货、售后服务等；网站还可以收集和网站规划建设相关的信息，如记录下顾客的年龄、性别可以统计出网站的主要消费群体，记录下顾客的兴趣爱好可以针对顾客的喜好改进网站的风格和内容。

（2）用户登录：用户注册后，只需登录就可以进行购物的操作了。

（3）用户资料修改：用户可以修改除了登录账号以外的其他信息。

（4）购买物品查询：对历史购买物品、对订单的查询等。

（5）积分、等级等：可以根据顾客消费的次数和金额进行奖励，以使顾客购物的欲望更加强烈。

5.4.2 用户登录页面设计

用户登录后才能管理用户信息，这部分涉及到 login. asp 登录界面页和 loginyes.asp 验证登录信息页，为了方便用户在登录一次后不再重复显示登录窗口，在 loginyes.asp 页中设置了 cookies，把用户的登录名和密码保存在客户端的主机里，如果用户登录名或密码不正确，则报错并返回登录界面。用户登录页面如图 5-14 所示。

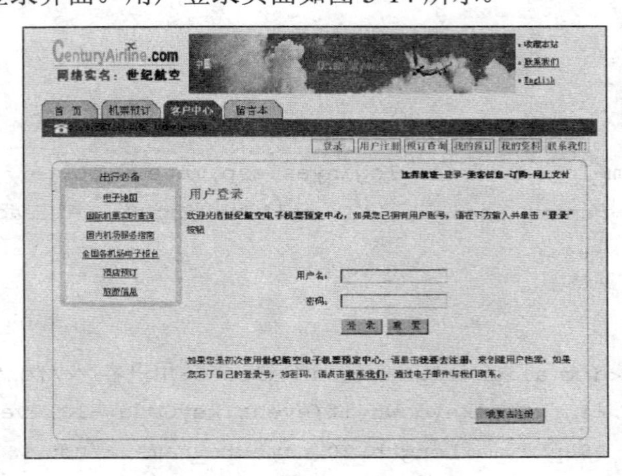

图 5-14 登录页面

1. 【login.asp】登录界面的代码

```
<SCRIPT language=JavaScript type=text/JavaScript>
function fun_check_form()
{
'用于控制提交表单时填入空白信息
    var frm;
    frm=document.frm_login;                    'frm_login 为表单名称
    if(frm.name.value=="")                      'name 为用户名输入框名称
    {
        alert("请填写用户名!");
        frm.name.focus();                      '焦点停留在用户名输入框上
        return false;
}
    if(frm.pass.value=="")                      'pass 为密码输入框
    {
        alert("请填写用户密码!");
        frm.pass.focus();                      '焦点停留在密码输入框上
        return false;
    }
    frm.submit();                           '提交函数
    return true;
}
</SCRIPT>
<html><body>

<form name=frm_login action=loginyes.asp method=post>
<table class=report height=113 cellSpacing=0 cellPadding=0 width=275
align=center border=0>
<tbody>
<tr>
<td width=69><div align=right><font size=2>用户名：</font></div></td>
<td width=170><input onkeydown=if(event.keyCode==13)event.keyCode=9
style="WIDTH: 150px" maxLength=20 name=re_name></td>
</tr>
```

```
<tr>
<td width=69 height=34>
<div align=right><font size=2>密码: </font></div></td>
<td><input onkeydown="if(event.keyCode==13) fun_check_form();"
style="WIDTH: 150px" type=password maxLength=20 name=pass></td></tr>
<tr>
<td> </td>
<td height=40><input type=hidden value=input name=state>
<input type=hidden name=from_site>
<input type=hidden name=url_r>
<input type=hidden name=flag>
<input onclick=fun_check_form(); type=button value=登  录 name=Submit3>
<input type=reset value=重  置 name=Submit22></td>
</tr>
</tbody></table></form></body><html>
```

2. 【loginyes.asp】验证登录页面代码

```
<!--#include file="conn.asp"-->                    '引用创建数据库链接对象函数文件
<%
dim re_name,pass,rs                                 '变量声明
'读取表单提交的信息
re_name=trim(request.form("re_name"))
pass=trim(request.form("pass"))
Set rs=Server.CreateObject ("ADODB.Recordset")    '创建记录集对象
sql="select * from customer where re_name like '"&re_name&"' and pwd like
'"&pass&"'"

'查找符合登录名和密码的用户信息
rs.Open sql,conn,3,2                               '打开记录集
if rs.EOF then                                      '如果没有找到记录
response.write"<script language=JavaScript>"
response.write"alert('您的用户名不存在或密码输入有误，请重新输入!');"
response.write"javascript:history.go(-1)"
response.write"</script>"
else
```

```
response.Cookies("User")("Name")=re_name      '设置 cookies
response.Cookies("User")("Pword")= pass
response.redirect"user.asp"                  '登录成功转到用户资料页面
rs.close
conn.close                                   '关闭记录集
set rs=nothing
end if
%>
```

5.4.3 用户注册页面设计

用户注册页面包括填写注册信息页面 regist.asp 和添加用户信息页面 user_add.asp。会员注册页面如图 5-15 所示。

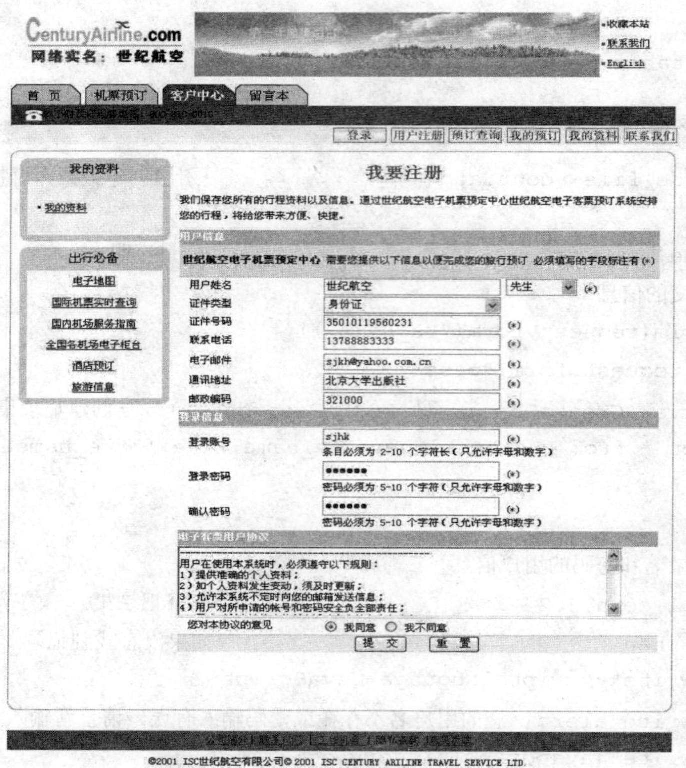

图 5-15 会员注册页面

1. 【regist.asp】会员注册页面代码

```
<SCRIPT language=JavaScript type=text/JavaScript>
function noChar(element1)
{
//判断是否含有非法字符 返回 true
text="abcdefghijklmnopqrstuvwxyz1234567890._-";
    for(i=0;i<=element1.length-1;i++){
     char1=element1.charAt(i);
        index=text.indexOf(char1);
        if(index==-1)
        return true;
   }
   return false;
}
function noChar1(element1)
{
//判断是否含有非法字符 返回 true
    text="1234567890";
    for(i=0;i<=element1.length-1;i++){
       char1=element1.charAt(i);
       index=text.indexOf(char1);
       If(index==-1)
       return true;
   }
   return false;
}
function fun_check_form()
{
//用于判断提交表单是否为空或有非法信息，若有则不能提交
var frm;
frm=document.frmSearch1;
if(frm.name.value=="")
{
alert("请填写用户姓名！");
```

```
frm.name.focus();
return;
}
if(frm.card_type.value=="")
{
alert("请填写用户证件类型!");
frm.card_type.focus();
return;
}
if(frm.card_number.value=="")
{
alert("请填写用户证件号码!");
frm.card_number.focus();
return;
}
if(frm.tel.value=="")
{
alert("请填写联系人电话! ");
frm.tel.focus();
return;
}
if(frm.mail.value=="")
{
alert("请填写电子信箱! ");
frm.mail.focus();
return;
}
if(frm.address.value=="")
{
alert("请填写通讯地址! ");
frm.address.focus();
return;
}
if(frm.postcode.value=="")
{
```

```
        alert("请填写邮政编码! ");
        frm.postcode.focus();
        return;
}
if(noChar1(frm.postcode.value))
{
alert("邮政编码输入有误");
        frm.postcode.focus();
        return;
}
if(frm.username.value=="")
{
        alert("请填写登录账号! ");
        frm.username.focus();
        return;
}
if(noChar(frm.username.value))
{
alert("用户账号只能包括以下字符:
abcdefghijklmnopqrstuvwxyz1234567890._-! ");
        frm.username.focus();
        return;
}
if(frm.username.value.length<2 || frm.username.value.length>10)
{
        alert("登录账号必须为 2~10 个字符长(只允许字母和数字)! ");
        frm.username.focus();
        return;
}
if(frm.pwd.value=="")
{
        alert("请填写用户密码! ");
        frm.pwd.focus();
        return;
}
```

```
if(noChar(frm.pwd.value))
{
        alert("用户密码只能包括以下字符：
abcdefghijklmnopqrstuvwxyz1234567890._-! ");
        frm.pwd.focus();
        return;
}
if(frm.pwd.value.length<5 || frm.pwd.value.length>10)
{
        alert("用户密码必须为 5～10 个字符（只允许字母和数字）! ");
        frm.pwd.focus();
        return;
}
if(frm.pwd.value!=frm.confirm_pwd.value)
{
        alert("确认密码和用户密码必须一致! ");
        frm.confirm_pwd.focus();
        return;
}
if(frm.agree[0].checked==false)
{
        alert("如果您不同意本中心电子客票用户协议，不能成为本中心会员! ");
        frm.agree[1].focus();
        return;
}
frm.submit();
}
</SCRIPT>
<html><body>

<table height=38 cellSpacing=0 cellPadding=0 width="100%" border=0>
<tbody>
<tr>
<td height=34><font color=#ff3300 size=5>
<strony>我要注册</strong></font></td>
```

```
</tr></tbody></table>
<table width="100%" border=0>
<tbody>
<tr>
<td style="LINE-HEIGHT: 20px" height=50>
<font size=2>我们保存您所有的行程资料以及信息。通过世纪航空电子机票预定中心世纪航空电子客票预订系统安排您的行程，将给您带来方便、快捷。</font></td>
</tr>
<tr>
<td><form name=frmSearch1 action="user_add.asp" method=post>
<table cellSpacing=0 borderColorDark=#000000 cellPadding=0 width="100%" border=0 name="skdfslkd1">
<tbody>
<tr bgColor=#cccccc>
<td colSpan=2 height=20><strong><font color=#ffffff>用户信息</font></strong>
</td>
</tr>
<tr>
<td bgColor=#eaeaea colSpan=2 height=40>
<div style="LINE-HEIGHT: 172%"><div align=center><strong>世纪航空电子机票预定中心</strong>需要您提供以下信息以便完成您的旅行预订 必须填写的字段标注有(<font color=#ff0000>*</font>)</div></div>
</td>
</tr>
<tr>
<td width="30%" bgColor=#d0d3e8 colSpan=2 height=1></td>
</tr>
<tr>
<td width="30%" height=20>  用户姓名 </td>
<td>
<input onkeydown=if(event.keyCode==13)event.keyCode=9 style="WIDTH: 200px" name=name>
<select onkeydown=if(event.keyCode==13)event.keyCode=9 style="WIDTH: 80px" name=sex>
<OPTION value=先生 selected>先生</OPTION>
```

```
<OPTION value=女士>女士</OPTION>
<OPTION value=小姐>小姐</OPTION>
</select>(<font color=#ff0000>*</font>)
        </td>
</tr>
<tr>
<td width="30%" bgColor=#ffffff colSpan=2 height=1></td>
</tr>
<tr>
<td width="30%" bgColor=#ffffff height=20>  证件类型</td>
<td bgColor=#ffffff>
<select onkeydown=if(event.keyCode==13)event.keyCode=9 style="WIDTH: 200px"
name=card_type>
<OPTION value=身份证 selected>身份证</OPTION>
<OPTION value=护照>护照</OPTION>
<OPTION value=军官证>军官证</OPTION>
<OPTION value=回乡证>回乡证</OPTION>
<OPTION value=台胞证>台胞证</OPTION>
</select>
</td></tr>
<tr>
<td width="30%" bgColor=#ffffff colSpan=2 height=1></td>
</tr>
<tr>
<td width="30%" bgColor=#ffffff height=20>  证件号码</td>
<td bgColor=#ffffff>
<input   onkeydown=if(event.keyCode==13)event.keyCode=9   style="WIDTH:
200px"
name=card_number maxlength=20>(<font color=#ff0000>*</font>)
</td>
</tr>
<tr>
<td width="30%" bgColor=#ffffff colSpan=2 height=1></td>
</tr>
<tr>
```

```
    <td width="30%" bgColor=#ffffff height=20>  联系电话 </td>
    <td bgColor=#ffffff>
    <input id=tel onkeydown=if(event.keyCode==13)event.keyCode=9 style="WIDTH:
200px" name=tel maxlength=12>(<font color=#ff0000>*</font>) </td></tr>
    <tr>
    <td width="30%" bgColor=#ffffff  height=20>  电子邮件 </td>
    <td bgColor=#ffffff>
    <input   onkeydown=if(event.keyCode==13)event.keyCode=9   style="WIDTH:
200px" name=mail>(<font color=#ff0000>*</font>) </td></tr>
    <tr>
    <td width="30%" bgColor=#ffffff height=20>  通讯地址</td>
    <td bgColor=#ffffff>
    <input   onkeydown=if(event.keyCode==13)event.keyCode=9   style="WIDTH:
200px" name=address> (<font color=#ff0000>*</font>) </td>
    </tr>
    <tr>
    <td width="30%" bgColor=#ffffff height=20>  邮政编码</td>
    <td bgColor=#ffffff>
    <input   onkeydown=if(event.keyCode==13)event.keyCode=9   style="WIDTH:
200px" name=postcode maxlength=8>(<font color=#ff0000>*</font>) </td>
    </tr>
    <tr>
    <td bgColor=#cccccc colSpan=2 height=20>
    <strong><font color=#ffffff>登录信息</font></strong></td>
    </tr>
    <tr>
    <td width="30%" bgColor=#ffffff height=20>  登录账号</td>
    <td bgColor=#ffffff>
    <input   onkeydown=if(event.keyCode==13)event.keyCode=9   style="WIDTH:
200px" name=username> (<font color=#ff0000>*</font>) <br>条目必须为 2～10 个字符
长（只允许字母和数字）</td>
    </tr>
    <tr>
    <td width="30%" bgColor=#ffffff height=29>  登录密码</td>
    <td bgColor=#ffffff>
```

```
<input id=pwd onkeydown=if(event.keyCode==13)event.keyCode=9 style="WIDTH:
200px" type=password name=pwd>(<font color=#ff0000>*</font>)<br>密码必须为 5～
10 个字符（只允许字母和数字）</td>
    </tr>
    <tr>
    <td width="30%" bgColor=#ffffff height=20>  确认密码</td>
    <td bgColor=#ffffff>
    <input id=confirm_pwd
    onkeydown=if(event.keyCode==13)event.keyCode=9style="WIDTH:
    200px" type=password name=confirm_pwd>
    (<font color=#ff0000>*</font>) <br>密码必须为 5～10 个字符（只允许字母和数字）
</td></tr>
    <tr>
    <td bgColor=#cccccc colSpan=2 height=20>
    <stront><font color=#ffffff>电子客票用户协议</font></strong></td>
    </tr>
    <tr>
    <td colSpan=2>
    <textarea   class=agree   onkeydown=if(event.keyCode==13)event.keyCode=9
style="FONT-SIZE: 12px; COLOR: #000000; FONT-FAMILY: 宋体, arial;name=Agreement
readOnly >--------------------------------------------以下为协议内容</textarea></td>
    </tr>
    <td width="30%" height=21>  您对本协议的意见</td>
    <td><input type=radio value=1 name=agree>我同意
    <input onkeydown=if(event.keyCode==13)event.keyCode=9 type=radio CHECKED
value=0 name=agree>我不同意
    <input type=hidden value=input name=state_m> </td>
    </tr>
    <div align=center>
    <input onclick=fun_check_form(); type=button value="提  交" name=Input>
    <input type=reset value=重  置 name=Submit2>
    </div></td></tr></table></form>
    ……
```

2. 【user_add.asp】添加用户页面代码

```
<!--#include file="conn.asp"-->                    '引用创建数据库链接对象函数文件
<%
'变量声明
dim rs
dim
name,sex,card_type,card_number,tel,mail,address,postcode,username,pwd
'读取表单信息
name=trim(request("name"))
sex=trim(request("sex"))
card_type=trim(request("card_type"))
card_number=trim(request("card_number"))
tel=trim(request("tel"))
address=trim(request("address"))
mail=trim(request("mail"))
postcode=trim(request("postcode"))
username=trim(request("username"))
pwd=trim(request("pwd"))
'把用户名和密码信息存入 cookies
Response.Cookies("User")("Name")= username
Response.Cookies("User")("Pword")= pwd
set rs=server.createobject("ADODB.recordset")             '创建记录集对象
sql1="select * from customer where re_name like '"&username&"'"
'查找是否有相同的已经注册的用户名

rs.Open sql1,conn,3,2                    '执行 SQL 语句，向记录集中添加数据
if not rs.EOF then
'如果找到记录，则把记录集指到记录第一条，并报错，返回前一页面
rs.MoveFirst
response.write"<script language=JavaScript>"
response.write"alert('您的登录账号已存在，请重新输入！');"
response.write"javascript:history.go(-1)"
response.write"</script>"
else
```

```
sql="insert into customer(re_name,realname,call,email,address,tel,zip,card_type,
card_number
,pwd)values('"&username&"','"&name&"','"&sex&"','"&mail&"','"&address&"'
,'"&tel&"','"&postcode&"','"& card_type&"','"&card_number&"','"&pwd&"')"
'添加用户注册信息
conn.Execute (sql)                                        '打开记录集
conn.close
set rs=nothing
response.redirect"user.asp"
end if
%>
```

5.4.4　用户资料修改页面设计

用户资料修改页面的现实效果如图 5-16 所示。

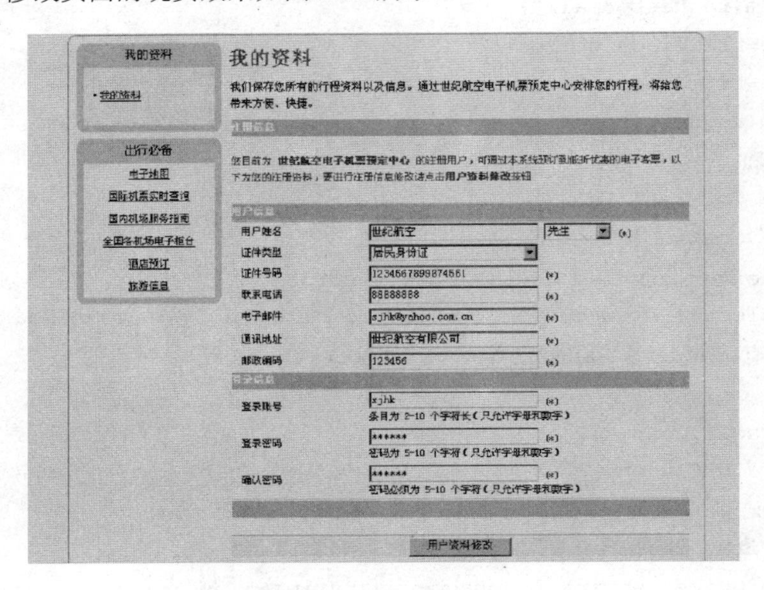

图 5-16　用户资料页面

用户资料修改涉及到显示用户资料页 user.asp 和用户资料更新页 user_detail.asp。其中 user.asp 的页面设计与 regist.asp 页面基本相似，以下就只给出 user.asp 中的 ASP 代码部分。

1. 【user.asp】显示用户资料的 ASP 代码

```
<!--#include file="conn.asp"-->                    '引用创建数据库链接对象函数文件
<%
dim re_name,datapwd                                              '变量声明
'提取 cookies 信息
re_name = replace(Request.Cookies("User")("Name"),"'","''")
datapwd = replace(Request.Cookies("User")("Pword"),"'","''")
if re_name<>"" and datapwd<>"" then 如果用户名和密码存在，即用户已经登录
dim rs
set rs=Server.createobject("ADODB.recordset")          '创建记录集对象
'查找密码和用户名都符合的记录
sql="select * from customer where re_name like'"&re_name&"' and pwd like
'"&datapwd&"'"
rs.open sql,conn,3,2                         '执行 SQL 语句，向记录集中添加数据
%>
……
'用户姓名输入框
<input style="WIDTH: 200px" value=<%=rs("realname")%> name=name>
'称呼选择列表
<select style="WIDTH: 80px" name=sex>
<OPTION value=先生<%if  rs("call")="先生" then response.write"selected" end
if %> >先生</OPTION>
<OPTION value=女士 <%if rs("call")="女士" then response.write"selected" end
if %> >女士</OPTION>
<OPTION value=小姐 <%if  rs("call")="小姐" then response.write"selected" end
if %>>小姐</OPTION>
</select>
'证件类型选择列表
<select style="WIDTH: 200px" name=card_type>
<OPTION value=身份证 <%if  rs("card_type")="身份证" then response.write"selected"
end if %>>居民身份证</OPTION>
<OPTION value=护照 <%if  rs("card_type")="护照" then response.write"selected"
end if %>>护照</OPTION>
<OPTION value=军官证<%if  rs("card_type")="军官证" then response.write"selected"
```

```
end if %>>军官证</OPTION>
    <OPTION value=回乡证<%if  rs("card_type")="回乡证" then response.write"selected"
end if %>>回乡证</OPTION>
    <OPTION value=台胞证 <%if  rs("card_type")="台胞证" then response.write"selected"
end if %>>台胞证</OPTION>
    </select>

    '证件号码输入框
    <input tyle="WIDTH: 200px" value=<%=rs("card_number")%> name=card_number
maxlength=20>
    '电话号码输入框
    <input style="WIDTH: 200px" value=<%=rs("tel")%> name=tel maxlength=12>
    '电子邮件输入框
    <input style="WIDTH: 200px" value=<%=rs("email")%> name=mail>
    '通讯地址输入框
    <input style="WIDTH: 200px" value=<%=rs("address")%> name=address>
    '邮政编码输入框
    <input style="WIDTH: 200px" value=<%=rs("zip")%>
    '登录账号输入框，为只读形式
    <input style="WIDTH: 200px" readOnly value=<%=rs("re_name")%> name=re_name>
    '登录密码输入框
    <input style="WIDTH: 200px" type=password value=<%=rs("pwd")%> name=pwd>
    '确认密码输入框
    <input style="WIDTH: 200px" type=password value=<%=rs("pwd")%> name=vpwd>
    <%
    conn.close
    set rs=nothing
    else
    response.redirect"login.asp"                    '用户若还未登录，则跳转到登录页面
    end if
    %>
```

2. 【user_detail】用户资料更新页面代码

```
    <!--#include file="conn.asp"-->            '引用创建数据库链接对象函数文件
    <%
```

```
'变量声明
dim rs,sql1
dim name,sex,card_type,card_number,tel,mail,address,postcode,pwd,re_name
'读取表单信息
name=trim(request.Form("name"))
sex=trim(request.Form("sex"))
card_type=trim(request.Form("card_type"))
card_number=trim(request.Form("card_number"))
tel=trim(request.Form("tel"))
address=trim(request.Form("address"))
mail=trim(request.Form("mail"))
zip=trim(request.Form("zip"))
re_name=trim(request.Form("re_name"))
pwd=trim(request.Form("pwd"))
set rs=server.createobject("ADODB.recordset")            '创建记录集对象
'更新用户资料信息
sql1="update customer set realname='"&name&"' ,call='"&sex&"' ,pwd='"&pwd&"',
card_type='"&card_type&"',card_number='"&card_number&"',tel='"&tel&"',add
ress='"&address&"',email='"&mail&"',zip='"&zip&"' where re_name='"&re_name&"' "
rs.Open sql1,conn,2,2                                     '打开记录集
conn.close
set rs=nothing
'重新把用户名和密码写入 cookies
response.Cookies("User")("Name")=re_name
response.Cookies("User")("Pword")=pwd
response.redirect "user.asp" '跳转回用户资料显示页面
%>
```

5.4.5 订单查询模块设计

订单查询模块分为单张订单查询和客户订单记录两部分。单张订单查询通过首页的 form4 表单直接填写订单号给 select.asp 页就可查询到这份订单的内容；客户订单记录查询需在用户登录的状态下，查询到用户在此网站购票的所有历史记录，这个功能由 orderlist.asp 页完成。单张订单查询页面如图 5-17 所示。

您的订单信息			
订单编号:	5	生成订单时间:	2005-4-26
航班班次:	0002	起飞日期:	2005-4-25
机票种类:	经济舱	单价:	800元
乘客姓名:	gfsgfsd	付款方式:	送货上门
受理状态:	订单未核实		

图 5-17 单张订单查询页面

1. 【select.asp】订单查询页代码

```
<!--#include file="conn.asp"-->              '引用创建数据库链接对象函数文件
<table width="70%" border="1" bordercolor="#CCCCCC">
<%
dim order_id,rs_retail,sql                   '变量声明
order_id=trim(request("order_id"))           '读取表单订单号
set rs_detail=server.createobject("adodb.recordset")   '创建记录集对象
sql="select * from orderlist where order_id="&order_id    '查找订单
rs_detail.open sql,conn,2,2                  '执行SQL语句，并把结果保存在记录集中
if rs_detail.eof then
%>
<tr><td>此订单不存在!</td></tr>
<%
'如果没有找到此记录，则显示"不存在"信息，并关闭记录集
conn.close
set rs_detail=nothing
else
'否则显示订单信息
%>
<tr><td colspan="4" align="center"><strong>您的订单信息</strong></td></tr>

<tr>
<td width="18%" height="25"><strong>订单编号:</strong></td>
<td width="30%" height="25"><%=rs_detail("order_id")%></td>
<td width="21%" height="25"><strong>生成订单时间:</strong></td>
```

```
<td width="31%" height="25"><%=rs_detail("order_date")%></td>
</tr>
<tr>
<td height="25"><strong>航班班次:</strong></td>
<td height="25"><%=rs_detail("flight_id")%></td>
<td height="25"><strong>起飞日期:</strong></td>
<td height="25"><%=rs_detail("start_date")%></td>
</tr>
<tr>
<td height="25"><strong>机票种类:</strong></td>
<td height="25"><%=rs_detail("kind")%></td>
<td height="25"><strong>单价:</strong></td>
<td height="25"><%=rs_detail("pay_dj")%>元</td>
</tr>
<tr>
<td height="25"><strong>乘客姓名:</strong></td>
<td height="25"><%=rs_detail("go_name")%></td>
<td height="25"><strong>付款方式:</strong></td>
<td height="25"><%=rs_detail("pay_way")%></td>
</tr>
<tr>
<td><div align="left"><strong>受理状态:</strong></div></td>
<td colspan=3><% if rs_detail("status")="否" then %>订单未核实<%else%>订单已
核实<%end if%></td>
</tr>
<%
set rs_detail=nothing                          '关闭记录集
conn.close
end if
%>
</table>
```

订单记录查询的页面显示如图 5-18 所示。

您的历史订单记录:

订单编号	生成订单日期	航班班次	起飞日期	受理状态	详细资料
2005122111800	2005-12-21 1:18:00	0032	2005-12-21	未处理订单	

首页 上一页 下一页 尾页 当前: 1/ 1

图 5-18 历史订单记录的设计

2. 【orderlist.asp】订单记录查询页面的代码

```
<!--#include file="conn.asp"-->                    '引用创建数据库链接对象函数文件
<%
dim username,datapwd                               '变量声明
'读取 cookies
username = replace(Request.Cookies("User")("Name"),"'","''")
datapwd = replace(Request.Cookies("User")("Pword"),"'","''")
if username="" and datapwd="" then                 '若未登录，则转到登录页面
response.Redirect  "login.asp"
else
'否则进入下面的 HTML 部分
%>
<%
dim rs,sql                                         '变量声明
set rs=server.CreateObject("ADODB.Recordset")      '创建记录集对象
'查找此用户的所有订单记录
sql="select * from orderlist where re_name like '"&username&"'"
rs.open sql,conn,2,2                               '执行 SQL 语句，并把值装入记录集
if rs.eof then                                     '如果没有找到相应的记录，则显示提示
rs.close                                       '关闭记录集
set rs=nothing
response.write"<align=center><strong>对不起，没有找到相关记录!</strong>"
else
'否则显示记录集中的信息
%>
<table width="80%" border="0">
<tr>
```

```
<td colspan="6">
<strong><font color="#FF6600">您的历史订单记录:</font></strong>
</td>
</tr>
<tr>
<td width="14%"><div align="center"><strong> 订单编号</strong></div></td>
<td width="21%"><div align="center"><strong>生成订单日期</strong></div></td>
<td width="16%"><div align="center"><strong>航班班次</strong></div></td>
<td width="17%"><div align="center"><strong>起飞日期</strong></div></td>
<td width="17%"><div align="center"><strong>受理状态</strong></div></td>
<td width="15%"><div align="center"><strong>详细资料</strong></div></td>
</tr>
<%
rs.pagesize=9                          '设置一页最多显示九条记录
dim page,pagec
page=1
pagec=rs.pagecount                  'pagec 为记录的总页数
if page>pagec then
page=pagec
end if
a=0
'当记录没有显示结束时，循环显示并记录下每页显示的记录数
do while not rs.eof and a<rs.pagesize
%>
<tr align="center">
<td height="25">
<a
href="select.asp?order_id=<%=rs("order_id")%>"><%=rs("order_id")%></a></td>
<td><%=rs("order_date")%></td>
<td><%=rs("flight_id")%></td>
<td><%=rs("start_date")%></td>
<td><%if  rs("status")="是" then%>订单已核实<% else  %>订单未核实<%end
if%></td>
<td><a href="select.asp?order_id=<%=rs("order_id")%>">
<img src="images/mfk7.gif" width="10" height="14" border="0"></a></td>
```

```
</tr>
<%
rs.movenext                                 '记录集指针向下移动
a=a+1
loop
%>
<tr>
d height="30" align="right" colspan="6">
<%
response.write ("<a href=?page=1username='"&username&"'>首页</a>")
if page>1 then
response.write  ("<a  href=?page="&page-1&"username='"&username&"'>上一页
</a>")
else
response.write("上一页")
end if
if page<pagec then
response.write("<a  href=?page="&page+1&"username='"&username&"'>下一页
</a>")
else
response.write("下一页")
end if
response.write ("<a href=?page="&pagec&"username='"&username&"'>尾页</a>  ")
response.write "当前: " & page & "/" & pagec
%>
</td></tr></table>
<%
end if
conn.close
set rs=nothing
%>
……
<%end if%>
```

5.5 机 票 订 购

本实例作为机票订购电子商务网站，订票订购是本网站最为核心的交易流程，因而这部分的设计是否合理周到，关系到引导顾客购票的过程是否流畅。

5.5.1 机票订购页面设计

提交订购信息的表单在首页和“机票订购”的子页都有设计，用户可以自由选择一个提交订购信息。提交后，页面显示符合要求的所有航班，用户可以根据票价、起飞时间等信息确定选择其中的某次航班。选定后填写订票信息，若此航班座位数可以满足则订购成功。机票订购页面的程序流程如图 5-19 所示。

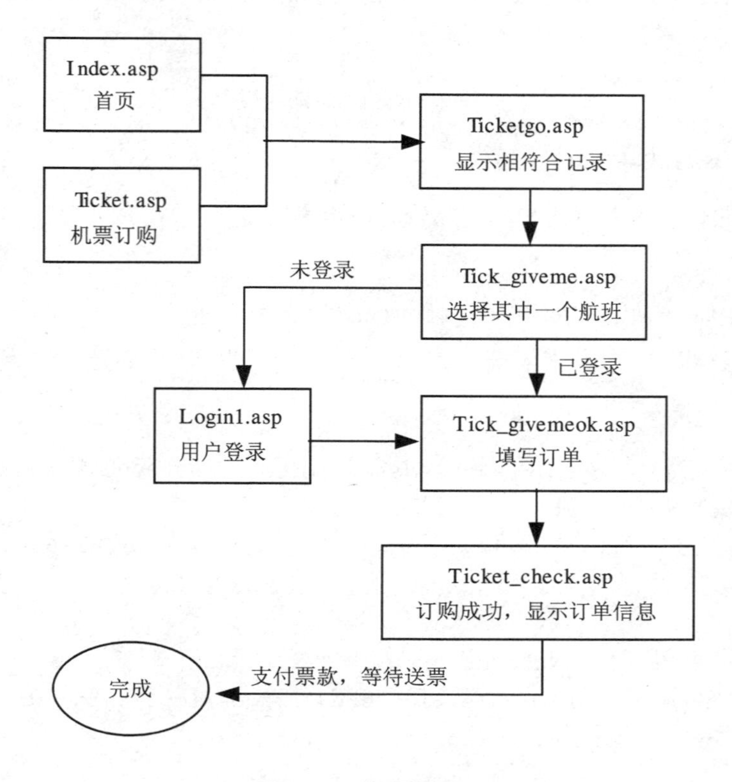

图 5-19 购票流程图

机票订购网页如图 5-20 所示。

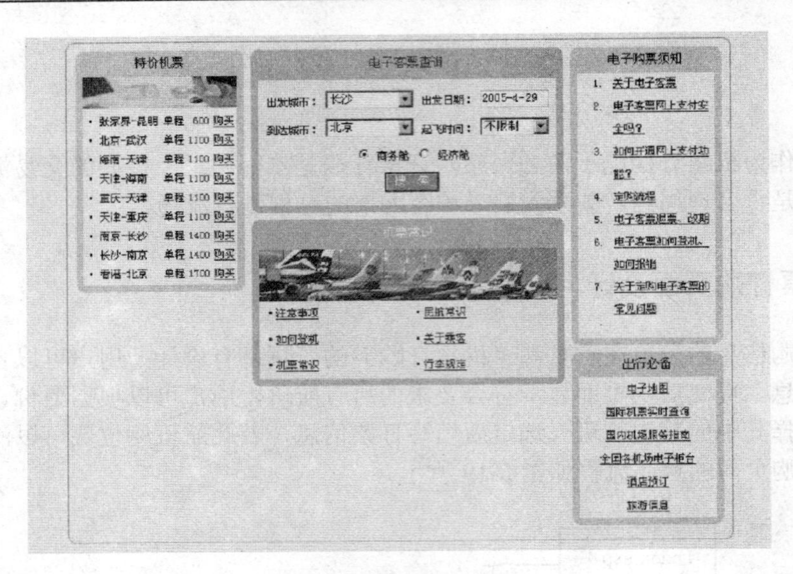

图 5-20　机票订购网页

1. 【ticket.asp】机票订购页的代码

其中表单的代码与首页的相似，此处就不再重复。

```
<!--#include file="conn.asp"-->
//以下为特价机票的完整显示部分，其他 HTML 代码省略
<table height=30 cellSpacing=0 cellPadding=0 width="100%" border=0>
<tbody>
<tr>
<td align=middle bgColor=#d5e9d6><font color=#000000>特价机票</font></td>
</tr></tbody></table>
<table cellSpacing=0 cellPadding=0 width="100%" border=0>
<tbody>
<tr>
<td width=8 bgColor=#d5e9d6></td>
<td vAlign=top align=middle><img src="images/img03.jpg" width=174>
<table width="100%" border=0>
<tbody>
<%
dim rs                                    '变量声明
```

```
    set rs=server.createobject("adodb.recordset")  '创建记录集
    dim sql
    '按价格顺序查找有优惠标记的航班
    sql="select airline_id,start,terminal,eco_price from airline where sale=1
order by eco_price"
    rs.open sql,conn,2,2                    '执行 SQL 语句，向记录集中添加数据
    if not rs.eof then
    rs.movefirst
    do while not rs.eof                     '循环显示记录集信息
    %>
    <tr>
    <td width=2>·</td>
    <td align=left><%=rs("start")%>-<%=rs("terminal")%></td>
    <td>单程</td>
    <td align=right><font color=#ff0000><%=rs("eco_price")%></font></td>
    <td align=right><font color=#660033>
    <a href="ticket_giveme.asp?id=<%=rs("airline_id")%>">
    <font color=#0226db>购买</font></a></font></td>
    </tr>
    <%
    rs.movenext
    loop
    end if
    set rs=nothing
    %>
    </tbody>
    </table>
    </td>
    <td width=8 bgColor=#d5e9d6></td>
    </tr>
    </tbody></table>
```

表单提交后进入 tickgo.asp 页进一步选择航班。航班选择的页面如图 5-21 所示。

您所查询2005-4-29号的路线:

航班号	起飞地-降落地	起飞时间	降落时间	等级	单价	订购
0002	长沙->北京	9:56:00	16:40:00	商务舱	1300/元	

首页 上一页 下一页 尾页 当前: 1/1

图 5-21 【ticketgo.asp】页

2.【ticketgo.asp】航班选择页的代码

```
<!--#include file="conn.asp"-->
……
<%
dim rs
set rs=server.CreateObject("ADODB.Recordset")        '创建记录集
dim start,terminal,dt,fall_time,takeoff_time,zwc,price,sql
'读取表单信息
start=trim(request("from_city"))
terminal=trim(request("to_city"))
dt=trim(request("dt"))
zwc=trim(request("zwc"))
fall_time=trim(request("departure_time"))
session("dt")=dt                                      '把出发日期写入 SESSION
if fall_time="" then
'如果顾客选择"不限制起飞时间"的查询项符合条件航班
sql="select * from airline where start like '"&start&"' and terminal like
'"&terminal&"'"
else
'如果选择起飞时间的查询语句
sql="select * from airline where start like '"&start&"' and terminal like
'"&terminal&"' and fall_time like '"&fall_time&"'"
end if
rs.Open sql,conn,3,2                                  '执行 SQL 语句
if rs.eof then                                        '没有找到记录则关闭记录集
rs.close
response.write"<align=center><strong>对不起，没有找到相关记录!</strong>
```

```
else
%>
<table width="100%" border="0">
<tr>
<td colspan="7"><strong><font color="#FF6600">您所查询<%=dt%>号的路
线:</font></strong></td></tr>
<tr>
<td width="9%"><div align="center"><strong>航班号</strong></div></td>
<td width="22%"><div align="center"><strong>起飞地-降落地</strong></div></td>
<td width="15%"><div align="center"><strong>起飞时间</strong></div></td>
<td width="16%"><div align="center"><strong>降落时间</strong></div></td>
<td width="13%"><div align="center"><strong>等级</strong></div></td>
<td width="13%"><div align="center"><strong>单价</strong></div></td>
<td width="12%"><div align="center"><strong>订购</strong></div></td>
</tr>
<%
rs.pagesize=8                                          '设置页面显示8条记录
dim page,pagec
page=1
pagec=rs.pagecount '
if page>pagec then
page=pagec
end if
rs.absolutepage=page
a=0
do while not rs.eof and a<rs.pagesize               '循环显示信息
%>
<tr align="center">
<td height="25">
<a href="ticket_giveme.asp?id=<%=rs("airline_id")%>"><%=rs("flight_id")%>
</a></td>
<td><%=rs("start")%>-><%=rs("terminal")%></td>
<td><%=rs("fall_time")%></td>
<td><%=rs("takeoff_time")%></td>
<td><%=zwc%></td>
```

```
    <td><font color=red>
    <%
    if zwc="经济舱" then response.write rs("eco_price") else response.write
rs("bus_price")
    %>
    /元</font></td>
    <td><a href="ticket_giveme.asp?id=<%=rs("airline_id")%>">
    <img src="images/mfk7.gif" width="10" height="14" border="0"></a></td>
    </tr>
    <%
    rs.movenext
    a=a+1
    loop
    %>
    <tr>
    <td height="30" align="right" colspan="7">
    <%
    response.write ("<a href=?page=1&start="&start&"&terminal="&terminal&">首
页</a>  ")
    if page>1 then
    response.write ("<a href=?page="&page-1&"&start="&start&"&terminal="&terminal&"
>上一页</a>  ")
    else
    response.write("上一页  ")
    end if
    if page<pagec then
    response.write("<a
href=?page="&page+1&"&start="&start&"&terminal="&terminal&">下一页</a>  ")
    else
    response.write("下一页  ")
    end if
    response.write ("<a href=?page="&pagec&"&start="&start&"&terminal="&terminal&">
尾页</a>  ")
    response.write "当前: " & page & "/" & pagec
    %>
```

```
</td>
</tr>
</table>
<%
end if
conn.close
set rs=nothing
%>
```

确定选择某个航班后，进入 tick_giveme.asp，查看这个航班的详细信息：航班号、起飞地与降落地、起飞时间与到达时间、商务舱和经济舱的剩余座位数和票价。这里用“<a href="ticket_giveme.asp?id=<%=rs("airline_id")%>">”来进行两页间航班号的传递，如图 5-22 所示。

选择航班-登录-乘客信息-订购

您所选择的2005-12-21号0002次航班:

航班号	起飞地-降落地	起飞时间	降落时间	商务舱剩余座位数	商务舱价格	经济舱剩余座位数	经济舱价格	订购
0002	长沙->北京	9:56:00	16:40:00	120	1300/元	80	800/元	

图 5-22 查看航班信息网页

3.【tick_giveme.asp】查看航班信息网页的代码

```
<!--#include file="conn.asp"-->
<%
'变量声明
dim rs,sql,rj,sql1,sql2,rr
dim id,dt,count1,count2
'创建 rs,rj,rr 记录集分别针对商务舱，经济舱和航班信息
set rs=server.CreateObject("ADODB.Recordset")
set rj=server.CreateObject("ADODB.Recordset")
set rr=server.CreateObject("ADODB.Recordset")
if session("dt")="" then      '如果用户没有填写出发时间，则默认当天时间为出发时间
session("dt")=date()
end if
dt=session("dt")
```

```
id=trim(request("id"))
'读取出发日期和航班号
'查询同一天同一航班的商务舱已订票数
sql1="select count(*) as count1 from orderlist where start_date like '"&dt&"'
and kind like '商务舱' and  airline_id="&id
'查询同一天同一航班的经济舱已订票数
sql2="select count(*) as count2 from orderlist where start_date like '"&dt&"'
and kind like '经济舱' and  airline_id="&id
'查询所选择航班信息
sql="select * from airline where airline_id="&id
'执行SQL语句
rs.Open sql,conn,2,2
rj.Open sql1,conn,2,2
if rj.eof then                  '如果同一天同一航班没有订购座位，则设count1为0
count1=0
rj.movefirst
else                            '如果有订购，则读取出已订购数
count1=rj("count1")
end if
rr.Open sql2,conn,2,2
if rr.eof then                  '如果同一天同一航班没有订购座位，则设count2为0
count2=0
rj.movefirst
else                            '如果有订购，则读取出已订购数
count2=rr("count2")
end if
rj.close
set rj=nothing
rr.close
set rr=nothing
%>
<table width="730" border="0">
<tr>
<td colspan="9" align=right><strong><font color=#ff0000>选择航班</font>-登
录-乘客信息-订购</strong></td>
```

```
    </tr>
    <tr>
    <td  colspan="9"><strong><font  color="#FF6600"> 您 所 选 择 的 <%=dt%> 号
<%=rs("flight_id")%>次航班:</font></strong></td>
    </tr>
    <tr>
    <td width="7%"><div align="center"><strong>航班号</strong></div></td>
    <td width="15%"><div align="center"><strong>起飞地-降落地</strong></div></td>
    <td width="11%"><div align="center"><strong>起飞时间</strong></div></td>
    <td width="11%"><div align="center"><strong>降落时间</strong></div></td>
    <td width="11%"><div align="center"><strong>商务舱剩余座位数</strong></div></td>
    <td width="14%"><div align="center"><strong>商务舱价格</strong></div></td>
    <td width="11%"><div align="center"><strong>经济舱剩余座位数</strong></div></td>
    <td width="13%"><div align="center"><strong>经济舱价格</strong></div></td>
    <td width="7%"><div align="center"><strong>订购</strong></div></td>
    </tr>
    <tr align="center">
    <td height="25">
    <a
href="ticket_giveme.asp?id=<%=rs("airline_id")%>"><%=rs("flight_id")%></a></
td>
    <td><%=rs("start")%>-><%=rs("terminal")%></td>
    <td><%=rs("fall_time")%></td>
    <td><%=rs("takeoff_time")%></td>
    <td><%=(rs("bus_cabin")-count1)%></td>//用商务舱座位数减订购数得出剩余座位数
    <td><font color=red><%=rs("bus_price")%>/元</font></td>
    <td><%=(rs("eco_cabin")-count2)%></td>//用经济舱座位数减订购数得出剩余座位数
    <td><font color=red><%=rs("eco_price")%>/元</font></td>
   <td><a             href="ticket_givemeok.asp?id=<%=rs("airline_id")%>"><img
src="images/mfk7.gif" width="10" height="14" border="0"></a></td>
   </tr></table>
   <%
    conn.close
    set rs=nothing
    %>
```

5.5.2 填写订单

选择好航班，就可以填写订单，但在填写订单前，必须先进行用户登录，若没有登录，则自动转到登录页 login1.asp，登录后再转接着继续填写订单。填写订单页 tick_givemeok.asp 有一个选择“是否采用注册信息”，用户选择“是”，则只须填写所需舱类即可完成订购；选择“否”则可以帮亲友订购，这时就得填写乘客姓名和证件号。这样就为订票增加了一定的灵活性，如图 5-23 所示。

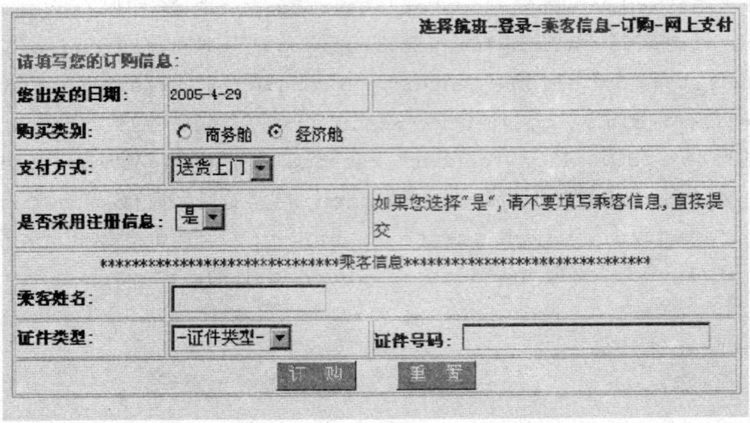

图 5-23 订单填写网页

1.【tick_givemeok.asp】订单填写网页的代码

```
<!--#include file="conn.asp"-->
<%
dim username,datapwd
'读取 cookies 信息
username = replace(Request.Cookies("User")("Name"),"'","''")
datapwd = replace(Request.Cookies("User")("Pword"),"'","''")
session("id")=trim(request("id"))                    '把航班号写入 SESSION
'如果没有登录则转到登录界面
if username="" and datapwd="" then
response.Redirect  "login1.asp?id="&trim(request("id"))
else
%>
//以下为 HTML 代码部分
```

```
<script language=JavaScript type=text/JavaScript>
function noChar(element1)
{
//含有非法字符 返回 true
  text="abcdefghijklmnopqrstuvwxyz1234567890._-";
  for(i=0;i<=element1.length-1;i++){
    char1=element1.charAt(i);
    index=text.indexOf(char1);
    if(index==-1)
      return true;
  }
  return false;
}
function fun_check_form()
    {
        var frm;
        frm=document.frmSearch1;
        if(frm.jilu.value=="否")
        {
            if(frm.go_name.value=="")
            {
                alert("请填写乘客姓名! ")
                frm.go_name.focus();
                return;
            }
            if(frm.go_cardtype.value=="")
            {
                alert("请选择乘客证件类型!");
                frm.go_cardtype.focus();
                return;
            }
            if(frm.go_cardnumber.value=="")
            {
                alert("请填写乘客证件号码!");
                frm.go_cardnumber.focus();
```

```
                return;
            }
            if(noChar(frm.go_cardnumber.value))
            {
                alert("客证件号码输入有误(包含非法字符)");
                frm.postcode.focus();
                return;
            }
        }
        else
        {
            if(frm.go_name.value!="")
            {
                alert("采用注册信息不用填写乘客姓名！");
                frm.go_name.focus();
                return;
            }
            if(frm.go_cardtype.value!="")
            {
                alert("采用注册信息不用选择乘客证件类型!");
                frm.go_cardtype.focus();
                return;
            }
            if(frm.go_cardnumber.value!="")
            {
                alert("采用注册信息不用填写乘客证件号码!");
                frm.go_cardnumber.focus();
                return;
            }
        }
    frm.submit();
}
</script>
<%
dim dt
```

```
dt=session("dt")'提取出发时间
%>
<font name=frmSearch1 action="ticket_check.asp"  method=post>
<table width="100%" border="1" bordercolor="#CCCCCC">
<tr>
<td colspan="3" align=right><strong>选择航班-登录-<font color=#ff0000>乘客信息</font>-订购-网上支付</strong></td>
</tr>
<tr>
<td colspan="3">
<strong><font color="#FF6600">请填写您的订购信息:</font></strong></td>
</tr>
<tr height="25">
<td width="21%"><div align="left"><strong>您出发的日期:</strong></div></td>
<td width="28%"><%=dt%></td>
<td width="51%"> </td>
</tr>
<tr height="25">
<td><div align="left"><strong>购买类别:</strong></div></td>
<td colspan=2> <input type="radio" name="zwc" value="商务舱">商务舱
<input type="radio" name="zwc" value="经济舱" checked>经济舱</td>
</tr>
<tr>
<td align=middle height=25><div align="left"><b>支付方式:</b></div></td>
<td colspan=2> <select name="pay_way" >
<option value="邮局汇款">邮局汇款</option>
<option value="送货上门" selected>送货上门</option>
<option value="网上支付">网上支付</option>
</select> </td>
</tr>
<tr height="25">
<td colspan=2><div align="left"><strong>是否采用注册信息:
<select name="jilu" onkeydown=if(event.keyCode==13)event.keyCode=9 >
<option value="是" selected><strong>是</strong></option>
<option value="否"><strong>否</strong></option>
```

```
    </select></strong></div></td>
    <td><font color="#FF0000" size="2">如果您选择&quot;是&quot;,请不要填写乘客信
息，直接提交</font></td>
    </tr>
    <tr>
    <td colspan="3" align=center><font color="#FF0000">******************************乘客信
息********************************</font></td></tr>
    <tr><td align=middle height=25><div align="left"><b>乘客姓名:</b></div></td>
    <td colspan=2><input type="text" name="go_name" size="15"
onkeydown=if(event.keyCode==13)event.keyCode=9 >
    </td>
    </tr>
    <tr>
    <td align=middle height=25><div align="left"><b>证件类型:</b></div></td>
    <td >
    <select name="go_cardtype" onkeydown=if(event.keyCode==13)event.keyCode=9>
    <option value="">-证件类型-</option>
    <option value="身份证" >身份证</option>
    <option value="护照">护照</option>
    <option value="军官证">军官证</option>
    <option value="台胞证">台胞证</option>
    <option value="回乡证">回乡证</option>
    </select>
    </td>
    <td><div align="left"><b>证件号码:</b>
    <input type="text" name="go_cardnumber" size="25" maxlength="20"
onkeydown=if(event.keyCode==13)event.keyCode=9 >
    </div></td>
    </tr>
    <tr>
    <td colspan=3 align=center> <INPUT onClick=fun_check_form();
    style="BORDER-TOP-WIDTH: 1px; BORDER-LEFT-WIDTH: 1px; BACKGROUND: #ff9900;
BORDER-BOTTOM-WIDTH: 1px; WIDTH: 60px; COLOR: #ffffff; HEIGHT: 22px;
BORDER-RIGHT-WIDTH: 1px" type=button value="订  购" name=Input>
    <input type="reset" style="BORDER-TOP-WIDTH: 1px;
```

```
BORDER-LEFT-WIDTH: 1px; BACKGROUND: #ff9900; BORDER-BOTTOM-WIDTH: 1px;
WIDTH: 60px; COLOR: #ffffff; HEIGHT: 22px; BORDER-RIGHT-WIDTH: 1px"  value="
重  置"> </td>
</tr></table></form>
```

当用户未登录时，系统在进入此页面前会自动跳转到 login1.asp 页，login1.asp 页与 login.asp 页代码类似，唯一不同是此页表单提交到 loginyes1.asp，这里就不再重复。

```
<form name=frm_login action="loginyes1.asp?id=<%=trim(request("id"))%>"
method=post>
```

Loginyes1.asp 页负责接受表单信息及航班号，登录后直接转到 tick_givemeok.asp 页继续进行订购。

2. 【loginyes1.asp】页的代码

```
<!--#include file="conn.asp"-->
<%
dim re_name,pass,rs                              '变量声明
re_name=trim(request.form("re_name"))            '提取表单信息
pass=trim(request.form("pass"))
Set rs=Server.CreateObject ("ADODB.Recordset")
'创建记录集，验证用户信息
sql="select * from customer where re_name like '"&re_name&"' and pwd like
'"&pass&"'"
rs.Open sql,conn,3,2
'如果登录信息有误则报错
if rs.EOF then
response.write"<script language=JavaScript>"
response.write"alert('您的用户名不存在或密码输入有误，请重新输入！');"
response.write"javascript:history.go(-1)"
response.write"</script>"
else
'否则记录用户 cooikes
Response.Cookies("User")("Name")=re_name
Response.Cookies("User")("Pword")=pass
conn.close
```

```
set rs=nothing
'跳转到中断的订购页面，继续订购
response.redirect"ticket_givemeok.asp?id="&trim(request("id"))
end if
%>
```

5.5.3 订购成功

生成订单网页是完成网上交易过程的重要设计内容之一。

对于顾客来说，在订单网页中，可以非常清楚地看到自己所订购商品的名称、数量和价格，以及订单号和订单生成时间。

对于商家来说，为了将商品送到顾客手中，需要从订单网页中了解到顾客的一些信息，这些信息根据顾客选择的货款支付方式和送货方式而有所不同。例如，顾客选择货款支付的方式为邮局汇款，送货方式为邮寄，则需了解顾客的邮件地址和收货人姓名。如果因为货款支付方式和送货方式的原因，顾客需要为此支付一些附加的费用，则在订单网页中，必须对这些费用进行确认。

最后是对购物过程中产生的一些附加信息（如发票、商品包装等信息）的确认。

本实例订单提交后就转入 ticket_check.asp 页，若座位数有剩余，则订单提交成功，用户在支付票款口就可以收到公司送出的机票，若没有座位则提示用户重新选择。

确认后的订单如图 5-24 所示。

选择航班-登录-乘客信息-订购

恭喜，您的订单已成功提交，以下是您的订单信息:

订单编号:	18	生成订单时间:	2005-4-29 3:04:49
航班班次:	0002	起飞日期:	2005-4-29
起飞时间:	9:56:00	到达时间:	16:40:00
机票种类:	经济舱	价格:	800元
收件人姓名:	世纪航空	乘客姓名:	世纪航空
收件人地址:	世纪航空有限公司		
邮政编码:	123456	付款方式:	送货上门

请记住您的订单编号以方便查询，谢谢您的此次订购，欢迎下次惠顾！

图 5-24 确认后的订单网页

【ticket_check.asp】座位检查页的代码如下。

```
<!--#include file="conn.asp"-->
<%
dim username,datapwd
'读取用户 cooikes 信息
username = replace(Request.Cookies("User")("Name"),"'","''")
datapwd = replace(Request.Cookies("User")("Pword"),"'","''")
'变量声明
dim
dt,id,zwc,pay_way,jilu,go_name,go_cardtype,go_cardnumber,address,zip,name
'提取表单和 session 信息
dt=session("dt")
id=session("id")
zwc=trim(request("zwc"))
pay_way=trim(request("pay_way"))
jilu=trim(request("jilu"))
dim rj,sql1
set rj=server.CreateObject("ADODB.Recordset")
'查询用户信息
sql1="select * from customer where re_name like '"&username&"'"
rj.Open sql1,conn,3,2
address=rj("address")                    '提取用户真实姓名、邮编和地址
zip=rj("zip")
name=rj("realname")
if  jilu ="是" then
'如果选择"订票选择注册信息"则提取 customer 表信息
    go_name=rj("realname")
    go_cardtype=rj("card_type")
    go_cardnumber=rj("card_number")
else
'选择否则提取表单信息
      go_name=trim(request.Form("go_name"))
      go_cardtype=trim(request.Form("go_cardtype"))
      go_cardnumber=trim(request.Form("go_cardnumber"))
    end if
    dim rr,rk,sql2,sql3,count1,count2                '创建记录集
```

```
        set rr=server.CreateObject("ADODB.Recordset")
        set rk=server.CreateObject("ADODB.Recordset")
    '查询同一天同一航班的订票数
    sql2="select count(*) as count1 from orderlist where start_date like '"&dt&"' 
and kind like '商务舱' and airline_id="&id
    sql3="select count(*) as count2 from orderlist where start_date like '"&dt&"' 
and kind like '经济舱' and  airline_id="&id
        rr.Open sql2,conn,2,2
        rk.Open sql3,conn,2,2
        if rr.eof then
           count1=0
           rr.movefirst
        else
           count1=rr("count1")
        end if
        if rk.eof then
           vefirst
        else
           count2=rk("count2")
        end if
        dim rc,sql4,cabin,pay_dj,flight_id
        set rc=server.CreateObject("ADODB.Recordset")
        sql4="select * from airline where airline_id="&id
        rc.Open sql4,conn,2,2
        flight_id=rc("flight_id")
        if zwc="商务舱" then
           cabin=(rc("bus_cabin")-count1)
           pay_dj=rc("bus_price")
        else
           cabin=(rc("eco_cabin")-count2)
           pay_dj=rc("eco_price")
        end if
        rj.close
        rr.close
        rk.close
```

```
    %>
……
//以下是显示的订单内容
<td colspan="4"><div align="right"><strong>选择航班-登录-乘客信息-<font
color="#FF0000">订购</font></strong></div></td>
</tr>
<%if cabin=0 then%>
'如果没有座位剩余，则返回出错信息
<tr ><td colspan=4><strong><font color="#FF6600">对不起，您所预订的<%=zwc%>
位已满，请重新选择航班或时间！</font></strong></td>
<tr><td colspan=4 align=center>
<a href="javascript:histroy.go(-1);">返回上一页继续填写</a></td></tr>
<%
set rc=nothing
conn.close
else
'变量声明
dim rs,sql,order_date,rs_detail,sql_detail
order_date=now()
'提取订单时间为当前时间，创建记录集
set rs=server.CreateObject("ADODB.Recordset")
'插入orderlist表中订单信息
sql="insert into orderlist(re_name,flight_id,kind,pay_dj,pay_way,order_date,
status,start_date,airline_id,go_name,go_cardtype,go_cardnumber)
values('"&username&"','"&flight_id&"','"&zwc&"','"&pay_dj&"','"&pay_way&"','
"&order_date&"','否','"&dt&"','"&id&"','"&go_name&"','"&go_cardtype&"',
'"&go_cardnumber&"')"
rs.Open sql,conn,2,2
    '执行SQL语句
set rs_detail=server.CreateObject("ADODB.Recordset")
'创建记录集，查询刚刚提交的订单
sql_detail="select * from orderlist where re_name like '"&username&"' and
order_date like '"&order_date&"'"
rs_detail.open sql_detail,conn,2,2
%>
```

```
<tr>
<td colspan="4"><strong><font color="#FF6600">恭喜，您的订单已成功提交，以下是
您的订单信息:</font></strong></td>
</tr>
<tr>
<td width="18%" height="25"><strong>订单编号:</strong></td>
<td width="30%" height="25"><%=rs_detail("order_id")%></td>
<td width="21%" height="25"><strong>生成订单时间:</strong></td>
<td width="31%" height="25"><%=rs_detail("order_date")%></td>
</tr>
<tr>
<td height="25"><strong>航班班次:</strong></td>
<td height="25"><%=rs_detail("flight_id")%></td>
<td height="25"><strong>起飞日期:</strong></td>
<td height="25"><%=rs_detail("start_date")%></td>
</tr>
<tr>
<td height="25"><strong>起飞时间:</strong></td>
<td height="25"><%=rc("fall_time")%></td>
<td height="25"><strong>到达时间:</strong></td>
<td height="25"><%=rc("takeoff_time")%></td>
</tr>
<tr>
<td height="25"><strong>机票种类:</strong></td>
<td height="25"><%=rs_detail("kind")%></td>
<td height="25"><strong>价格:</strong></td>
<td height="25"><%=rs_detail("pay_dj")%>元</td>
</tr>
<tr>
<td height="25"><strong>收件人姓名:</strong></td>
<td height="25"><%=name%></td>
<td height="25"><strong>乘客姓名:</strong></td>
<td height="25"><%=rs_detail("go_name")%></td>
</tr>
<tr>
```

```
<td height="25"><strong>收件人地址:</strong></td>
<td height="25" colspan="3"><%=address%></td>
</tr>
<tr>
<td height="25"><strong>邮政编码:</strong></td>
<td height="25"><%=zip%></td>
<td height="25"><strong>付款方式:</strong></td>
<td height="25"><%=rs_detail("pay_way")%></td>
</tr>
<tr>
<td height="25" colspan="4"><div align="center">
<p><strong>请记住您的订单编号以方便查询，谢谢您的此次订购，欢迎下次惠顾!</strong></p>
</div></td>
</tr>
<tr>
td colspan="4"> </td>
</tr>
<%
set rs=nothing
set rc=nothing
set rs_detail=nothing
conn.close
end if
%>
</table> </td>
```

5.6　留言本的设计

每一个电子商务网站都希望顾客在浏览了网页之后，留下他们的想法，以便使网站的管理者能够及时地了解顾客都在想什么，希望网站提供什么样的服务，得到什么样的商品等。因此，留言本也就适时出现了。

客户的每次留言在数据库里都应该有清晰的记录，在设计留言本的时候应考虑留言主题、内容、客户注册用户名、留言时间，为了便于管理，还应该有留言编号。

客户注册用户名可以从 cookies 中读出，留言时间可以从客户机中读出。

留言本数据库建好之后，就可以进行功能的建立了。留言本的网页显示如图 5-25 所示。

登录 用户注册 预订查询 我的预订 我的资料 联系我们

留言本

李逍遥先生	lixiaoyao@126.com	2005-4-29 14:12:33
标题：头一次来		
呵呵，头一次来，感觉蛮好！		
赵敏小姐	zhaomin@126.com	2005-4-28 21:14:13
标题：我也这么觉得		
是可以啊，点点点几下，就搞定了！		
海棠女士	haitang@126.com	2005-4-28 21:12:54
标题：比较满意！		
操作流程还是蛮简单的，购票比较方便！		

图 5-25　留言本网页

客户留言本的流程如图 5-26 所示。

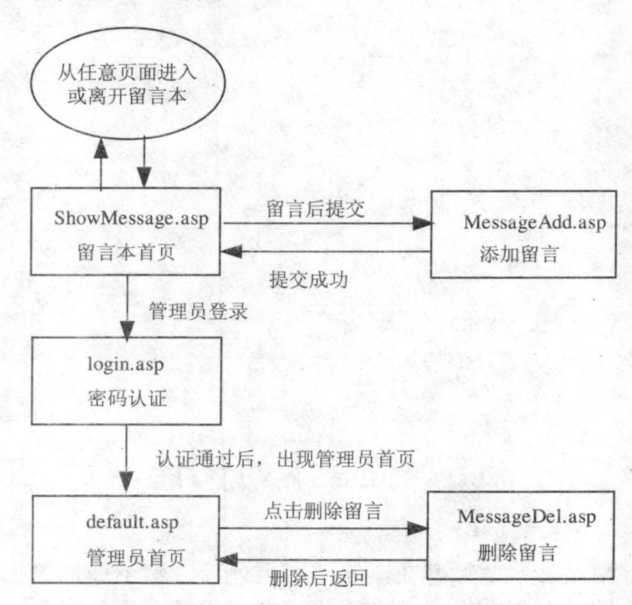

图 5-26　留言本流程图

这个留言本的设计相当地简单，仅仅实现了留言本的基本功能，下面将一一介绍这些基本功能。

5.6.1 留言的显示

留言的显示位于留言本首页的上部。留言本上显示了留言的全部信息。

【MessageShow.asp】留言的显示页面源代码如下。

```
<!--#include file="conn.asp"-->
<%
dim username,datapwd
'读取 cookies 信息
username = replace(Request.Cookies("User")("Name"),"'","''")
datapwd = replace(Request.Cookies("User")("Pword"),"'","''")
'如果用户没有登录,则转到登录界面
if username="" and datapwd="" then
response.Redirect  "login.asp"
else
%>
<%
'显示留言内容
dim rs,sql
Set rs=Server.CreateObject ("ADODB.Recordset")        '创建记录集
'按时间先后显示所有留言
sql="select * from customer,message where customer.re_name=message.re_name
order by message_time desc"
rs.Open sql,conn,3,2
do while not rs.eof
%>
<table width="500" border="1" bordercolor="#CCCCCC">
<tr>
<td width="185"><%=rs("realname")%><%=rs("call")%></td>
<td width="153"><%=rs("email")%></td>
<td width="140"><%=rs("message_time")%></td>
</tr>
<tr>
<td colspan="3">标题: <%=rs("message_title")%></td>
</tr>
<tr>
```

```
    <td colspan="3"><%=rs("message_msg")%></td>
    </tr>
    </table>
    <%
    rs.movenext                                    '留言循环显示，显示完毕关闭记录集
    loop
    rs.close
    set rs=nothing
    conn.close
    set conn=nothing
    %>
    </div>
    //以下为添加留言部分
    <hr align="center">
    <div align="center"><font color="#FF9900" size="4"><strong>添加留言</strong></font>
</div>
    <form name="Form_Message_Add" method="post" action="MessageAdd.asp">
    <div align="center">
    <table width="500" border="1" bordercolor="#CCCCCC">
    <tr>
    <td colspan="4">标题:
    <input name="Message_title" type="text" id="Message_title" size="60">
    </td>
    </tr>
    <tr>
    <td   colspan="4"><textarea   name="Message_msg"   cols="70"   rows="8"
wrap="VIRTUAL" id="Message_msg"></textarea></td>
    </tr>
    </table>
    <br>
    <input type="submit" name="Submit" value="提交">  
    <input type="reset" name="Submit" value="清空">
    </div>
    </form>
    </td>
```

```
<td style="BORDER-RIGHT: #b7b7b7 1px solid" width=10> </td>
</tr></tbody></table>
......
<%end if%>
```

5.6.2　留言的添加

点击“添加新留言”可以添加新留言，完成提交后可以自动返回留言板看到刚留的信息，如图 5-27 所示。

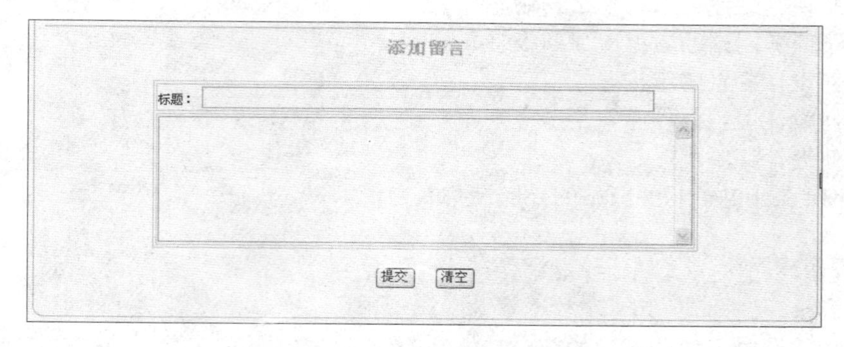

图 5-27　添加留言网页

【MessageAdd.asp】页面代码如下。

```
<!--#include file="conn.asp"-->
<%
dim sql
'读取 cooikes 用户登录名
re_name=request.Cookies("User")("Name")
'添加留言信息
sql="insert into message(re_name,message_title,message_msg,message_time)
values('"&re_name&"','"&Request.Form("Message_title")&"','"&Request.Form
("Message_msg")&"',#"&now&"#)"
conn.execute sql
conn.close
set conn=nothing
Response.Redirect("MessageShow.asp")    '转到留言显示页面可以看到新添加的留言
%>
```

5.7 习题与实践

5.7.1 习题

1．电子商务网站前台一般应有哪些主要功能？
2．商务网站结构设计的原则是什么？
3．如何设计电子商务网站的目录结构？
4．如何确定网站的整体风格？
5．色彩在网站设计中有什么作用？
6．电子商务网站的数据库如何设计？
7．如何设计主页的结构？
8．如何设计留言板程序？
9．如何设计订单程序？
10．如何设计电子商务网站的导航结构？

5.7.2 实践

1．策划一个电子商务网站的前台功能结构。
2．根据策划的结构设计网站的主页。
3．参照实例程序设计一个网站留言簿。
4．参照实例程序设计一个订单程序。
5．以小组为单位，按照给出的程序，完成世纪航空网站的前台功能程序的设计和调试。

第6章　电子商务网站管理

大家在因特网上看到的花花绿绿的网页其实只是电子商务网站的冰山一角，技术最复杂、工作量最大的是网站后台运行和管理部分。正如很多信息系统专家们指出的那样，信息系统的建设是三分设计七分管理。一个电子商务网站能否使企业得到预期的效益，最重要的是网站的管理。本章将介绍电子商务网站管理的主要工作和实现方法，在学习本章时可以参考“世纪航空”网站的实例，具体了解管理工作的技术实现。

6.1　电子商务网站管理的内涵

简单地说，电子商务网站投入运行后所做的所有工作都属于网站管理的范畴。电子商务网站的管理就是为了保证电子商务网站正常有效地运行而对网站信息、文档、业务、安全等方面所作的管理工作。电子商务网站管理的质量直接影响网站的效益。

6.1.1　电子商务网站管理的重要性

任何一个系统都需要管理，电子商务网站也不例外。但是在很多企业网站中，普遍存在“重建设，轻管理”的问题。因此，经常看到企业往往舍得在网站系统的建设上进行投入，购置各种品牌的设备，而当网站系统建立之后，对网站的管理和维护缺乏足够的重视，或者说缺乏管理意识，很少投入资金进行相应的维护，从而造成网站并未发挥应有的效益的现象。这里很重要的原因之一是企业决策者对电子商务网站管理重视不是造成的。必须重视电子商务网站管理的主要原因如下。

1. 电子商务网站是一个动态交互的系统

电子商务网站的建设和普通的基础设备的投入是完全不同的。真正意义上的网站是一个动态的系统，交互性很强，而且其运作具有延续性，网站的很多内容需要不断更新。它所取得的利润和效益来自于完善的功能和科学的管理，而不是硬件设备本身。电子商务网站是网络营销的基本平台和手段，网站建成以后，必须有专门的网站管理维护人员进行有效的管理才能有效运作。

2. 电子商务网站的复杂性

电子商务网站的管理涉及硬件、软件、营销等多方面的内容，需要专门的人员做许多方面的工作，目前很多企业的电子商务网站的管理工作仅仅停留在保证网站设备正常运行、服务可用的层次上，而不重视信息管理和商务流程的管理，这样就很难发挥网站的效益。

网站是企业对外的窗口，它应该为企业的发展发挥应有的作用。概括地说，加强企业电子商务网站管理的重要意义有以下几个方面。

（1）在数量爆炸的网站海洋中，始终吸引住大量客户的注意力。

（2）从事电子商务的企业之间的竞争将表现为网站经营的竞争，这就需要网站从内容到形式的不断变化。

（3）通过网站不断的维护，使得网站适应变化的形势，更好地体现出企业文化、企业风格、企业形象以及企业的营销策略。

（4）管理完善的网站会成为沟通企业和客户最为重要的渠道。

（5）良好的管理可以提高网站的运营质量，降低网站的运营成本，并最终使企业的投资得到回报，实现网站建设的初衷。

总之，电子商务网站管理是企业网站建设的一个重要的方面。企业网站的大部分时间是在运行和管理中度过的，它可以确保企业网站的可用性，降低企业网站的维护和运行成本，增添新的业务机会，从而增强企业的竞争力。

6.1.2 电子商务网站管理的内容

在电子商务时代，周围的一切（如企业、行业、市场、消费者需求、竞争对手、竞争方式）都在飞速的变化。在网站建立起来之后，要让它发挥尽可能大的作用，同时希望上网者也在该网站上花费一定的注意力，就必须研究和跟踪最新的变化情况，在网站管理上投入足够的资金和人力。

1. 电子商务网站管理的特点

网站不同于其他类型的营销工具，它具有更高的技术内涵，包括网络设备、系统软件、应用软件以及网站中许多栏目的开发和维护等方方面面的内容，而且好的企业网站一定是交互性的，例如有很多交互性的栏目包括网络社区、留言簿、BBS、电子邮件列表等，随时都会有新的信息，这就增加了管理的工作量和难度。所以，电子商务网站管理是十分复杂的工作，涉及很多方面的知识和人员。要使得网站能很好地发挥作用，就必须将网站管理的各方面工作做好。

2. 电子商务网站管理的核心

电子商务网站管理的核心是对网站各种资源的管理，其目标是有效组织网站资源，保证网站正常、高效运行。其中主要包括数据资源，站点，服务器，数据库，应用程序等几大部分的管理工作。

（1）数据资源。提炼收集外部因特网的有用资料置于内部，把内部资源向外部提供，主要目标就是把这两大类资源进行合理安排。

（2）站点。主要是站点的组织维护，包括两大部分：用户系统和管理机制。网站要有生机，得建立本站的用户系统；资源的合理分配就得有资源和人员的优化配置。

（3）应用程序。主要负责信息的收集、访问、数据更新、内容的增删、安全保护。

（4）服务器。从硬件和软件角度来保证服务器的正常工作和优化配置。

（5）数据库。主要是管理交互式信息、业务数据的存放、配置。

3. 电子商务网站管理的具体工作

电子商务网站管理的具体工作包括以下一些内容。

（1）通过网站及时发布企业最新的产品、价格、服务等信息。

（2）搜集、统计市场信息、用户信息并交各部门及时处理分析。

（3）为企业内部的管理信息系统或管理部门提供网站营销的各种信息。

（4）及时处理客户的投诉或需求并向客户反馈处理结果。

（5）经常更新网站页面设计，不断增加新的营销创意，提高网站的知名度。

（6）保持设备的良好状态，维持企业网站设备不间断地安全运行。

（7）注意网站安全管理、监测，防止病毒的攻击和恶意访问。

（8）对网站需要不断地进行推广和优化工作。

（9）需要不断地测试和评估网站经营。

很显然，上述工作中的任何一项管理得不好都会使电子商务网站难以发挥作用，甚至无法继续运行。即使企业将网站托管出去，网站的内容也还需要企业管理人员提供；而且信息的处理、客户意见的反馈、营销创意的实施等工作也需要企业投入各种专业人员管理。所以，在一定意义上讲，网站的维护需要企业各个部门的参与和协同才能做好。网站管理是电子商务对企业管理工作提出的新内容，也是企业运营的新方式。

6.1.3　电子商务网站管理技术的演变

电子商务网站管理的复杂性，使得单靠人工管理的方式难以胜任，必须依赖管理工具来完成。这在一定程度上促进了网站管理技术和工具的发展。迄今为止，网站管理技术经历了 3 个阶段：面向网站特定设备的单点管理工具；面向网站各种设备的通用网站管理平台；面向网站运营的全面的网站管理。

1. 单点管理工具

单点管理工具是最早出现的网站管理工具，它主要为管理人员提供网站设备或资源的安装配置和监控手段，通常是网络设备提供商随网站硬件设备一起提供给用户，例如交换机和路由器的管理软件等。单点管理工具在管理特定网站设备时是必须的，也非常有效。因此，单点管理工具一般是企业最先引入的网络管理工具。单点管理工具的主要缺点是只支持特定厂商的设备或资源，不同的单点工具之间很难集成，容易存在管理死区，一般无法承担对整个网站的管理任务，因此网站管理平台应运而生。

2. 通用管理平台

网站管理平台是一个公共平台，提供网站拓扑图、网站事件报警等管理功能，可集成各种网站设备管理工具。它的主要缺点是平台本身提供的功能十分有限，多数功能依赖于第三方的网站设备管理工具；对TCP/IP之外的协议支持很弱，与系统管理、应用管理（如Web，邮件）脱节，与业务管理脱节等。所以说传统的网站管理平台还不是理想的网站管理解决方案。

3. 全面的网站管理

全面的网站管理是在更大范围内实现平台和功能的集成，从而为企业提供“端到端”的网站管理功能，而不仅仅是提供一个功能有限的管理平台。为了保证网站效益的发挥，对于规模比较大、功能比较齐全的企业网站，全面的网站管理是必需的。

电子商务网站在运行过程中与其他软件一样，需要不断地更新和技术更进，包括功能完善，BUG消除等，所以网站管理并不是一件容易的事。随着电子商务网站的发展，网站的访问量增大，数据量增多，工作量也就逐渐上升，就需要使用一些智能化的管理技术，淘汰手工管理方式。除了网站管理硬件的发展，很多软件公司开发了有效的电子商务网站管理系统，可以帮助网站管理员自动完成电子商务网站的各项管理工作。本章后面将介绍一种电子商务网站管理系统的设计思想。

6.1.4 电子商务网站管理员的职责

随着越来越多的企业建立电子商务网站，电子商务网站管理员必将成为一个企业管理的重要职业岗位之一。网站管理员因为管理着企业大量客户、交易等方面的信息，表现出其工作的重要性和较高的技术要求。电子商务网站管理员的职责简单地说就是会使用网站管理的硬件和软件工具完成电子商务网站的各项管理工作，保证电子商务网站的正常运营，使网站为企业带来预期的效益。

1. 技术管理

维护网站硬件设备的安全、正常运行，不断更新网站的技术，主要包括界面技术和功能技术，向着智能化、高速度、大容量、安全等方向发展。

（1）电子商务网站服务器等设备的管理。
（2）安全维护管理，防止电子商务网站服务器崩溃。
（3）网站日常运转、日志管理。

2. 内容管理

主要是内容方面的更新，增加网站新内容，特别是实时内容，新闻内容等。
（1）不同栏目的维护。
（2）信息的搜集和发布。
（3）信息的保存管理。
（4）保证客户信息的安全。

3. 营销管理

主要是扩大网站的访问量，做好网站的广告宣传，完成电子商务的各项业务流程管理等。
（1）购物车、订单、物流配送等交易过程的管理。
（2）网络广告的管理。

4. 服务管理

主要是设置和更新用户的交互信息，及时对其回复处理等。例如对留言板，论坛，聊天室等栏目的管理。
（1）客户反馈意见搜集管理。
（2）客户意见答复管理。
（3）技术支持管理。
电子商务网站管理工作非常复杂，不仅涉及到网站本身的管理，还涉及到电子商务具体业务的管理，因此对于大型电子商务网站需要多种类型的管理人员。

5. 安全管理

电子商务网站安全管理主要是电子商务网站运行过程中的安全监测，以及对突发事件的安全处理等，包括采取计算机安全技术，建立安全管理制度，开展安全审计，进行风险分析等内容。

网站安全管理最重要的是从体系结构上实行最小权限的原则，即无论是后台管理的权限还是数据库更新的权限，都仅仅授予尽可能少的、必要的管理人员。另外，网站应有专门的安全管理人员，负责网站安全的监测、管理和控制。目前我国绝大多数的企业网站缺少安全管理员，缺少信息系统安全管理的技术规范，缺少定期的安全测试与检查，更缺少安全监控。黑客的破坏动作完成后，必然会掩盖其踪迹，以防被他人发现，典型的做法是删除或替换系统的日志文件。只有不间断地监测才能发现黑客的踪迹，并予以防范。

6.2 电子商务网站文档管理

电子商务网站是由大量的网页文档构成，其中包括页面文档，页面中的资源文档，例如图片、声音和动画等文档，还有很多数据库文档等。如何管理好这数目庞大的文档，是电子商务网站设计和管理中的重要问题。

6.2.1 电子商务网站文档的结构管理

网站文档管理的关键是文档的目录结构设计和管理。网站目录结构设计的基本原则是简单和清晰，即以最少的层次，提供最清晰的访问结构。为此在网站目录结构设计时应格外注意如下问题。

1. 网站根目录中的文档

将所有的文档都存放在网站的根目录下，是初学者在设计网站时最容易出现的问题，这样做会给网站的管理维护带来极大的麻烦，例如更新内容时找不到应该修改哪一个文档。在网站根目录下只保存网站启动页和很少的网站系统文档。

2. 子目录设计

按照功能建立网站的子目录结构。在建立网站时最好为每一项功能建立一个独立的文件夹，例如可以分别为商品展示、新闻发布、技术支持、在线订购、客户反馈等单独建立文件夹。每项功能所用到的资源文档单独存放在该功能文件夹中设置的子文件夹中，千万不要把网站中所有的图片文件都存放在一个单独的 imagds 文件夹中。

3. 应用程序文档的存放

应将所有的应用程序存放在特定的目录中。在电子商务网站中，为了与客户交互并完成在线交易的功能都会开发一些应用程序，使用特定的目录管理这些文件，便于共享应用和管理。

4. 目录层次

电子商务网站文档目录的层次不要太多。对于一些规模不是很大的电子商务网站，目录的层次最好不要超过 3 层，以便维护管理。

5. 文档命名

电子商务网站中，文件夹、文件以及数据库中的表等的命名都要规范，绝对不要使用过于简单而含义不清的命名，例如 A、B、C 或 123 等。有时为了区分文档的层次，可以使用下划线构造多段文件名。

6.2.2 电子商务网站文档的传输管理

电子商务网站管理的大量工作是通过文档的传输完成的，因此文档传输是网站管理的重要内容之一，文档传输管理主要有两种类型。

1. 网页文档更新时的传输

这一类传输大都是基于 FTP 协议实现计算机和网站服务器之间的文档传输，实现 FTP 传输的工具很多，例如网际快车、网络蚂蚁等。传输文档的类型主要是 HTML 等网页文档以及二进制格式的各种资源文档等。网页文档的更新一般是由后台管理系统的文档发布系统自动完成。

2. 在线电子商务业务文档的传输

在电子商务网站运行过程中会有大量的商务文档需要传输，例如订单、支付文档、合同和意见反馈等，这里很多文档都需要加密传输。商务文档传输的方案包括以下内容。

（1）电子邮件以及邮件附件。

（2）基于 FTP 或类似的方法传输。

（3）以远程数据库访问方式进行传输。

在线商务文档的传送是通过后台不同的业务管理系统完成的。

6.2.3 电子商务网站文档管理任务

按照网页的功能，网页文档又可以分为两类，一类是面向网站信息显示的；一类是面向企业或公司电子商务业务的。按照文档的内容可以将文档分为网页文档、资源文档、程序文档和数据文档等类型。

1. 常见的网站文档类型

电子商务网站的网页文档有多种类型，常见的有以下一些。

（1）网页文档：如 HTML、XML。

（2）图片文档：如 JPEG。

（3）动画文档：如 SWF。

（4）声音文档：如 AVI、MOV。
（5）应用程序：如插件、脚本文档。
（6）数据库文档：如 MDB。

2. 文档的备份和恢复

文档备份是保护网站信息特别是数据库中数据的完整性的必要手段，尤其是对那些支持在线交易和规模较大的网站，应建立文档备份的固定制度。文档备份的方法可以是整个网站以远文件的形式全部被分到本地硬盘，也可以是网站的文档以压缩的格式备份到本地硬盘，不过最好是在不同的服务器中实现异地备份。

当网站系统出现异常时，可以使用备份的数据恢复网站的运行，或切换到备份的主机，保证企业和客户的数据资源不受损失。

对于一些规模较小的电子商务网站，数据备份和恢复可以通过手工方式完成，但最好是通过文档备份和恢复系统自动完成。

3. 垃圾文档的处理

在电子商务网站的运行、维护、管理过程中，总会出现一些过时、无用的文档，需要对这些垃圾文档制定管理制度，对于不同类型的垃圾文档采取不同的处理方法，例如删除、存储在其他计算机中以作其他应用等。

6.3 电子商务网站的信息管理

电子商务网站的核心是各种信息，所以电子商务网站管理的实质是网站中各种输入、输出信息的管理，包括信息的搜集、存储和处理应用等。电子商务展示的信息是网站的重要内容，包括企业新闻、产品信息、广告信息等，电子商务网站的流入信息包括客户信息、购物信息、支付信息、供应商信息、市场信息等，所有这些信息都是以数据库的形式存储和管理的。

6.3.1 客户信息管理

客户是任何电子商务网站赖以生存的基础，客户信息是电子商务网站的宝贵资源，对于客户信息的搜集、处理是电子商务企业的重要工作和决策的重要依据。电子商务网站为客户信息的搜集和处理提供了很大的便利。

1. 客户基本信息

在电子商务网站上可以获得很多客户的信息，有些是客户注册时登录的，有些是在客户对网站访问和购物过程中不断积累的。其中主要包括以下内容。

（1）客户注册的基本信息。

（2）客户的购物信息。

（3）客户的付款信息。

这些信息需要不断累积、存储和分析。通过这些信息可以分析出客户的购物习惯、爱好、支付能力、知识档次等，以便商家识别那些重要的客户并为不同的客户提供充满人性化的服务。客户数据是客户关系管理的基础也是企业制定营销策略、开辟新市场等决策的重要依据。

2. 客户反馈信息

电子商务网站必须设置客户留言板、网络社区等可以提交反馈意见的栏目，或者将联络邮箱提供给客户，使客户可以通过电子邮件提交建议或意见。客户的这些反馈信息对于商家了解市场需求，改进产品或服务的质量等都有重要意义。因此对于客户反馈信息的管理，应该做到以下几项基本要求。

（1）提供多种信息反馈的方式。

（2）设计各种能激发客户兴趣的信息反馈调查表。

（3）反馈信息的填写和提交一定要简便。

（4）用数据库管理客户反馈信息。

（5）及时对客户的意见和建议作出改进。

（6）及时对客户的意见作出礼貌的回复。

对客户的反馈意见进行搜集和格式化处理，是网站管理员的重要工作，以便保存到数据库中供进一步作深度的处理。

6.3.2　新闻信息管理

在电子商务网站上发布企业新闻可以使客户或潜在的客户了解企业的运行情况，提高企业的知名度，增加客户对企业产品的信心和程度。既然是新闻，就需要不断更新、发布，所以新闻管理是经常性的管理工作之一。

1. 网站新闻管理的主要内容

网站新闻管理的主要任务是搜集准备在网站上发布的新闻，并对这些新闻信息进行分类、格式化，发布到网站上。新闻管理的基本工作包括以下几项。

（1）新闻搜集、编辑。

（2）新闻信息格式化处理并保存到数据库。

（3）发布更新网站新闻。

（4）删除过时的信息。

2. 网站新闻的管理方式

网站新闻管理可以采用多种技术和发布模式。

（1）基于 Web 的新闻管理：网站管理员通过 Web 界面完成新闻的添加和删除等管理工作。

（2）新闻热点：选择客户最关心的新闻信息。

（3）新闻检索：按照日期或类别检索。

（4）图片新闻：增加新闻的可视性。

（5）新闻检索统计：自动统计每条新闻的访问次数，并显示客户最关心的若干条新闻事件等。

6.3.3 网上交易信息管理

电子商务网站是实现电子商务最重要的平台，网上交易信息的管理，实际是整个在线交易过程的管理，其中包括商品的选择、订单、支付和配送信息等的管理。用户是通过简单的鼠标点击完成上述操作，但实际的交易过程则是通过后台安全的管理程序完成的。

1. 商品信息管理

商品信息是客户了解商品并决定是否购买的重要依据之一，所以商品信息的发布对于电子商务网站来说很重要，同时需要不断更新。商品信息包括产品名称、报价、性能等，最好配有商品的图片或三维动画演示。

2. 购物车管理

购物车是在线购买商品的重要工具之一，通过购物车的管理可以跟踪和管理客户的整个购物过程，包括挑选商品、购买、退货等。购物车管理包括商品的添加、删改、清除和确认等。购物车的信息和后台数据库相连接，并能进行实时的修改。

（1）购物车商品显示。

（2）商品价格的统计，包括优惠价格。

（3）商品的删除或修改。

（4）购物车的清空。

（5）必要的提示信息。

3. 订单信息管理

电子商务网站的订单都是电子订单，是客户购买商品的重要凭证之一。订单信息是交易的重要信息，必须慎重管理。订单信息管理的主要工作如下。

（1）订单的生成。

（2）订单信息的修改、保存和查询。

（3）订单执行过程的跟踪。

（4）订单信息的统计。

4. 支付信息管理

电子商务提供了灵活的支付方式选择，支付信息主要包括以下一些内容。

（1）支付方式的选择。

（2）和在线支付平台的连接。

（3）支付情况的保存和统计。

（4）客户信誉度的分析。

5. 物流配送信息管理

物流是电子商务流程的重要环节之一，其中原因之一是物流有可能占用了电子商务流程的大部分时间，也是决定客户最终是否对商家提供的服务满意的重要环节。物流信息管理的主要内容如下。

（1）收货人信息的管理，包括收件人、地址等。

（2）配送过程的跟踪管理，包括时间、送货人等。

（3）货物送达情况。

（4）客户的满意情况。

6.3.4　网络广告信息管理

电子商务网站上的网络广告不仅形式远远多于传统的广告形式、成本低廉，而且还有一个突出的优势，就是便于统计分析。这对于充分发挥广告的宣传和促销作用，提高广告效益十分有利。电子商务网络广告管理主要有以下两方面的内容。

1. 广告的申请和发布

广告的申请和发布是网络广告日常管理的基本工作，包括在其他网站投放广告的申请和发布以及本网站吸收其他企业广告的申请和发布的管理。

（1）广告内容管理。

（2）广告的申请管理。

（3）广告发布和删除管理。

2. 广告点击率的统计

主要负责广告效果的统计分析，以便决定广告的投放决策。

（1）广告的点击率统计。

（2）广告收益分析。

（3）广告形式和投放的分析和决策。

电子商务网站中的广告统计分析应该通过软件自动完成。

6.4 电子商务网站安全管理

作为电子商务运营基本平台的商务网站，其安全性和可靠性自然成为所有网站开发者、管理者和客户关注的焦点之一。近年来，网站被黑掉、非法进入主机破坏程序、闯入银行网站转移资金、窃取网上信息、进行电子邮件骚扰、阻塞客户和窃取密码等事情在全世界各地都屡有发生，因而使得网站安全的问题也日益突出。由于因特网本身所固有的一些特点，如开放性、跨国性、无固定管理者、缺少法律约束性等，在带来快捷、高效等无可比拟优势的同时，也使电子商务网站隐含着极大的安全风险。

6.4.1 电子商务网站安全管理的重要性

一个电子商务网站，不开放就意味着无法为客户提供更好的网络服务，甚至难以生存。可是，一旦敞开网站的大门，就无可遮蔽地暴露在各种各样的人面前。人们在高兴地使用网站资源和享受网站提供的各种服务的同时，也不可避免地同时遭受到网站安全问题的困扰。显然，网站必须是一个开放式系统，也必然面临网站的开放性和安全性这样一对矛盾。

电子商务网站安全已发展成为一个跨学科的综合性学科，它包括通信技术、网站技术、计算机软件设计技术、密码学、网站安全、网络安全与计算机安全技术等。网站安全是在攻击与防护这一对矛盾相互作用的过程中发展起来的，新的攻击导致必须研究新的防护措施，新的防护措施又招致攻击者新的攻击，如此循环反复，网站安全技术也就在双方的争斗中逐步完善和发展。今后网站安全技术的发展仍然遵循这一规则。在一个开放的物理环境中构造一个相对封闭的逻辑环境来满足部门或个人的实际需要，已成为必须考虑的现实问题。

企业网站建好后，随着网站的发展，除了 WWW 服务外，还会向客户提供越来越多的信息服务方式，例如 Telnet，FTP，Usenet 和 E-mail 等诸项服务，使得客户更容易访问网站，并共享网上的信息。但是，当网络管理员将企业的内部数据和网络基础设施敞开给因特网上怀有恶意的人时，网络的安全也越来越引起他们的关心，尤其是对于在网上开展交易的网站，会涉及很多有关客户的交易信息和隐私。网站的安全问题直接会影响到客户对网站的信任程度。

6.4.2 电子商务网站安全管理的原则

电子商务网站的安全管理是电子商务网站的运行基础，主要负责数据的安全，网站用户的隐私和利益安全。电子商务网站安全管理的基本原则如下。

1. Web 应用程序层安全原则

这是直接面对一般用户设置的一道安全大门，一般包括如下方面。

（1）身份验证：验证用户的合法性。

（2）有效性验证：验证输入数据的有效性，如电话号码只能是数字，用户名不能是数字等。

（3）使用参数化的存储过程：防止恶意用户对数据库数据任意操作，可用参数化过程来保证数据的安全操作，如限制数据库内数据的类型等方法。

（4）直接输出数据于 HTML 编码中，防止恶意用户在 Web 页中插入恶意代码，这样就算插入了恶意代码也会当成 HTML 标识符来运行而不当作程序运行。

（5）信息加密存储：数据库加密，敏感数据字段加密，访问合法性验证。

（6）附加码验证：常用于保证从非本站入口直接访问某个文件。

2. Web 信息服务层安全原则

（1）尽可能使用软件最新版本，保证版本的漏洞最少。

（2）及时给软件打上安全补丁。

（3）巧设 Web 站点起动位置，防止恶意用户直接访问。

（4）设置访问权限，一般重要数据可限制为只读。

（5）减少高级权限用户数量。

3. 操作系统层安全原则

及时安装网站服务器的操作系统补丁，少用明文方式传输密码、用户名等。

4. 数据库层安全原则

数据库存放网站的系统数据和用户的交互式信息，对它的管理非常重要。主要措施如下。

（1）严格的用户权限管理。

（2）密码、口令的加密和保管。

5. 硬件环境安全原则

（1）安装防火墙。
（2）使用入侵检测软件，监视系统，完整、规范的安全记录和系统日志。
（3）使用现成的工具扫描系统的安全漏洞，并修补补丁。
（4）安装多层病毒软件。

6.4.3 电子商务网站安全管理的任务

电子商务网站的安全是涉及很多方面的复杂问题，不仅涉及技术问题，也涉及管理制度是否健全的问题。网站的安全既有硬件安全问题，又有软件安全问题，还有数据安全问题。另外，网站的安全管理既要防止来自外部的攻击，也要健全内部的管理机制，防止来自内部的破坏。要想达到所需的防护水准，就需要进行全面的安全管理。

1. 网站安全定义

电子商务网站安全是指通过对网站进行管理和控制，并采取一定的技术措施，确保在一个网站环境里信息数据的机密化、完整性及可使用性受到有效的保护。网站安全的主要目标，就是要稳妥地确保经由网站传达的信息总能够在到达目的地时，没有任何增加、改变、丢失或被他人非法读取。要做到这一点，必须保证网站系统软件、应用软件、数据库系统具有一定的安全保护功能，并保证网站部件如终端、调制解调器、数据链路等的功能稳定可靠，而且仅仅是那些被授权者才可以访问。

2. 网站安全内容

网站的安全性问题包括硬件和软件两方面的内容，具体地讲，就是网站的系统安全和信息安全，而保护网站的信息安全是最终目的所在。就网站信息安全而言，首先是信息的保密性，其次是信息的完整性。另一个与网站安全紧密相关的概念是拒绝服务，所谓拒绝服务主要包括 3 个方面的内容：系统临时降低性能；系统崩溃而需人工重新启动；由于数据永久性丢失而导致较大范围的系统崩溃。

拒绝服务是与计算机网站系统可靠性有关的一个重要问题，但由于各种计算机系统种类繁多，所以进行综合研究比较困难。

总之，电子商务网站安全的内容主要包括下面的几个方面。

（1）网站的物理安全：网站物理安全包括计算机机房的物理条件、物理环境及设施的安全标准，计算机硬件、附属设备及网站传输线路的安装及配置等。

（2）网站的系统安全：网络系统安全包括保护网站系统不被非法侵入，系统软件与应用软件不被非法复制、篡改，不受病毒的侵害等。

（3）网站中的数据安全：网站中的数据安全包括保护网站信息的数据安全，保护它不被非法存取，保护其正确性、完整性、一致性等。网站中的数据是保存在后台数据库中的，所以网站数据安全的核心是数据库的安全。

6.4.4　电子商务网站安全管理技术

涉及电子商务网站安全的技术有很多种，从总体上可以分为静态和动态两大类别。

1. 静态安全技术

所谓静态安全技术主要是指目前网站中经常采用的一些安全技术，如防火墙和代理服务器等外围保护技术。静态安全技术主要是针对来自系统外部的攻击，采取相对固定的策略对进入网站的信息进行检测或过滤。这种技术的致命弱点是一旦外部侵入者进入了系统，便不受任何阻拦；另一个缺点是需要人工来实施和维护，不能主动跟踪入侵者。

此外，传统的防火墙无法做到安全与速度的同步提高，一旦为了安全目的对网络数据流量进行深入的探测和分析，那么网络的传输速度势必会受到影响，而且其高昂的维护费用和对网络性能的影响无法回避，系统管理员需要专门的安全分析软件和技术来确定防火墙是否受到攻击。

针对静态安全技术的不足，世界上许多网络安全和管理专家提出了各自的解决方案。例如，世界著名的网络安全公司 NAI（Network Associates Inc.）为传统的防火墙技术做出了重要的补充和强化，其最新的防火墙系统 Gauntlet Wall 3.0 for Windows NT 包含 NAI 技术专家多年来的研究成果——“自适应代理技术”，这一技术使得网络安全与网络性能之间的矛盾得以解决。“自适应代理技术”可根据用户定义的安全规则，动态“适应”传送中的数据流量。当安全要求较高时，安全检查仍在应用层中进行，保证实现传统防火墙的最大安全适应性；而一旦可信任身份得到认证，其后的数据便直接通过速度快的网络层。测试表明，新的自适应代理技术在保证安全的前提下，其性能比传统的防火墙技术提高了 10 倍。

2. 动态安全技术

完备的网络安全系统应该能够监视网络和识别攻击信号，能够做到在受到攻击的任何阶段及时反映和保护，并能够帮助网络安全管理人员从容应付，而且不应该对网络造成过大的负担和产生过高的费用，这就需要采用动态网络安全技术。

动态安全技术的核心是能够主动检测网络的易受攻击点和安全漏洞，并且通常能够早于管理人员探测到危险行为。它的主要检测工具包括：测试网络、系统和应用程序易受攻击点的监测和扫描工具；对可疑行为的监视程序；病毒检测工具等。自动检测工具通常还配有自动通报和报警系统。

动态安全技术能够面对存在于网络安全的种种现实问题和用户的需求，通过与传统的外围安全设备相结合，最大程度的保证网络安全，其最大优点就是主动性，通过将实时的捕捉和分析系统与网络监视系统相结合，侵入检测系统能够发现危险攻击的特征，进而探测出攻击行为并发出警报，同时采取保护措施。

如果要使某个网站或网络得到高水平的安全保护，则应该选择更加主动和智能的网络安全技术。然而，目前还没有任何一种网络安全技术能够保证网络的绝对安全。用户应选择能够正视网络现存问题的技术。

3. 数据加密技术

网站安全的核心是保证数据的安全，特别是商业网站中涉及的网上支付数据、认证数据以及一些客户信息，必须确保安全、保密传送。保证数据安全，主要采用的就是数据加密技术。有人预言，数据加密技术将是21世纪电子商务技术的前沿之一。

（1）密码算法

密码算法是一种十分敏感的技术，各国对密码的政策也不相同。欧洲对密码的政策较为放松，可以公开讨论、自由买卖，但具体算法不公开。美国对密码严格控制，密码产品的输出需要得到美国国防部的批准，而且国内使用的密码不能输出。像日本等亚洲国家对密码产品的控制更严，基本上不进口、也不出口。我国的密码分成两类：学术密码和实用密码。学术密码可以自由讨论；实用密码属于国家机密，需经国家批准后方可使用，且不准公开讨论。

加密和解密是一对矛盾，绝对无法破译的密码是不存在的。只有不断研究新的加密技术，经常变更密码才是有效的安全手段。

（2）密钥管理

密钥管理策略既涉及到系统的安全，又涉及到个人隐私的保护。对国家来说，密码首先是维护国家利益的工具。公用信息系统中使用密码应当是国家行为，并不是个人行为。但将算法和所有密钥都由政府部门管理，会使用户感到私人隐私无法保密，容易引起控制与反控制的矛盾。因此，不同的系统应该采取不同的管理策略。对于电子商务而言，认证中心在密钥的分发的管理中起着不可替代的作用。

4. 软件安全技术

由于因特网是公用数据通信网络，因此在因特网上使用的软件几乎都是商业化软件。用商业化软件实现安全保密系统问题很大，甚至连美国国防部官员也认为，国防部安全问题的一大部分，是由于系统设计不好和使用安全性不高或没有安全性能的、现成的商业计算机硬件及软件产品而造成的。人们还发现，商业软件并不支持国家的安全保密政策。人们对防火墙的最大需求，就是要求能防止涉密的等级文件未经加密就外流的情况，但目前在市场上还没有完全满足这种需求的产品。

5. 网站安全策略

网站安全是一个综合性课题，涉及立法、技术、管理、使用等许多方面，包括信息系统本身的安全问题，以及信息、数据的安全问题。信息安全涉及到多种物理的和逻辑的技术措施，然而目前一种技术只能解决一方面的问题，还没有一种技术是万能的。

保密仅是相对的概念。保密技术、安全技术在实际的攻守较量中不断得到发展、完善。任何一个商业网站都要有明确清晰的安全策略。信息共享系统的安全主要有完整性和可用性：完整性要求客户得到的数据是完整、准确的；可用性要求客户一旦需要，就能得到相应的服务。当然，有的信息是付费以后才能调用的，这种系统则有鉴别和管理功能。

安全策略的制定必须建立在理论基础上，而不应建立在感觉基础上。现在的主要问题是，大部分企业网站没有明确的安全策略。如何设计和实施一个实际有效的安全保密策略，是电子商务网站开发和管理研究的重要课题。

6.5 电子商务网站的推广

如今几乎每个企业都想在网上拥有一席之地，都想利用网站提升自己的竞争优势，那么在这个浩瀚如烟的网络上，如何才能够让人们找到自己的网站，并且常来不懈呢？这被称为是一场“争夺眼球”的竞争。而对于电子商务网站来说，单纯的“争夺眼球”并不是目的所在，而是一种手段，真正的目的就在于“争夺眼球”之后如何从所争夺的“眼球”中进行营销的活动。达到这一个目的，就是一场企业间的智力竞争了，而且是一场策略的竞争。

电子商务网站管理的重要工作内容之一是不断地推广网站，提高网站的访问率，这是企业利用网站开展电子商务的基础。所谓网站推广，就是采用各种方法让更多的人知道网站的存在、了解网站的服务内容，进而设法吸引更多潜在的客户访问你的网站。

网站的推广方式基本上可以分成两类：一类是传统的推广方式，另一类就是基于因特网的推广方式。

6.5.1 网站推广的传统方式

因特网是一个十分诱人的广告载体，但是传统的方式也不能够完全抛弃。尤其是在目前我国的电子商务发展水平不是很高的情况下，要推广企业网站，还必须依赖于传统媒体的宣传。传统媒体的宣传主要可采用以下几种形式。

1. 户外广告

户外广告的种类繁多，人们常常在路旁、地铁内看到巨幅的网站广告牌，制作非常精致，在晚上还可以为路人提供一定的照明便利；还有公交车、火车中的流动广告，为城市提供了一道靓丽的风景线，给过往行人留下了深刻的印象。

2. 广播、报纸、电视

广播、报纸、电视都是拥有巨大客户群体的媒体，具有很多的优势，有良好的宣传效果，所以在进行网站宣传时是非常值得考虑的一种方式。尤其是在我国，目前网络媒体的客户群体还相对较小的时候，就更需要借助传统媒体来推广网站。

3. 口头传播

这种方法虽然是最古老的信息传播方式，但在很多情况下人们知道某个网站的网址常常是通过朋友或同事之间的口头介绍得来的，而且熟人之间口头传播的信息还具有使人感到可信度高的优势，所以企业也不应当忽略这种方式。企业应利用各种公关场合宣传自己的网站及其服务内容。

4. 企业公关

企业在和外界进行往来的公关活动中，经常要消耗掉大量的信封、信纸、宣传材料、名片、各种礼品之类的东西，在这些材料上印制企业的网址和电子邮箱地址，成本不高但却会收到较好的效果。

5. 加入专业数据库

加入专业数据库是指将公司的有关资料加入到国际、国内著名的专业数据库中，这样在网民们检索信息时就很容易发现本企业网站的信息。

6. 通知原有客户

企业已经拥有自己的网站或者网站内容有变化时，要及时采取信件或电子邮件的方式直接通知所有的新老客户，这样既显得对客户尊重，又宣传了企业的网站。

应该注意的是，网站推广的基础还是网站本身的吸引力。因此，在推广商业网站之前，一定要首先检查网站的质量：网站信息内容足够丰富、准确、及时；网站设计具有专业水准；企业已经明确网站目标市场等。如果企业网站自身没有丰富而吸引人的内容，那么无论用什么方法推广，都无异于在做虚假广告。

推广网站的目的就是要提高网站访问量并进而促进网络营销。基于这种前提，网站的经营者应该充分利用因特网的特性和自己对目标市场的准确定位，让更多的潜在客户认识自己的网站并成为回头客，所以企业在进行网站推广的时候，完全没有理由忘记网络媒体这个极有利的宣传渠道。下面就搜索引擎、电子邮件群组、友情链接等几种方式进行介绍。其他的推广方法，如网络广告、公告板、论坛等方法在“网络营销”一书中作为营销的策略重点介绍。

6.5.2　登记搜索引擎

因特网不仅创造了电子商务，也创造了很多广告和宣传方式，被称为继报纸、杂志、广播、电视后的第五大媒体。而且，因特网的宣传功能和效果要远远超过其他任何一种传统媒体。首先，网上宣传不仅方式多样、灵活，而且由于采用多媒体技术，使其具有了传统媒体所无法比拟的宣传效果；其次，网上信息的传递是多向、互动式的沟通方式，更使得网上宣传具有个性化、一对一等特征。因此，网络媒体是推广网站的最有利工具。

搜索引擎是网民在网上查找信息的最重要工具，因此登记搜索引擎便成了最为重要的网络推广方式之一，尤其在主要门户网站的搜索引擎中注册就是宣传自己网站最有效的方法，而且注册的搜索引擎越多，企业的主页被访问的机会就越多。

因特网上的网站很多，要让一个上网用户在茫茫网海中发现自己的网站并非是件易事，所以在网站建成之后，应赶快到著名的搜索引擎站点登记，这样喜爱用搜索引擎进行网上冲浪的用户才有可能发现自己的网站。下面是一些著名搜索引擎的网址。

古格尔：http://www.google.com

百度：http://www.baidu.com

新浪：http://www.search.sina.com.cn

搜狗：http:// www.sogou.com

网易：http://so.163.com

图 6-1 即为百度网站的主页，其主页设计非常简捷，但搜索功能很强，搜索速度非常快。目前百度是全世界最大的中文搜索引擎网站，而且是国内著名的搜索引擎技术提供商。

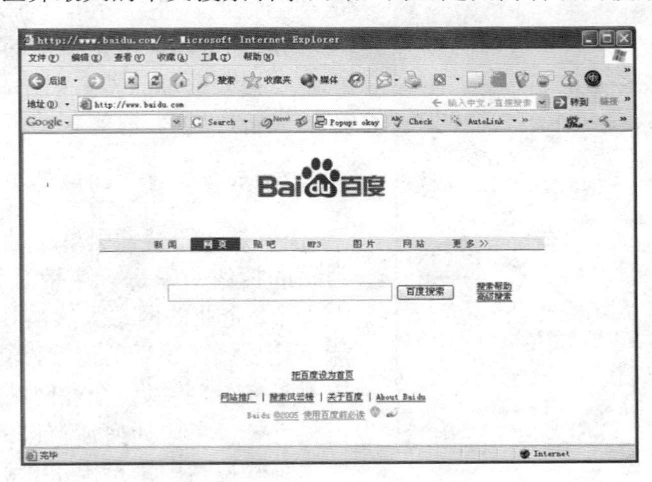

图 6-1　百度网站的主页

此外，还有一些专业搜索网站，专门针对某一类信息搜索，信息集中，速度快，不失为企业电子商务网站推广的首选。例如：

中国企业产品在线：http://www.manufacture.com.cn

化工 YAHOO：http://sr2.chemnet.com.cn/site

到搜索引擎注册自己的网站时要注意以下一些问题。

1. 了解搜索引擎如何工作

一些比较著名的搜索引擎的网站功能相似，都是把众多的网站分门别类放到一个网站里，以便浏览者查询访问。当企业向搜索引擎提交申请之后，搜索引擎就会自动前来访问企业的站点，收集有关的材料，并且以后每个月还游览一到两次，看看所注册网站的内容是否已进行了更新。搜索引擎收集到的资料被输入到搜索引擎的索引当中去，那里面有所收集的每个网页的拷贝，如果企业的网站网页作了更新，那么索引中的相应内容也会作相应的更新。

2. 查看企业列表排名

搜索引擎在访问企业的站点之后，会在日志文件中留下记录，通过代理名或主机名都可以发现这个记录，使用代理名会好一些，因为搜索引擎可能会在不同的访问中使用不同的主机名。如果没有代理信息或没有日志分析软件的话，也可以使用主机名，当然首先必须知道要查看的内容，第一个需要查找的文件就是 robots.txt，这个文件存在于 Web 服务器的根目录中，作用是告诉搜索引擎不要把网站中的某些部分列入索引。因此只要是请求使用 robots.txt 文件的，要么是搜索引擎，要么就是某个代理软件，分析一下这些请求情况的记录，一般都可以从其主机名的使用中发现那些来自主要搜索引擎的搜索程序，进而找到他们所使用的最新代理名。

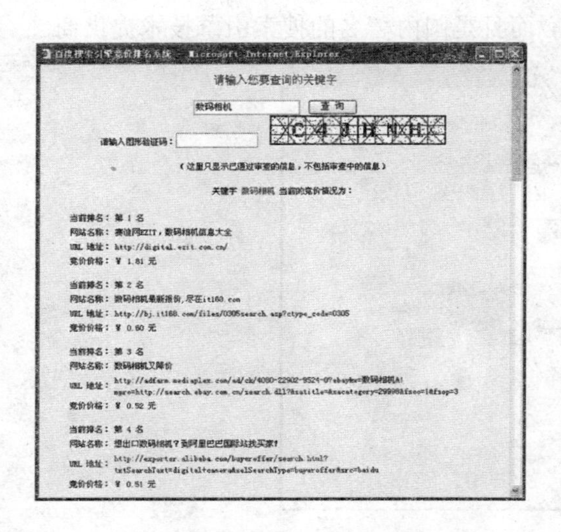

图 6-2 百度网站的竞价排名网页

3. 尽量使自己的网站排名靠前

仅仅是注册搜索引擎还是不够的，一些著名网站的搜索引擎每天申请登记的网址数目就有上千个，企业的网站虽然被收录了，但是很有可能只是被排在靠后的位置，这和没有注册的效果差不了多少。所以说企业网站注册搜索引擎之后还要进一步考虑如何使自己的排名尽量靠前。

有些搜索引擎推出了“竞价排名”的服务，出价高的网站在搜索时被排在前面，这样就可以获得更高的访问率。图 6-2 就是百度网站搜索数码相机时竞价排名的网页。

4. 注意搜索引擎注册的技巧

推广网站的目的是提高网站访问量并实现网站营销的目标。基于这种前提，网站的经营者应该利用因特网的特性和自己对目标市场的准确定位，让更多的潜在客户认识自己的网站并成回头客。

（1）很多的搜索引擎对图片没有多大的兴趣，自动搜索的软件只喜欢收录文字内容详细的 URL，所以在提交网页时，要提交内容最丰富的 URL，不要只提交根网址。

（2）META 的使用

有些导航台使用 META 标记的属性作为搜索识别标志，所以要正确使用这些信息。META 标记的 Keywords 和 Description 属性设置非常重要，它的格式如下。

```
<head>
<title>---------<title>
<meta name="keyword" content="--------------">
<meta name="description" content="-----------">
</head>
```

（3）战略性关键字的选择和放置

战略性关键字的选择是很重要的，它是搜索引擎将站点进行分类的依据，同时也是用户在查找信息时输入的那些词。选择的关键字应与站点内容最为贴切，首先关键字要在标题中出现，正文也要尽量重复这些关键字。选择的关键字应该在三个以上，浏览者利用搜索引擎查询信息时，键入的关键字往往是很明确的。

注册搜索引擎的方法有以下几种。

（1）挂接软件的使用

现在已经出现了很多与搜索引擎建立联系的共享软件，这类软件能够“知道”很多搜索引擎的地址及相应的用法，只要按照软件的操作向导操作就可以在很短的时间里把站点送至多个搜索引擎上面。Submit Wolf PRO 则是其中一个操作简单的代表性软件，它一次可以完成 800 个搜索引擎的注册工作。

（2）手工注册

Yahoo 与搜狐的搜索引擎，不支持软件自动注册的方式，他们所采用的是人工方式收集网址，这样可以保证所收录网址的质量，在分类查询时获得的信息相关性比自动搜索的搜索引擎站点要好。

（3）委托 ISP 注册

ISP 可以提供搜索引擎的注册服务。在委托 ISP 进行注册时一般要提供搜索关键字，可以是中文，也可以是英文；提供 50 字以内的网站介绍，可以是中文，也可以是英文；然后将相应的款项注入虚拟主机供应商的账户，ISP 就开始进行代理注册服务。

6.5.3 使用电子邮件进行推广

电子邮件是因特网的一项服务功能，在使用电子邮件进行宣传网址时，可注意使用以下技巧。

1. 收集技巧

主动收集的方法就是想方设法让客户参与进来，如竞赛、评比、猜谜、网页特效、优惠、售后服务、促销等，通过这种方法，有意识地扩大自己的客户群，不断地用 E-mail 来维系与他们的关系。

2. 准确定位

发送电子邮件时，应注意接受人的反应，一味的滥发邮件，其结果往往适得其反，所以在发电子邮件时一定要做好潜在客户的分析，然后再进行发送工作。

3. 发送周期

发送周期的决定因素在于发送的内容。时效短的信息周期也要短，一般的信息，不要过于频繁发送。最为重要的一点就是所发送的信息一定要有精品意识，这样对企业是大有裨益的。

4. 邮件列表

要善于管理企业所收集到的邮件地址。常常碰到这样的尴尬事：自己的邮件地址和 100 多人并列在自己收件人的栏目里，而且每个人的地址都写的很清楚。企业在发送邮件时千万要注意这个问题，找到免费的邮件列表供应商，创建一个邮件列表，把自己搜集到的地址统统放进去，直接向这个邮件地址发送就可以了。

创建邮件列表的时候，把搜集到的地址按照类别存放，然后向不同列表发送邮件。每个收件人在收件人的栏目里看到的仅仅是自己的姓名，这样既方便了邮件的发送，也避免了很多个收件人的名字列在了单个收件人的栏目里。

企业网站可以利用各种邮件软件自行建立邮件列表，例如利用微软的 Outlook Express 等；也可以使用 EURODA 这样优秀的 E-mail 软件，使用 EURODA 的 Nicknames 工具，只要建立一个别名就可以包含所有的 E-mail 地址，然后以 Bcc（秘密抄送）的方式发出就可以了；还可通过国内的一些专门提供邮件列表服务的网站如索易网站（http://www.soim.com/-mylist/index.html）；另外，还有的网站提供邮件地址服务，可供企业在建立邮件列表时选择。建议最好每个邮件列表以 100 个邮件地址为限。

5. HTML 格式

邮件格式也很重要。比如阿里巴巴网站发送的供求信息邮件是超文本格式，即使其内容与接受者关系不大，也不会被当作垃圾邮件马上删掉，人们至少会留意一下发送者的地址。

6. 个性化服务

美国很多在线交易网站会记录客户的电子邮件信息，然后用电子邮件进行客户跟踪。他们在网页上设计相应的表单，让用户提供自己的资料，然后可以通过这些信息进行个性化的服务，也可以通过客户的购买记录发送相关新产品的信息，这样既显得有人情味儿，又容易留住客户，并且发展新的客户。

7. 使用签名文件

签名文件被称为因特网上的广告牌。在签名文件里，企业要列入的信息有：姓名、职位、公司名、网址、电子邮件地址、电话号码，这使潜在客户容易对企业的网址产生信赖感并引导他们浏览企业的网站。

8. 必须避免的问题

电子邮件是一种好的网络营销方式，但是也要恰当地加以应用，不能滥用，否则会被视为垃圾，造成接收者的反感，所以在实际的使用当中还要注意避免出现以下的问题。

（1）滥发邮件。
（2）邮件主题不明确。
（3）隐藏发件人的姓名。
（4）邮件内容复杂，占用空间大。
（5）邮件采用了附件形式。
（6）邮件发送频率过高。
（7）发送对象不明确。
（8）邮件内容的格式混乱。

6.5.4 友情链接

网站之间有竞争，也有合作。网站之间相互放置对方网站的超链接标志，对双方来说是一个双赢的举措。在现在电子商务的时代，尤其讲究协作。目前流行的友情链接就是最简单的一种合作方式。

在其他网站上放置自己的链接标志，一直是一种十分简单有效的网站推广方法，而且可以免费。国内外很多站点都提供链接标志的交换服务，可以与其他会员相互交换链接标志。在建立友情连接时可采取以下几种策略。

1. 通过内容展开合作

创造很多网站都需要的而且是有价值的内容，通过这些内容吸引其他网站的兴趣，从而主动与你的网站建立链接。当有些站点访问量很高时，企业会产生某些畏惧心理，事实上这些站点也在不断吸收一些好的内容来补充他们自己的站点，如果能够从企业的站点中拿到好素材，他们也不会介意链接企业的网址的。

2. 品牌站点借力

http://ww.chinamarket.com.cn 是商务部下属的一个大型外经贸商业网站，这个网站按产品分类，汇集了大量国内的网址。这样的网站可以称为是网站宣传的品牌站点，要与之相连，并不容易，首先要让自己的站点成为一个好的商业站点。

3. 多类型公司互联

与主题有相似之处而又非竞争对手的网站建立联盟（包括上下游企业和同类企业），站点联盟中的相互链接比宣传个别站点的效果更好。

此外，企业还可参加“网链”计划，一个网链就是一组共享链接标志的网站，其网站上须显示其他所有成员的链接标志。国内目前提供“网链”服务的网站有“网络广告先锋”等网站。也可以在一些大流量网站上设立付费的链接标志，在这些门户网站登录时要注意其收费的标准及方法。

图 6-3 为著名的商业门户网站——硅谷动力网站（http://home.enet.com.cn）的友情链接网页的部分链接内容。

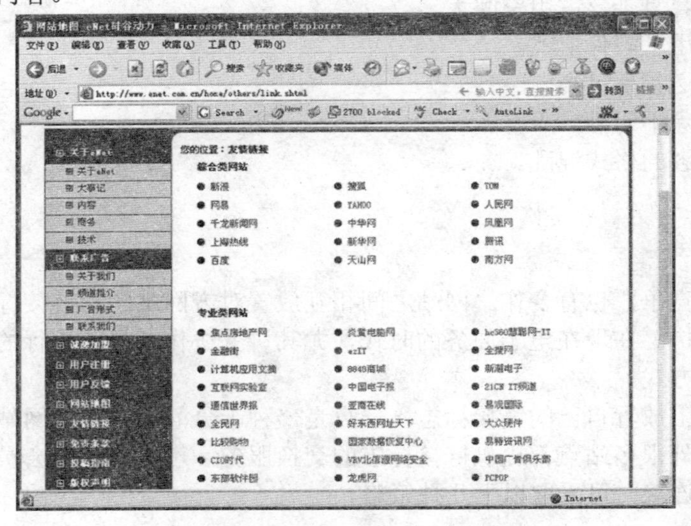

图 6-3　硅谷动力网站的友情链接网页

6.6 电子商务网站管理系统产品

为了实现电子商务网站的智能化、自动化管理，很多软件厂商提供了多种网站管理系统商品供用户选择。本节以新诺金软件有限公司开发的 Phaeton™网站管理与发布系统为例，说明网站管理系统的基本原理和功能。

6.6.1 系统的主要功能

Phaeton™是在 Linux 操作系统上开发的，采用管理与发布双机分离的模式运行，以 PostgreSQL 数据库作为存储系统，采用 Web 浏览器的管理方式，可以在 Windows、SCO Unix、Solaris 和 AIX 系统上运行，支持 Apache 和 IIS 等 Web 服务器，主要功能如下。

1. 用户管理

Phaeton™网站管理与发布系统的用户管理功能，支持基于组织机构的用户管理模式，可以在用户管理模块中增加管理员、用户组和用户组的成员，支持基于上下级的管理关系和用户权限的定义，还可以设置用户的空间和与用户相关的其他信息，支持上下级的权利约束，支持用户组与用户之间的空间约束。

通过权限设置，可以指定网站管理员负责网站管理、网站结构的设计和相关资源的分配工作，指定网站编辑人员负责网站资源的发布和审核工作。

2. 网站管理

在 Phaeton™网站管理与发布系统中，通过网站管理功能可以建立网站的组织结构和各个板块的上下级关系，设置各个板块的类型、属性，为各个板块指定内容的发布者和审核者，使整个网站以树的形式构建起来。

在 Phaeton™网站管理与发布系统中，有严格的权限管理，只有具有网站管理权限的用户才可以管理和维护网站结构，增加或删除网站的板块设置。

在 Phaeton™网站管理与发布系统的网站管理模块中，不仅可以建立网站结构，还可以增加专题和建立信息分类，为网站内容的信息检索提供支持。

在网站管理中，可以为每个栏目设置内容的发布者和审核者，可以直接编辑栏目的内容或修改栏目的属性，还可以对网站中的栏目进行重新排序，以改变在网站中的显示顺序。

3. 发布管理

在 Phaeton™网站管理与发布系统中，通过发布管理功能可以发布新的内容。由于 Phaeton™网站管理与发布系统有严格的权限限制，只有有发布权限的用户才可以向网站中发布内容。

网站内容的发布者是由有网站管理权限的用户（网站管理员）设置的，在增加板块的管理者时，可以赋予用户发布内容的权力，也可以赋予用户审核内容的权力，还可以建立内容发布与审核的交叉监督关系。

在发布网站内容时，用户可以使用发布管理中内置的HTML编辑器进行网页编辑，也可以在编辑完内容后再粘贴到编辑器中进行发布。

4. 审核管理

发布到数据库中的网站内容必须经过审核，才能发布到网站上，以保证不会在网站上发布错误的信息。

在交叉监督的发布与审核关系中，内容的发布者和审核者必须是不同的用户，但是在实际中，网站编辑往往承担发布与审核的工作，Phaeton™网站管理与发布系统在设计时，也照顾到了用户的使用便利，网站内容的发布与审核关系由网站管理员自己建立，自己选择是否采用交叉监督的方式。

6.6.2 系统的结构

Phaeton™网站管理与发布系统是在Linux系统上，采用C、Java和PHP等语言开发的，可以在Linux、BSD、AIX、Solaris和Windows等平台上运行，整个系统包括数据库服务器、管理平台和网站发布3个部分，三者之间的关系如图6-4所示。

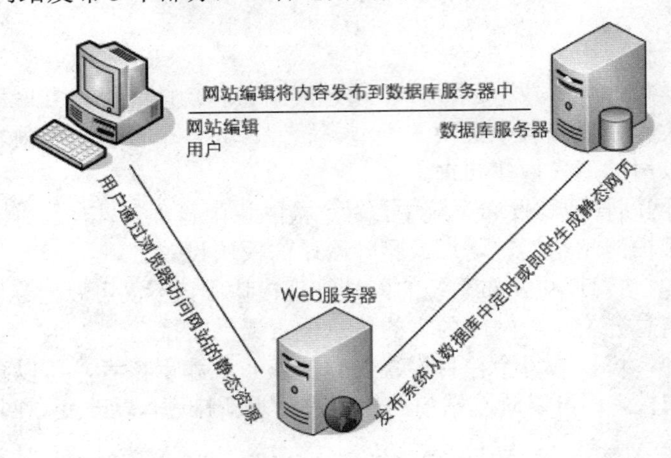

图6-4 系统组成

Phaeton™网站管理与发布系统同时支持静态网站自动生成和动态网站生成技术，在不改变网络结构的情况下，系统管理员只要选择不同的使用方式，切换网站管理模式，就可以方便地实现静态网站发布和动态网站生成，满足企业、政府和学校的业务发展的需要。

Phaeton™网站管理与发布系统的拓扑结构如图 6-5 所示。

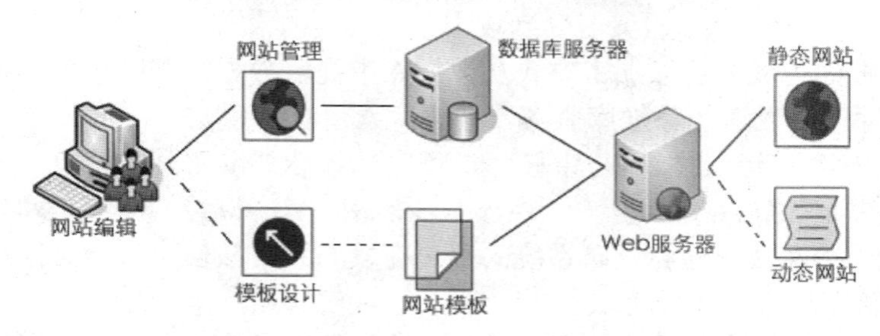

图 6-5　Phaeton 拓扑结构

在使用 Phaeton™网站管理与发布系统时，网站编辑通过浏览器设计网站结构，向数据库中发布数据，还可以通过模板设计工具来设计网站的模板，并将网站模板上传到服务器中。自动发布系统或即时发布系统可以自动根据网站结构中各个板块所对应的内容页面模板和索引页面模板来自动发布网页。

6.6.3　系统的安全设计

利用 Phaeton™网站管理与发布系统建设的网站，具有良好的安全性和可靠的容错与容灾能力。为了提高系统的安全性，系统采用了如下措施。

（1）在实际应用中，将数据库服务器安装在企业内部网中，将 Web 服务器安装在网络防火墙的 DMZ 区域中，如图 6-6 所示。通过后台管理系统向 Web 服务器发布静态网页，最大限度地保护数据库服务器中的数据不被篡改。

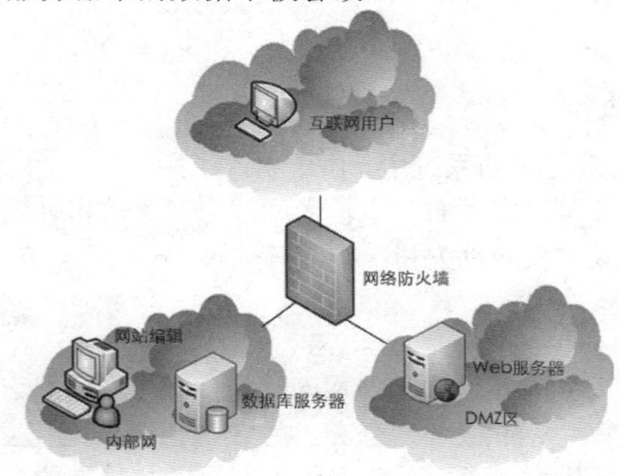

图 6-6　Web 服务器安装在 DMZ 域

（2）Web 服务器对外只开放 80 端口，不会为 Phaeton™网站管理与发布系统开放额外的端口，Web 页面生成系统从 Web 服务器中以主动提取的方式从数据库中生成静态或动态的网站内容，可以避免 Web 服务器受到攻击。

（3）Web 页面生成系统以加密方式从数据库中提取数据，强制使用加密的登录密码连接和访问数据库，可以避免数据库服务器被恶意入侵。

（4）网站内容只有经过发布与审核两道程序，才能被发布到网站上，能够避免数据库被入侵后在网站上发布恶意信息。

（5）Phaeton™网站管理与发布系统的用户在发布和审核信息时，必须经过加密的严格认证，能有效防止用户密码被窃取。

（6）定时自动的数据备份技术，可以自动进行数据库数据和网站数据的备份与管理，确保在出现设备和系统问题时，能够及时恢复。

（7）数据库服务器和 Web 服务器采用 Linux 操作系统，系统可以安装入侵检测系统，能够最大限度减少和杜绝 Dos/DDos 攻击对服务器造成的影响，确保网站的稳定运行。

6.6.4 系统的管理功能

该系统具有多项网站管理功能，可以自动实现网站的智能化管理。主要的管理功能如下。

1. 网站管理

在 Phaeton™网站管理与发布系统中，可以将网站划分成首页，结构清晰、层次分明的板块，各个板块中的索引页面和数据页面，通过浏览器可以管理设计和管理网站结构，定义菜单、板块、页面的显示方式和各个板块在 Web 空间中对应的位置，还可以对菜单和板块进行排序。

2. 内容发布与审核

在 Phaeton™网站管理与发布系统中，由于引入了用户管理功能，可以将网页的发布分成内容的发布与审核，并可以在发布与审核之间建立交叉的审计关系，确保网站发布的内容合理、合法和符合企业、政府机关和学校的有关规定。

3. 静态网站发布

Phaeton™网站管理与发布系统支持静态网站的内容发布方式，通过采用双机分离的运行方式，将网站资源数据和 Web 服务器分离，在 Web 服务器上建立纯静态的网站内容，包括静态的首页、静态的板块索引页面、静态的内容页面和静态的多媒体资源，可以提供即时的内容发布和定时的内容发布方式。

4. 动态网站发布

Phaeton™网站管理与发布系统支持动态网站的内容发布方式，用该系统可以非常方便地建立动态网站发布系统。由于采用了充分安全的产品设计和应用策略，可以满足用户对安全的要求，能够建立符合国家安全标准的网站系统。

6.7 习题与实践

6.7.1 习题

1. 为什么必须重视电子商务网站的管理工作？
2. 电子商务网站管理的主要工作内容包括哪些？
3. 电子商务网站管理员的主要工作职责有哪些？
4. 网站管理技术经历了怎样的发展过程？
5. 什么是电子商务网站的文档管理？
6. 应如何设计电子商务网站的目录结构，为什么？
7. 什么是电子商务网站的内容管理？
8. 电子商务网站的安全管理包含哪些内容？
9. 如何推广一个电子商务网站？
10. 如何利用搜索引擎推广电子商务网站？
11. 电子邮件在电子商务网站推广中有什么作用？

6.7.2 实践

1. 上网搜索电子商务网站管理的最新技术。
2. 为自己开发的电子商务网站设计简单的网站管理系统。
3. 为自己开发的电子商务网站设计推广策略，并在网站上实现。
4. 上网查找成功的网站管理系统实例，并和同学相互交流。

第7章 “世纪航空”网站后台功能的设计

严格地说，没有后台管理功能的电子商务网站不能算是一个完整的网站，特别是在电子商务网站越来越发达的今天，电子商务网站的管理者对网站的维护和管理越发重视，一个管理混乱、内容滞后的网站不但不能给管理者带来预期的收益，反而会使企业和网站的形象受到损害。

为了使企业在电子商务领域具有更大的优势，在商务活动中发挥更大的作用，我们需要设计一个简洁实用的网站后台管理模块。本章以“世纪航空”网站的后台管理系统为例，介绍电子商务网站后台管理系统的主要功能以及实现的方法。

7.1 网站后台管理系统的结构和功能

电子商务网站管理涵盖的内容非常广泛，包括网站内容、网页的管理，用户的管理，数据库的管理等，业务流程包括物流的管理以及网站硬件和软件的维护管理等。本章涉及到的后台的管理内容主要是管理和维护电子商务网站的数据，并尽可能为企业内部的信息管理提供良好的支持。图7-1为“世纪航空”网站后台管理系统的结构图。

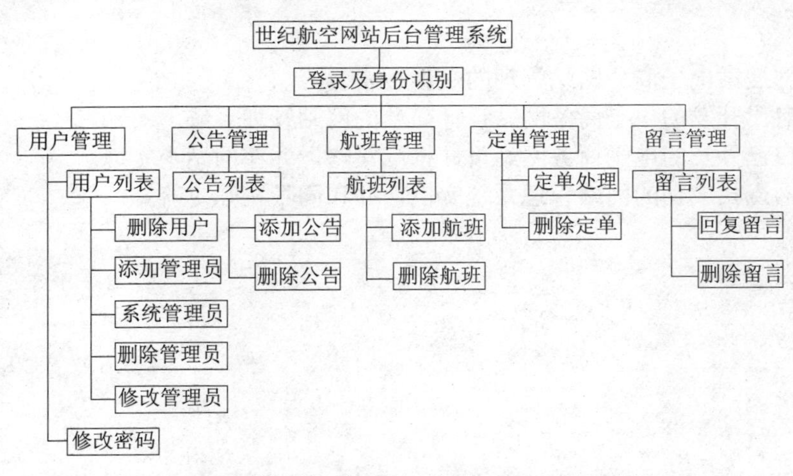

图7-1 “世纪航空”网站后台管理系统的结构

对于“世纪航空”网上订票系统，网站后台管理的主要功能如下。

（1）用户管理。

（2）公告管理。

（3）航班管理。

（4）订单管理。

（5）留言管理。

7.2 后台目录结构与通用模块

在开发规模比较大的 Web 应用系统时，应将不同功能的脚本文件存放在不同的目录下，这样可以使系统条理清晰，便于管理。

7.2.1 后台目录结构

“世纪航空”网站的网页文件和资源文件相对比较少，目录设置应该尽量简洁，在根目录 sjhk 下的目录结构如图 7-2 所示。

图 7-2 包含了整个网站的目录结构，在 sjhk/admin 目录下包含了 asp、css、include 和 images 等 4 个子目录，每一个子目录保存一类文档，以便于管理。

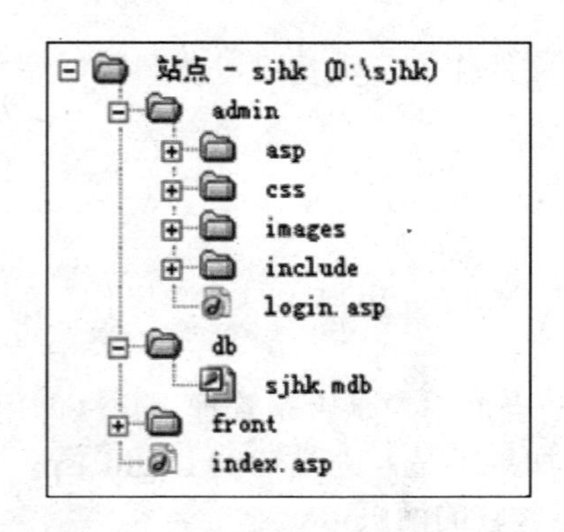

图 7-2 “世纪航空”网站的站点结构

（1）asp 用于存储系统管理员的后台操作脚本，包括用户管理、公告管理、航班管理、订单管理和留言管理等功能。

（2）css 用于保存 css 样式设计。

（3）include 用于存储通用模块的操作脚本。

（4）images 用于保存后台界面所需要的图片文件。

7.2.2 通用模块

“世纪航空”网站中包含一些通用的模块，这些模块以文件的形式保存，可以在其他文件中使用#include 语句包含这些模块，使用其中定义的功能。

1. conndb.asp

conndb.asp 的功能是实现到数据库的连接，因为在很多网页中都有连接数据库的操作，所以把它保存在文件 connda.asp 中，这样可以避免重复编程。（注意：在 include 文件夹中，有两个连接数据库的文件，它们的功能是一样的，因为调用时牵涉到不同的数据库类型有不同的路径问题，所以保存了两个，它们的细微差别，您可以去推敲一下。）

conndb.asp 的代码如下。

```
<%
'连接数据库
public conn
set conn=server.createobject("adodb.connection")
conn.open  "dbq=" & server.MapPath("../db/sjhk.mdb") & ";driver={microsoft
access driver (*.mdb)}"
%>
```

在其他网页文件中引用此文件作为开头就可以访问数据库了，代码如下。

```
<!-#include file="conndb.asp"->
```

2. isAdmin.asp

因为本实例中后台功能只有 Admin 用户才有权限操作，所以在进入这些网页之前，需要判断用户是否是 Admin。

isAdmin.asp 的功能是判断当前用户是否是管理用户（即用户登录时保存在 Session 变量中的 check 是否为 Ture），如果不是，则跳转到 Login.asp，要求用户登录；如果是，则不执行任何操作，直接进入包含它的网页。

isAdmin.asp 的代码如下。

```
<%
    dim check
    '从 Session 变量中读取用户信息
    check=session("check")
```

```
    If check="" Then '如果Session变量中check值为空，则跳转到login.asp
        response.Redirect "../login.asp"
    End If
%>
```

如何使用 isAdmin.asp 防止未授权的用户进入指定的网页呢？如果用户直接在浏览器的地址栏输入该网页的 url 怎么办？为了避免出现这种情况，可以在要求进行权限控制的网页开始部分添加如下代码。

```
<!-#include file="isAdmin.asp"->
```

这样，每次打开网页时，都会首先执行 isAdmin.asp。查看 isAdmin.asp 的代码就会发现，当 Session(“check”)=True 时它不执行任何操作，所以用户可以直接进入指定的页面；如果 Session(“check”)=””或者 False，则表示当前用户没有经过身份认证，此时 isAdmin.asp 将显示登录页面，要求用户登录。使用这种方法，就不需要在其他的网页中编写判断用户是否登录的代码了。在本系统中，isAdmin.asp 保存在 admin 目录的 include 子目录下。

3. isSuper.asp

使用 isAdmin.asp 可以防止未经登录的用户访问某些网页，但是，是不是经过登录的用户就可以访问所有的网页呢？在大多数系统中，都有超级管理员，很多操作只有超级管理员用户才能够使用。在世纪航空订票系统中，添加新的管理员，修改管理员权限和删除管理员等操作，只有超级管理员用户才能完成。

为了判断用户的权限，本系统设计了 isSuper.asp。isSuper.asp 的功能是判断当前用户是否是超级管理员（即用户登录时保存在 Session 变量中的 oskey 是否为 super），如果不是，则显示"您没有该操作权限！"；如果是，则不执行任何操作，直接完成包含它的网页的操作。

isSuper.asp 的代码如下。

```
<%
    dim checkin
    '从Session变量中读取用户信息
    checkin=session("oskey")
    If checkin="input" Then
        Response.Write"您没有该操作权限！"
        Response.End
    End If
%>
```

在文件中引用此文件作为头文件，代码如下。

```
<!-#include file="isSuper.asp"->
```

在本系统中，isSuper.asp 保存在 admin 目录的 include 子目录下。

4. md5.asp

md5.asp 的功能是提供一个加密函数。密码用 md5 加密以后存到数据库中，保存到数据库中的密码是不可见的，而且不能简单地通过解密函数返回为原来的密码，这样数据库比较安全。所以在密码检验过程中，我们通常采用 md5 加密，得到的密文再与数据库里的比较，从而完成核对工作。另外，md5 的源代码在附录光盘里有提供，在 Internet 上也能找到，这里就不烦述了。

5. checkform.asp

checkform.asp 的功能是提供表单的检测函数，包括对字符类型和范围等的检验。代码如下。

```
<SCRIPT language=JavaScript type=text/JavaScript>
function noChar(element1)     {//含有非法字符 返回 true
   text="abcdefghijklmnopqrstuvwxyz1234567890._-";
   for(i=0;i<=element1.length-1;i++){
      char1=element1.charAt(i);
      index=text.indexOf(char1);
      if(index==-1)
        return true;
   }
   return false;
}
function checkform()
{

     var frm;

     frm=document.form1;      //判断用户名是否为空
     if(frm.adm_name.value=="")
     {
```

```
        alert("请填写用户名! ");
        frm.adm_name.focus();
        return false;
    }

    if(frm.pwd.value=="")       //判断密码是否为空
    {
        alert("请填写用户密码!");
        frm.pwd.focus();
        return false;
    }
    if(noChar(frm.pwd.value))       //判断用户密码是否包含非法字符
    {
        alert("用户密码包含非法字符!");
        frm.pwd.focus();
        return false;
    }
    frm.submit();
    return true;
}
</SCRIPT>
```

在文件中引用此文件作为头文件，代码如下。

```
<!-#include file="checkform.asp"->
```

在本系统中，checkform.asp 保存在 admin 目录的 include 子目录下。

7.3 后台管理主界面与登录程序设计

第 5 章对于网站的整体样式规划和设计已经作了很详细的介绍和说明，因此关于后台的整体样式规划和设计就再不作说明。要强调的是，前台的样式规划和设计，主要是为了吸引顾客，提高网站的宣传效果；而一个好的后台界面，能给管理员带来愉快的心情，方便和快捷操作，提高工作效率，所以也应予以重视。

7.3.1 后台管理界面设计

世纪航空网站的后台管理主界面为 AdminIndex.asp，它的功能是显示世纪航空网站的管理链接和公告等信息。AdminIndex.asp 的界面如图 7-3 所示。

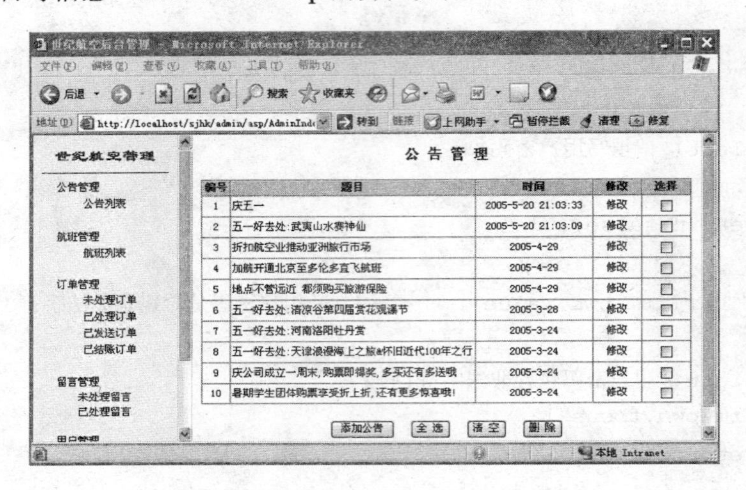

图 7-3 AdminIndex.asp 的运行界面

在 AdminIndex.asp 中，包含了两个文件 left.asp 和 BoardList.asp，分别用来处理左侧和右侧的显示内容。AdminIndex.asp 的代码如下。

```
<!--#include File="../include/conn.asp"-->
<!--#include File="../include/isAdmin.asp"-->
<html>
<head>
<meta HTTP-EQUIV="Content-Type" CONTENT="text/html; charset=gb2312">
<meta name="GENERATOR" content="Microsoft FrontPage 4.0">
<meta name="ProgId" content="FrontPage.Editor.Document">
<title>世纪航空后台管理</title>
</head>
<frameset cols="179,*" framespacing="0" border="0" frameborder="0">
  <frame name="contents" target="main" src="left.asp" scrolling="auto"
noresize>
  <frame name="main" src="BoardList.asp" scrolling="auto">
  <noframes>
```

```
  <body topmargin="0" leftmargin="0">
  <p>此网页使用了框架，但您的浏览器不支持框架。</p>
  </body>
  </noframes>
</frameset>
</html>
```

AdminIndex.asp 中使用了下面的#Include 语句包含外部文件：

```
<!--#include File="../include/conn.asp"-->
<!--#include File="../include/isAdmin.asp"-->
```

这样可以确保只有管理员用户才能进入此网页。

因为 AdminIndex.asp 保存在 asp 目录下，与 conndb.asp 不在同一个目录中，所以需要使用../include/conn.asp 表示 conndb.asp 的位置。关于路径问题，总会在不同场合下出现，这就需要你的细心、耐心和巧妙的逻辑思维了。

7.3.2 后台管理导航栏设计

left.asp 文件用于显示后台管理界面的左侧导航栏，主要实现后台管理导航的功能。它定义了一组管理链接，如表 7-1 所示。本章将在稍后介绍这些功能的具体实现方法。

表 7-1 left.asp 中的管理链接

管 理 项 目	链 接
公告列表	BoardList.asp
航班列表	flight_list.asp
未处理订单	order_list.asp?flag=0
已处理订单	order_list.asp?flag=1
已发送订单	order_list.asp?flag=2
已结账订单	order_list.asp?flag=3
未处理留言	complain.asp?flag=0
已处理留言	complain.asp?flag=1
用户列表	user_list.asp
系统管理员	adm_list.asp
修改密码	pwd_chg.asp
退出登录	login_exit.asp

7.3.3 后台管理员登录界面设计

进入世纪航空网站的后台管理主页，首先需要经过用户和用户密码的认证。如图 7-4

所示。

图 7-4　用户登录界面

后台管理页面只有管理员才能进入，所以在这些管理页面中都包含了 IsAdmin.asp，以进行身份认证。如果管理用户还没有登录，将打开 login.asp 页面。Login.asp 的部分代码如下。

```
<!--#include file="include/conndb.asp"-->  <!-- 调用对话框检测函数 -->
<!--#include file="include/checkform.asp"-->  <!-- 调用对话框检测函数 -->
<!--#include file="include/md5.asp"--> <!-- 调用 md5 加密函数 -->
<html>
<head>
<title>管理员登录</title>
<link href="css/style.CSS" rel="stylesheet" type="text/css">
</head>
<body>
<%
  adm_name = trim(Session("adm_name"))
  adm_pwd = trim(Session("adm_pwd"))
  If adm_name <> "" Then
    sql="Select * From entry where adm_name = '"&adm_name&"' and pwd = 
'"&md5(adm_pwd)&"'"       '从数据库查询是否有正确的记录
    Set rsa = conn.Execute(sql)
    If Not rsa.EOF Then      '验证用户名存在且密码正确，记录 SESSION 值
     session("check")=true
     session("oskey")=rsa("oskey")
     Response.Redirect("asp/AdminIndex.asp")     '进入后台主页
    End If
  End If
```

```
%>
<form name="form1" action="putsession.asp" method="Post">
</form>
</body>
</html>
```

当数据提交后，将执行 putSession.asp，把用户信息保存在 Session 变量中，然后把网页转到 login.asp 中。当再次执行 login.asp 时，程序将接收用户信息，进行身份验证。putSession.asp 的代码如下。

```
<%
    '保存 SESSION
    Dim UID,PSWD
    UID= Request.Form("adm_name")
    PSWD= Request.Form("pwd")
    Session("adm_name") = UID
    Session("adm_pwd") = PSWD
%>
 <meta http-equiv="refresh" content="0.1;url=login.asp">
```

另外，您能不能联想一下退出登录的操作是怎样的呢？当单击超级链接“退出登录”时，即完成退出登录的操作，文件 login_exit.asp 代码如下。

```
<%
Session("adm_name")=""
Session("adm_pwd")=""
session("check")=""
session("oskey")=""
%>
<script language="javascript">
  setTimeout("window.close()",600);
</script>
```

为了在系统运行过程中掌握当前登录用户的信息，通常需要把用户信息保存在 Session 变量中。Session 变量可以在不同的网页中共享，但是这些网页必须是由生成 Session 的网页打开，如果新打开一个网页，Session 变量将不起作用。

7.4 公告信息管理模块设计

公告信息管理模块可以实现以下功能。

（1）添加新的公告记录。

（2）修改公告记录。

（3）删除公告记录。

只有管理用户才有权进入公告信息管理模块。

7.4.1 设计公告管理页面

公告管理页面为 BoardList.asp，公告的添加、修改和删除都在这里执行，如图 7-5 所示。

公 告 管 理

编号	题目	时间	修改	选择
1	庆五一	2005-5-20 21:03:33	修改	☐
2	五一好去处：武夷山水赛神仙	2005-5-20 21:03:09	修改	☐
3	折扣航空业推动亚洲旅行市场	2005-4-29	修改	☐
4	加航开通北京至多伦多直飞航班	2005-4-29	修改	☐
5	地点不管远近 都须购买旅游保险	2005-4-29	修改	☐
6	五一好去处：清凉谷第四届赏花观瀑节	2005-3-28	修改	☐
7	五一好去处：河南洛阳牡丹赏	2005-3-24	修改	☐
8	五一好去处：天津浪漫海上之旅&怀旧近代100年之行	2005-3-24	修改	☐
9	庆公司成立一周末，购票即得奖，多买还有多送哦	2005-3-24	修改	☐
10	暑期学生团体购票享受折上折，还有更多惊喜哦！	2005-3-24	修改	☐

添加公告　全选　清空　删除

图 7-5　公告信息管理

下面将介绍 BoardList.asp 中与界面显示相关的部分代码。

1. 显示公告信息

为了便于管理公告信息，BoardList.asp 以表格的形式显示公告名称，并在后面显示修改链接和删除复选框，代码如下。

```
<script language="javascript">
function BoardWin(url) {
  var
```

```
oth="toolbar=no,location=no,directories=no,status=no,menubar=no,scrollbars=
yes,resizable=yes,left=200,top=200";
      oth = oth+",width=400,height=300";
      var BoardWin = window.open(url,"BoardWin",oth);
      BoardWin.focus();
      return false;
    }
    <%
      '设置SQL语句，查询表information中的公告信息，读取到rs对象中
      Dim rs
      Set rs = Server.CreateObject("ADODB.RecordSet")
      sql="select * from information order by info_time desc"
      Dim n      '用来保存记录数量
      rs.Open sql,conn,1,1
      '如果rs为空，则显示提示信息
      If rs.EOF Then
       Response.Write "<tr><td colspan=5 align=center>目前还没有公告。</td></tr></table>"
      Else
    %>
    <p align=center><font style='FONT-SIZE:12pt' color="#000080"><b>公告管理</b></font></p>
    <table align=center border="1" cellspacing="0" width="100%" bordercolorlight="#4DA6FF"
bordercolordark="#ECF5FF" style='FONT-SIZE: 9pt'>
      <tr>
       <td width="6%" align="center" bgcolor="#BEDCFA"><strong>编号</strong></td>
       <td width="50%" align="center" bgcolor="#BEDCFA"><strong>题目</strong></td>
       <td width="24%" align="center" bgcolor="#BEDCFA"><strong>时间</strong></td>
       <td width="10%" align="center"  bgcolor="#BEDCFA"><strong>修改</strong></td>
       <td width="10%" align="center"  bgcolor="#BEDCFA"><strong>选择</strong></td>
      </tr>
    <%
        '设置每页记录数量为15
        rs.PageSize = 15
        '设置并读取页码参数page
        iPage = CLng(Request("page"))
        If iPage <=0 Then
```

```
      iPage = 1
    End If
    If iPage > rs.PageCount Then
      iPage = rs.PageCount
    End If

    RowCount = rs.PageSize
    '依次显示公告信息
    Do While Not rs.EOF And RowCount > 0
      n = n + 1
%>
  <tr>
    <td align="center"><%=n%></td>
    <td><a  href="info_view.asp?id=<%=rs("info_id")%>"  onClick="return
BoardWin(this.href)"><%=rs("info_title")%></a></td>
     <td align="center"><%=rs("info_time")%></td>
    <td  align="center"><a  href="info_edit.asp?id=<%=rs("info_id")%>"
onClick="return BoardWin(this.href)">修改</a></td>
    <td align="center"><input type="checkbox" name="info" id="<%=rs("info_id")%>"
style="font-size: 9pt"></td>
  </tr>
<%
      rs.MoveNext()
      '控制每页显示记录的数量
      RowCount = RowCount - 1
    Loop
%>
</table>
<%
    '显示页码链接
    If rs.PageCount>1 then
      Response.Write "<table border='0'><tr><td><b>分页: </b></td>"
      For i=1 to rs.PageCount
        Response.Write "<td><a href='BoardList.asp?page=" & i & "'>"
        Response.Write "[<b>" & i & "</b>]</a></td>"
```

```
        Next
        Response.Write "</tr></table>"
      End If
    End If
  %>
```

可以看到，修改公告的页面是 info_edit.asp。参数 id 的值为要修改的公告编号。公告信息后面的复选框名为 info，它的 id 值与对应的公告信息的编号相同。

函数 BoardWin( )的功能是弹出窗口，显示公告信息。

2. 显示功能按钮

如果存在公告记录，则在表格下面显示“添加公告”、“全选”、“清空”和“删除”按钮，代码如下。

```
<input type="button" value="添加公告" onclick="BoardWin('info_add.asp')"
name=add>
  
<input type="button" value="全 选" onclick="sltAll()" name=button1>
  
<input type="button" value="清 空" onclick="sltNull()" name=button2>
  
<input type="submit" value="删 除" name="tijiao" onclick="SelectChk()">
```

这些按钮对应的代码将在后面结合具体的功能介绍。

7.4.2 添加公告信息

在 BoardList.asp 页面中，单击“添加公告”按钮，将调用 BoardWin( )函数，在新的窗口打开 info_add.asp，添加公告信息，如图 7-6 所示。

定义表单 myform 的代码如下。

```
<form name="myform" method="POST" action=
"info_save.asp?action=add">
```

提交前需要对表单进行域校验，checkFields 函数的功能就是这样的，代码如下。

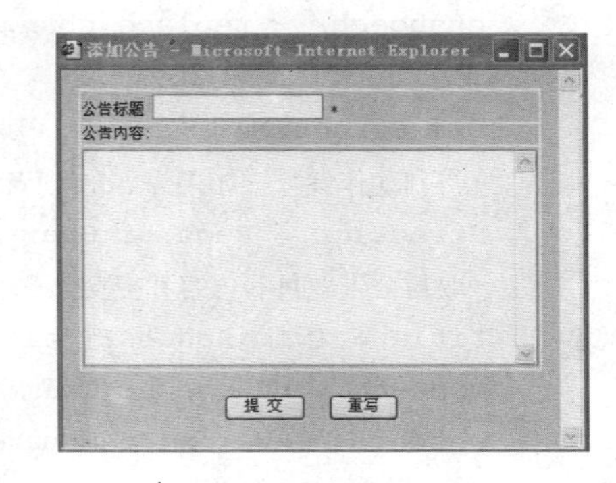

图 7-6 添加公告

```
<script language="javascript">
  function checkFields()
  {
    if (document.myform.title.value=="") {
       alert("公告题目不能为空");
       document.myform.title.onfocus();
       return false;
    }
    if (document.myform.content.value=="") {
       alert("公告内容不能为空");
       document.myform.content.onfocus();
       return false;
    }
     document.myform.submit();
  }
</script>]
```

它的主要功能是判断“公告标题”和公告内容是否为空，如果为空，则返回 false，不允许表单数据提交。

表单数据提交后，将执行 info_save.asp 保存数据，参数 action 表示当前的动作，action=add 表示添加记录。info_save.asp 也可以用来处理修改公告信息的数据。

info_save.asp 的主要代码如下。

```
<%
Function changechr(str)
 changechr = replace(str," "," ")
 changechr = replace(changechr,chr(13),"<br>")
End Function
 Dim StrAction
 '得到动作参数，如果为 add 则表示创建公告，如果为 update 则表示更改公告
 StrAction = Request.QueryString("action")
 '取得公告题目和内容和提交人
 title = Trim(Request("title"))
 content = changechr(Trim(Request("content")))
 poster = Session("adm_name")
 If StrAction="add" Then
```

```
        '在数据库表 information 中插入新公告信息
        sql = "Insert into information(info_title,info,info_time,poster)
            Values('"&title&"','"&content&"','"&now&"','"&poster&"')"
      Else
        '更改此公告信息
        id = Request.QueryString("id")
        sql = "Update information Set info_title='"&title&"',info='"
             &content&"',info_time='"&now&"',poster='"&poster&"'        where
info_id="&id
      End If
      'response.write sql
      '执行数据库操作
      conn.Execute(sql)
      Response.Write "<h3>公告成功保存</h3>"
    %>
```

其中，changechr( )函数的功能是：在处理公告信息时，将公告内容中的空格、换行符和单引号为 HTML 标记符或者全角字符。

7.4.3 修改公告信息

info_edit.asp 的功能是从数据库中取出指定公告信息，用户可以对它们进行更改，然后提交数据。表单 myform 的定义代码如下。

```
<form name="myform" method="POST" action="info_save.asp?action=update
&id=<%=id%>" OnSubmit="return checkFields()">
```

与添加公告相同的是，提交表单前同样需要进行域的校验，由 checkFields( )函数完成此功能。

在 info_edit.asp 中，参数 id 表示要修改的公告编号。从数据库读取并显示公告信息的代码如下。

```
<%
  '从数据库中取得此公告信息
  Dim id,rs,sql
  '读取参数 id
  id = Request.QueryString("id")
  '根据参数 id 设置 sql 语句，读取指定的公告信息
```

```
    sql = "SELECT * FROM information WHERE info_id = " & id
    '执行SQL语句，将公告信息读取到rs记录集中草药
    Set rs = Server.CreateObject("ADODB.RecordSet")
    rs.Open sql,conn,1,1
    '如果记录集为空，则显示没有此公告
    If rs.EOF Then
      Response.Write "没有此公告"
      '结束网页输出
      Response.End
    Else
      '替换公告内容中的特殊字符
      content=Replace(rs("info"),"<br>",chr(13))
      content=Replace(content," "," ")
      '下面内容是在表格中显示公告内容
  %>
```

表单数据提交以后，将执行 info_save.asp 保存数据，参数 action 表示当前的动作，action=update 表示修改记录。修改公告的页面如图 7-7 所示。

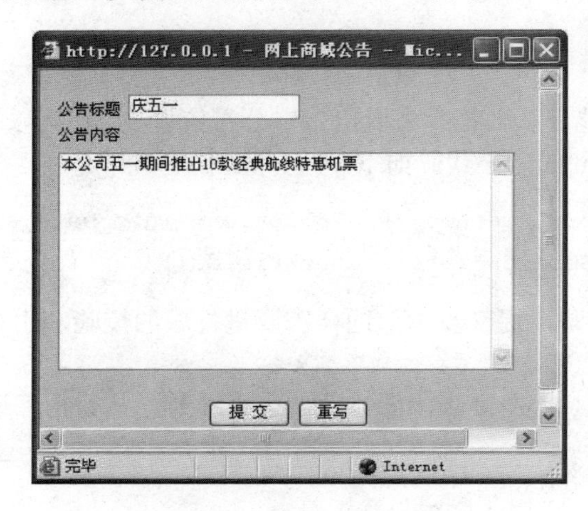

图 7-7 修改公告的页面

7.4.4 删除公告

在删除公告之前，需要选中相应的复选框。下面介绍几个与选择复选框相关的 JavaScript 函数。

1. 选择全部复选框

在 BoardList.asp 中，定义“全选”按钮的代码如下。

```
<input type="button" value="全 选" onclick="sltAll()" name=button1>
```

当单击“全选”按钮时，将执行 sltAll( )函数，代码如下。

```
function sltAll()
{
    var nn = self.document.all.item("info");
    for(j=0;j<nn.length;j++)
    {
        self.document.all.item("info",j).checked = true;
    }
}
```

Self 对象指当前页面，self.document.all.item("info")返回当前页面中 info 复选框的数量，程序通过 for 循环语句将所有的 info 复选框设置为 Ture。

2. 全部清除选择

在 BoardList.asp 中，定义“清空”按钮的代码如下。

```
<input type="button" value="清 空" onclick="sltNull()" name=button2>
```

当单击“全选”按钮时，将执行 sltNull( )函数，代码如下。

```
function sltNull()
{
    var nn = self.document.all.item("info");
    for(j=0;j<nn.length;j++)
    {
        self.document.all.item("info",j).checked = false;
    }
}
```

3. 生成并提交删除编号列表

在 BoardList.asp 中，定义“删除”按钮的代码如下。

```
<input type="submit" value="删 除" name="tijiao" onclick="SelectChk()">
```

当单击“全选”按钮时，将执行 SelectChk( )函数，代码如下。

```
function SelectChk()
{
  var s = false; //用来记录是否存在被选中的复选框
  var Boardid, n=0;
  var strid, strurl;
  var nn = self.document.all.item("info"); //返回复选框 Board 的数量
  for (j=0; j<nn.length; j++) {
    if (self.document.all.item("info",j).checked) {
      n = n + 1;
      s = true;
     infoid = self.document.all.item("info",j).id+""; //转换为字符串
      //生成要删除公告编号的列表
      if(n==1) {
        strid = infoid;
      }
      else {
        strid = strid + "," + infoid;
      }
    }
  }
  strurl = "info_delt.asp?id=" + strid;
  if(!s) {
    alert("请选择要删除的公告!");
    return false;
  }
  if (confirm("你确定要删除这些公告吗? ")) {
    form1.action = strurl;
     form1.submit();
  }
}
```

程序对每个复选框进行判断，如果复选框被选中，则将复选框的 id 值转换为字符串，并追加到变量 strid 中。因为复选框的 id 值与对应的公告编号相同，所以最后 strid 中保存的是以逗号分隔的待删除的公告编号。

以 strid 的值为参数执行 info_delt.asp，就可以删除选中的记录了。相关代码如下。

```
<%
  '删除所选的公告
  Dim id,sql
  id = Request.QueryString("id")
  sql = "DELETE FROM information WHERE info_id In (" & id & ")"
  conn.Execute(sql)
%>
```

删除后将提示“删除操作成功”的信息，并刷新父窗口，代码如下。

```
<script language="javascript">
  alert("删除操作成功");
  location.href = "BoardList.asp?flag=0";
</script>
```

7.4.5 查看公告信息

单击公告超级链接，将在新窗口中执行 info_view.asp，可查看公告信息，如图 7-8 所示。

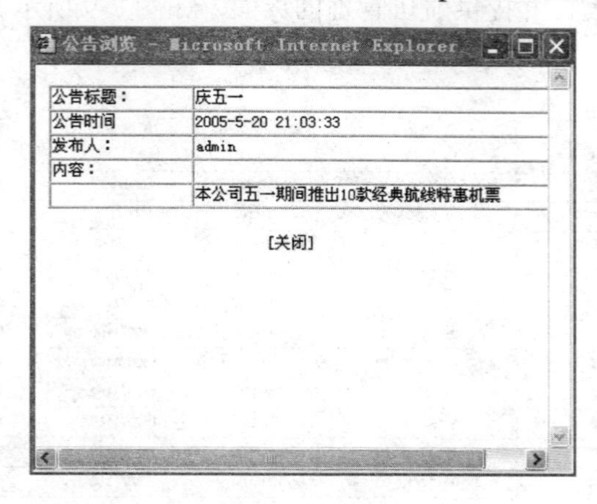

图 7-8 查看公告信息

info_view.asp 保存在 asp 目录下，显示公告的代码如下。

```
<%
dim spl,rs,id
id=request.QueryString("id")
```

```
    '设置SQL语句，查询表information中的公告信息，读取到rs对象中
    Set rs = Server.CreateObject("ADODB.RecordSet")
    sql="select * from information where info_id="&id
      rs.Open sql,conn,1,1
%>
```

7.5 航班信息管理模块设计

系统管理员都可以对航班信息进行管理，航班管理模块包含以下功能：

（1）添加航班。

（2）修改航班信息。

（3）删除航班。

7.5.1 显示航班列表

在 AdminIndex.asp 中，单击“航班列表”超级链接，将打开 flight_list.asp。它的功能是分页显示航班信息列表，并提供航班管理的界面，如图 7-9 所示。

航 班 管 理

编号	起降地点	时间	商务/经济舱	商/经票价(元)	修改	选择
0001	北京-长沙	16:20-09:30	120/80	1300/800	修改	☐
0002	长沙-北京	09:56-16:40	120/80	1300/800	修改	☐
0014	天津-乌鲁木齐	04:20-08:30	100/100	1000/750	修改	☐
0015	乌鲁木齐-天津	07:00-11:10	100/100	1000/750	修改	☐
0016	长沙-南京	06:30-13:15	100/100	2000/1400	修改	☐
0017	南京-长沙	10:30-15:15	100/100	2000/1400	修改	☐
0021	天津-重庆	09:40-17:20	80/90	1400/1100	修改	☐
0022	重庆-天津	16:30-09:20	80/90	1400/1100	修改	☐
0031	天津-海南	09:30-18:00	90/130	1600/1100	修改	☐
0032	海南-天津	10:15-20:00	90/130	1600/1100	修改	☐
0033	北京-武汉	10:30-16:30	100/100	1550/1100	修改	☐
0034	武汉-北京	04:00-10:00	100/100	1550/1100	修改	☐
0035	长沙-广州	08:00-10:00	90/90	880/680	修改	☐
0036	广州-长沙	13:00-15:40	90/90	880/680	修改	☐
0037	广州-香港	15:00-16:10	80/80	800/600	修改	☐

分页：[1] [2]

添加航班　全 选　清 空　删 除

图 7-9　航班管理界面

分页显示航班信息的相关代码如下。

```
<%
  '设置SQL语句，读取当前所有航班列表
  set rs=Server.CreateObject("ADODB.Recordset")
  sql = "SELECT * FROM airline ORDER BY flight_id"
  rs.Open sql,Conn,1,1
  If rs.EOF Then
    Response.Write "<tr><td colspan=8 align=center>目前还没有航班记录。</td></tr></table>"
  Else
    '设置每页显示记录的数量
    rs.PageSize = 15
    '读取参数page，表示当前页码
    iPage = CLng(Request("page"))
    If iPage > rs.PageCount Then
      iPage = rs.PageCount
    End If
    If iPage <= 0 Then
      iPage = 1
    End If
    rs.AbsolutePage = iPage

    For i=1 To rs.PageSize
      n = n + 1
%>
      <tr>
      <td align="center"><a href="flight_view.asp?id=<%=rs("airline_id")%>" onClick="return newwin(this.href)"><%=rs("flight_id")%></a></td>
      <td><div align="center"><%=rs("start")%>-<%=rs("terminal")%></div></td>
      <td align="center"><%=formatdatetime(rs("fall_time"),vbshorttime)%>-<%=formatdatetime(rs("takeoff_time"),vbshorttime)%></td>
      <td align="center"><%=rs("bus_cabin")%>/<%=rs("eco_cabin")%></td>
```

```
        <td align="center"><%=rs("bus_price")%>/<%=rs("eco_price")%></td>
        <td align="center"><a href="flight_edit.asp?id=<%=rs("airline_id")%>"
onClick="return newwin(this.href)">修改</a></td>
      <td align="center"><input type="checkbox"name="flight" id="<%=rs("airline_id")%>
"style="font-size: 9pt"></td></tr>
    <%
        rs.MoveNext()
        If rs.EOF Then
          Exit For
        End If
      Next
    %>
    </table>
    <%
      '显示页码
      If rs.PageCount>1 Then
        Response.Write "<table border='0'>"
        Response.Write "<tr>"
        Response.Write "<td><b>分页: </b></td>"
        For i=1 To rs.PageCount
          Response.Write "<td><a href='flight_list.asp?typeid=" & Trim(typeid)
& "&page=" & i & "'>"
          Response.Write "[<b>" & i & "</b>]</a></td>"
        Next
        Response.Write "</tr></table>"
      End If
    End If
    %>
```

7.5.2 添加航班

在 flight_list.asp 中，“添加航班”按钮的定义代码如下。

```
    <input type="button" value="添加航班" onclick="newwin('flight_add.asp')"
name=add>
```

当单击“添加航班”按钮时，触发 onclick 事件，并调用 newwin('flight_add.asp')函数，即在弹出的新窗口中执行 flight_add.asp.

flight_add.asp 的运行界面如图 7-10 所示。

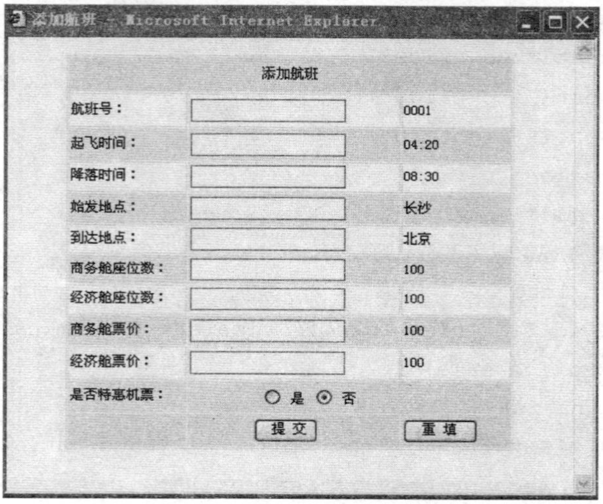

图 7-10 flight_add.asp 的运行界面

添加航班内容的表单的定义代码如下。

```
<form name="myform" method="POST" action="flight_save.asp?action=add"
OnSubmit="return checkform()">
```

表单名为 myform。表单提交后，将由 flight_save.asp 处理表单数据。在提交表单数据之前，程序将执行 checkform( )函数，对用户输入数据的有效性进行检查，只有当 checkform( )函数返回 Ture 时，才执行提交操作。

checkform( )函数的代码在通用模块里已经介绍过了，这里不再赘述。

flight_save.asp 的部分代码如下。

```
<%
 Dim StrAction
 '得到动作参数，如果为 add 则表示创建航班，如果为 update 则表示更改航班
 StrAction = Request.QueryString("action")
'得到要保存记录的值
fall_time=request("fall_time")
takeoff_time=request("takeoff_time")
```

```
    start=request("start")
    terminal=request("terminal")
    bus_cabin=request("bus_cabin")
    eco_cabin=request("eco_cabin")
    bus_price=request("bus_price")
    eco_price=request("eco_price")
    flight_id=request("flight_id")
    sale=request("sale")
     If StrAction="add" Then
       '在数据库表airline中插入新航班信息
        sql="insert into
    airline(flight_id,fall_time,takeoff_time,start,terminal,bus_cabin,eco_c
abin,bus_price,eco_price,sale)
     values('"&flight_id&"','"&fall_time&"',
'"&takeoff_time&"','"&start&"','"&terminal&"','"&bus_cabin&"','"&eco_cabin&
"','"&bus_price&"','"&eco_price&"','"&sale&"')"
        on error resume next
        conn.Execute(sql)
     Else
       '更改此航班信息
       id = Request.QueryString("id")
      sql="update airline set flight_id='"&flight_id&"',fall_time='"&fall_time&"',
    takeoff_time='"&takeoff_time&"', start='"&start&"', terminal='"&terminal&"',
    bus_cabin='"&bus_cabin&"', eco_cabin='"&eco_cabin&"', bus_price='"&bus_price&"',
    eco_price='"&eco_price&"',sale='"&sale&"' where airline_id="&id
       conn.Execute(sql)
     End If
     '执行数据库操作
     rs.close
     Response.Write "<h3>更新航班成功保存</h3>"
    %>
```

以上代码将接收从Flight_add.asp传递来的数据，并将它们保存到数据库。在数据保存完成以后，要刷新父级窗口，更新航班的显示信息。代码如下。

```
    <script language="javascript">
```

```
  // 刷新父级窗口，延迟此关闭
  opener.location.reload();
  setTimeout("window.close()",600);
</script>
```

在插入新数据时，可以采用定义 INSERT 语句的方法，也可以在记录集中使用 rs.AddNew 插入新记录，然后依次对 rs 中的字段赋值，最后使用 rs.Update 方法保存记录。您也可以根据习惯选择插入数据的方法。

7.5.3 修改航班

在 flight_list.asp 中，每条航班记录的后面都有一个修改的超级链接。单击某个超级链接，将打开 flight_edit.asp，对指定航班进行编辑。参数 id 表示航班编号。

修改航班信息与修改公告信息的代码相近，请您参照 7.4.3 节内容。航班信息修改界面如图 7-11 所示。

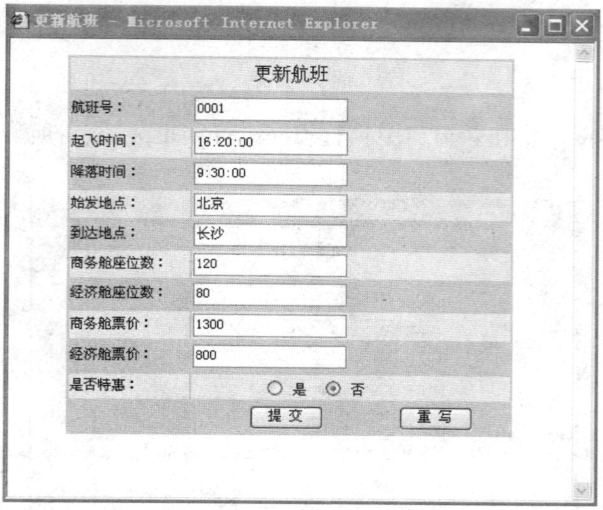

图 7-11 修改航班信息界面

7.5.4 删除航班

在删除航班之前，需要选中相应的复选框，这与删除公告信息时的操作类似，所以在 flight_list.asp 中，也定义了操作复选框，包括全部复选框的 strAll( )、清除全部选择的 strNull( ) 和生成并提交删除编号列表的 SelectChk( )等，请参照 7.4.4 节内容并学会它们的实现方法。

处理删除航班操作的脚本为flight_delt.asp，参数id表示要删除的航班编号。flight_delt.asp的主要代码如下。

```
<%
  '删除所选的航班
  Dim id,sql

  id = Request.QueryString("id")
  sql = "DELETE FROM airline WHERE airline_id In (" & id & ")"
  conn.Execute(sql)
%>
<script language="javascript">
  alert("删除操作成功");
  location.href = "flight_list.asp?flag=0";
</script>
```

7.5.5　查看航班信息

单击航班超级链接，将在新窗口中执行 flight_view.asp，查看航班信息，如图 7-12 所示。

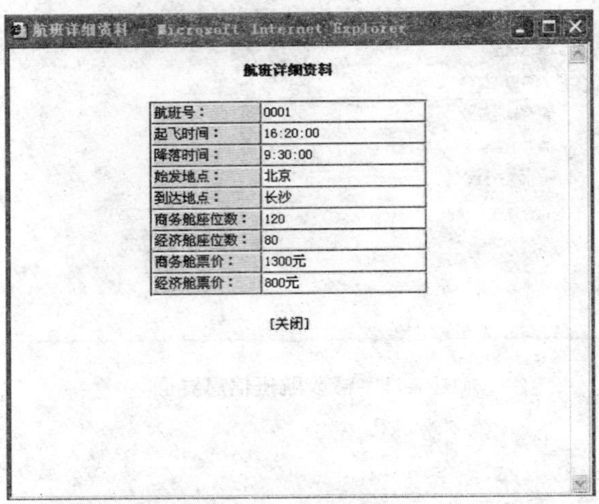

图 7-12　查看航班信息

flight_view.asp 保存在 asp 目录下，显示航班的代码如下。

```
<%
  dim sql,rs
  set rs=Server.CreateObject("ADODB.Recordset")
  id = Request.QueryString("id")
  sql = "SELECT * FROM airline WHERE airline_id = " & id
  set rs = conn.Execute(sql)
%>
<p align="center"><strong>航班详细资料</strong></p>
 <table  align="center"  border="1"  cellpadding="1"  cellspacing="1"
width="52%" bordercolor="#008000" bordercolordark="#FFFFFF">
      <tr>
        <td width="40%" align=left bgcolor="#E1F5FF">航班号：</td>
         <td width="60%"><%=rs("flight_id")%></td>
      </tr>
      <tr>
         <td align=left bgcolor="#E1F5FF"><span class="text1">起飞时间：
</span></td>
         <td><%=rs("fall_time")%></td>
      </tr>
      <tr>
        <td align=left bgcolor="#E1F5FF"><span class="text1">降落时间：
</span></td>
        <td><%=rs("takeoff_time")%></td>
      </tr>
      <tr>
        <td align=left bgcolor="#E1F5FF"><span class="text1">始发地点：
</span></td>
        <td><%=rs("start")%></td>
      </tr>
      <tr>
        <td align=left bgcolor="#E1F5FF"><span class="text1">到达地点：
</span></td>
        <td><%=rs("terminal")%></td>
      </tr>
      <tr>
```

```
        <td align=left bgcolor="#E1F5FF"><span class="text1">商务舱座位数:
</span></td>
        <td><%=rs("bus_cabin")%></a></td>
       </tr>
       <tr>
        <td align=left bgcolor="#E1F5FF"><span class="text1">经济舱座位数:
</span></td>
        <td><%=rs("eco_cabin")%></td>
       </tr>
       <tr>
        <td align=left bgcolor="#E1F5FF"><span class="text1">商务舱票价:
</span></td>
        <td><%=rs("bus_price")%>元</td>
     </tr>
       <tr>
        <td align=left bgcolor="#E1F5FF"><span class="text1">经济舱票价:
</span></td>
        <td><%=rs("eco_price")%>元</td>
     </tr>
   </table>
   <p align="center"><a href="javascript:window.close();">[关闭]</a></p>
   </form>
```

7.6 订单管理模块设计

系统管理员都可以对订单进行管理，注册用户提交的订单必须经过处理才能生效。订单管理模块包含以下功能。

（1）查看订单。

（2）处理订单（即改变订单状态）。

7.6.1 查看订单信息

在 AdminIndex.asp 中，单击“订单管理”下面的超级链接，可以查看订单信息。管理订单分为4种情况：未处理订单、已处理订单、已发送订单和已结账订单，如图7-13所示。

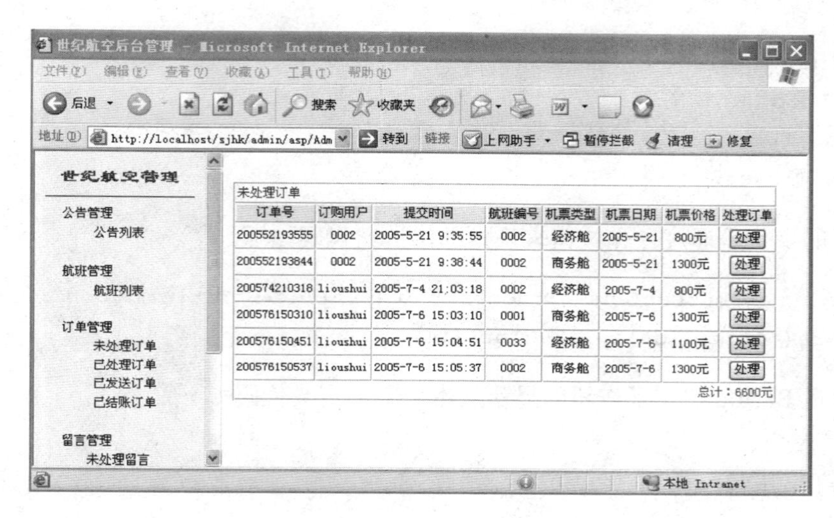

图7-13 订单管理界面

系统管理员对用户提交的订单进行操作，表orderlist中的字段status表示订单的状态。status等于0表示用户提交的订单管理员未处理，等于1表示管理员已经处理了订单，等于2表示订单已经发送，等于3表示票款两结，等于4表示管理员删除了订单。

从表orderlist中提取订购航班信息，代码如下。

```
<%
   sql="select * from orderlist  where status='"&iflag&"' order by order_date"
   Set rs = conn.Execute(sql)
   If rs.Eof Then
  %>
'没有订单的信息
……
  <%Else
     Dim total
     total = 0
     Do While Not rs.Eof
       total = total + Cint(rs("pay_dj"))
  %>
```

```
'显示订单信息
……
<%  rs.MoveNext
      Loop
    End If
    rs.Close%>
```

对订单的操作是通过操作按钮来确定的，按钮代码如下。

```
<input type="button" name="doorder" value="<%=BtTitle %>" onClick="return
DOList(<%=rs("order_id")%>,<%=CInt(iflag)+1%>)">
```

其中变量 BtTitle 决定了按钮的显示文本，它的定义代码如下。

```
<%
Dim iflag,BtTitle
'iflag =0 表示未处理; iflag = 1 表示已处理;
'iflag = 2 表示已发货; iflag = 3 表示已结账。
iflag = Request.QueryString("flag")
If iflag=0 Then
  BtTitle="处理"
ElseIf iflag=1 Then
  BtTitle="发票"
ElseIf iflag=2 Then
  BtTitle="结账"
ElseIf iflag=3 Then
  BtTitle = "删除"
End If
%>
```

DOList 函数的功能是更改订单的状态，代码如下。

```
//处理订单
function DOList(basketid,flag){
  var url;
  url = "order_check.asp?flag=" + flag + "&id=" + basketid;
  newOrder(url);
}
```

其中 newOrder 函数的功能是打开一个新窗口，执行 order_check.asp 文件，参数 flag 为要更改的状态值，id 为要更改的订单编号。

7.6.2 订单处理

order_check.asp 的功能是更改订单的状态值，代码如下。

```
<%
'根据提交信息来源判断订单状态：
'表 status 字段：0—用户提交；1—管理员已经处理；2—已经发送机票；3—已经结账
 Dim iflag,id,n
 id = Request.QueryString("id")
 '更新状态值
 iflag = Request.QueryString("flag")
 '如果 iflag=4，表示删除
 If iflag=4 Then
   sql = "Delete From orderlist Where order_id="&id
 Else
   sql = "Update orderlist Set status="&iflag&" Where order_id='"&id&"'"
 End If
 Conn.Execute(sql)
 Response.Write "<h2>订单处理完毕！</h2>"
%>
```

如果参数 iflag=4，则执行 DELETE 语句，删除指定的记录；否则只需要更改表 orderlist 中的 status 字段值。

更改状态后显示提示页面，如图 7-14 所示。

图 7-14 更改订单状态

7.7 留言管理模块设计

系统管理员都可以对顾客留言进行管理，留言管理模块包含以下功能。

（1）查看留言信息。

（2）处理留言，填写留言回复内容。

（3）删除留言。

7.7.1 查看留言信息

在 AdminIndex.asp 中，单击“留言管理”下面的超级链接，可以查看顾客的留言信息，如图 7-15 所示。

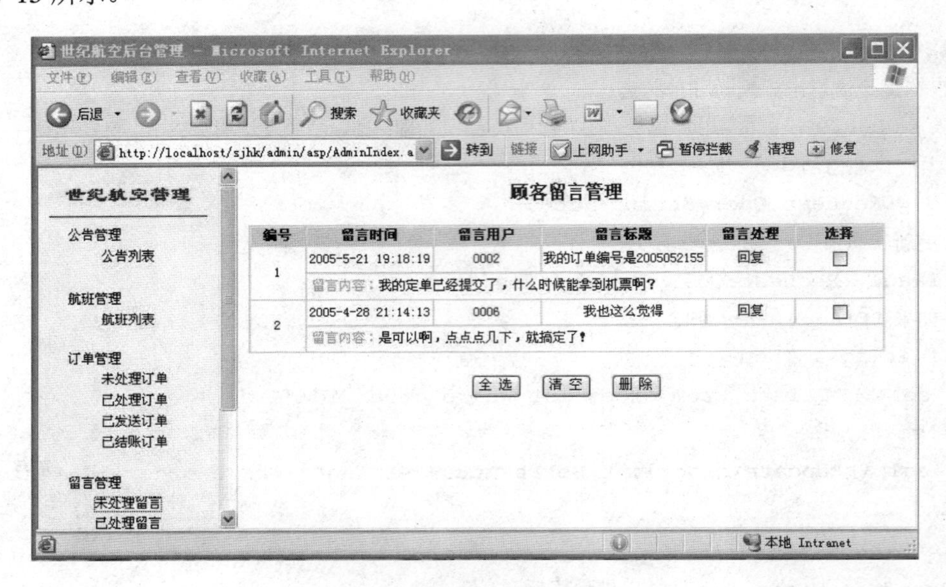

图 7-15 查看顾客留言信息

Complain.asp 文件用于显示留言及留言处理页面。参数 flag 表示留言的状态，flag 等于 0 表示未经管理员回复的留言，等于 1 表示管理员已经回复的留言。

7.7.2 留言处理

客户留言处理包括回复和删除两种情况。

解决客户留言的链接代码如下。

```
<a  href="complain_deal.asp?id=<%=rs("message_id")%>"  onClick="return newwin(this.href)">回复</a>
```

打开新的窗口，写入回复内容，如图 7-16 所示。

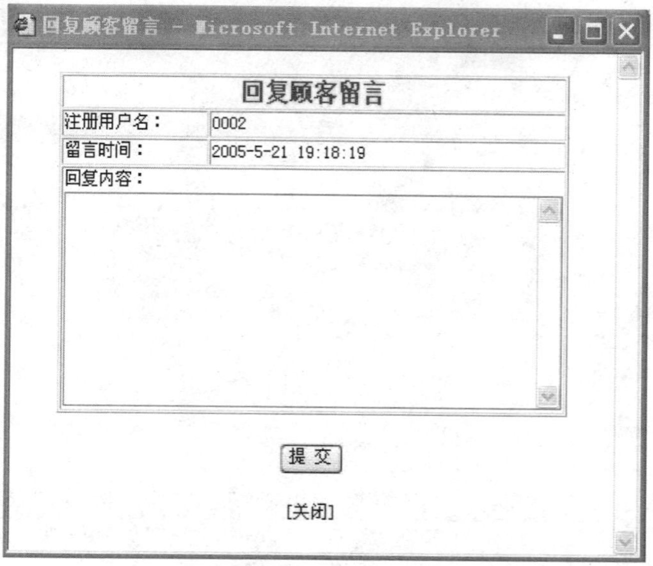

图 7-16 回复客户留言

提交表单代码如下。

```
<form name="myform" action="complain_result.asp?id=<%=id%>" method="post">
```

保存回复内容的文件为 complain_result.asp，代码如下。

```
<%
 Dim id
 id = Request.QueryString("id")
'将留言处理结果放入表 result 字段，同时更改状态标志 flag=1(已经回复的留言)
 sql = "update message set result='"&Request.Form("deal")&"',flag=1 Where
message_id="&id
 '执行数据库操作
 conn.Execute(sql)
 Response.Write "<h3>顾客留言已经回复</h3>"
%>
```

程序将保存留言的回复内容，并把 flag 字段的值设置为 1。回复后的留言信息如图 7-17 所示。

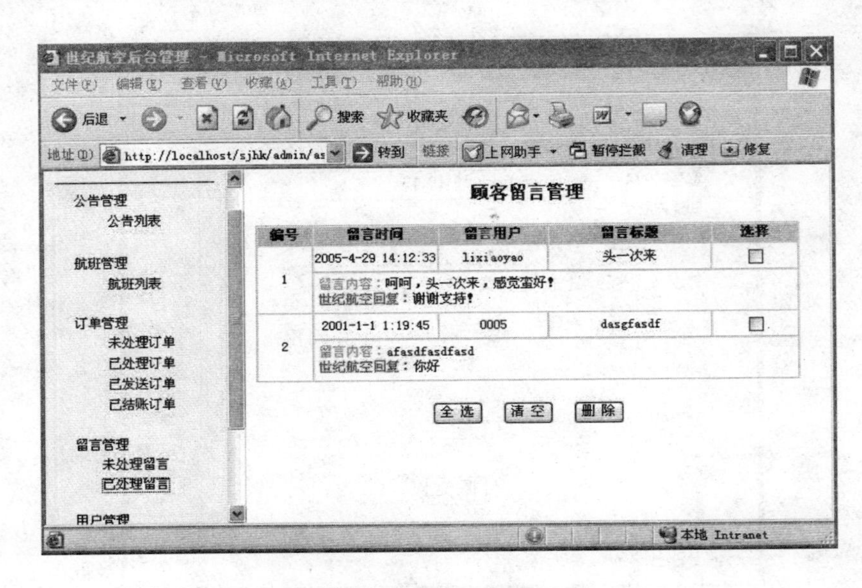

图 7-17　已回复的留言

删除留言的操作可以参照 7.4.4 节的内容，删除留言的文件为 complain_delt.asp，代码如下。

```
<%
 Dim id
 id = Request.QueryString("id")
 sql = "delete From message Where message_id in ("&id &")"
 '执行数据库操作
 conn.Execute(sql)
 Response.Write "<h3>客户留言已经删除</h3>"
%>
```

7.8　用户管理设计

在世纪航空网上订票系统中，存在两种类型的用户，既系统用户和注册用户。系统用户是世纪航空的管理人员，只能由超级管理员创建产生；注册用户是世纪航空网站的顾客，任何访问者都可以注册成为用户。而注册用户是在前台产生的，所以后台的管理只是对注册用户的浏览和删除操作。

7.8.1 注册用户管理

在 AdminIndex.asp 中，单击“用户列表”超级链接，将打开 user_list.asp，它的功能是分页显示注册用户信息列表，并提供用户管理的操作界面，如图 7-18 所示。

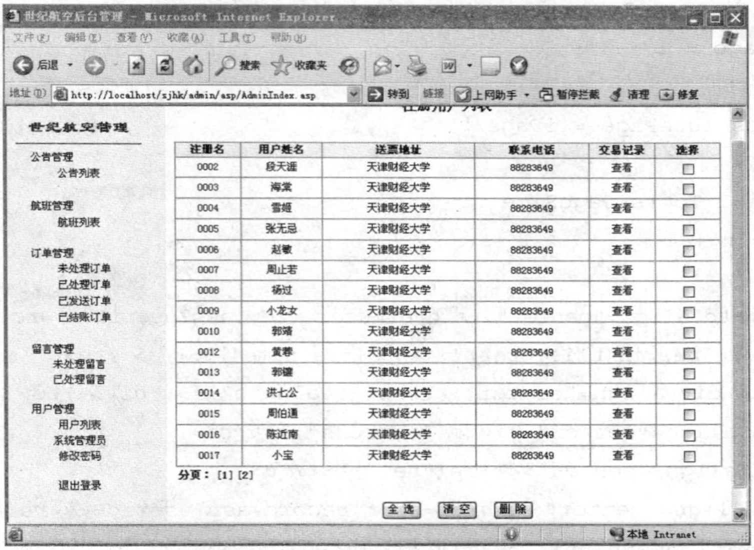

图 7-18 用户管理界面

分页显示注册用户信息的部分代码如下。

```
<%
    '设置 SQL 语句，读取当前所有的注册用户列表
  set rs=Server.CreateObject("ADODB.Recordset")
  sql="select * from customer order by re_name"
  rs.Open sql,conn,1,1
  If rs.EOF Then
    Response.Write "<tr><td colspan=8 align=center>目前还没有用户记录。
</td></tr></table>"
  Else
    '设置每页显示记录的数量
```

```
        rs.PageSize = 15
        '读取参数page，表示当前页码
        iPage = CLng(Request("page"))
        If iPage > rs.PageCount Then
          iPage = rs.PageCount
        End If
        If iPage <= 0 Then
          iPage = 1
        End If
       rs.AbsolutePage = iPage

       For i=1 To rs.PageSize
         n = n + 1
    %>
        <tr><td align="center"><a href=user_view.asp?userid=<%=rs("re_name")%>
onclick="return newwin(this.href)"><%=rs("re_name")%></a></td>
         <td><div align="center"><%=rs("realname")%></div></td>
         <td align="center"><%=rs("address")%></td>
         <td align="center"><%=rs("tel")%></td>
         <td align="center"><a href=user_record.asp?userid=<%=rs("re_name")%>
onclick="return newwin(this.href)">查看</a></td>
         <td    align="center"><input    type="checkbox"    name="customer"
id="<%=rs("re_name")%>" style="font-size: 9pt"></td></tr>
    <%
         rs.MoveNext()
         If rs.EOF Then
           Exit For
         End If
       Next
    %>
    </table>
    <%
       '显示页码
       If rs.PageCount>1 Then
         Response.Write "<table border='0'>"
```

```
        Response.Write "<tr>"
        Response.Write "<td><b>分页：</b></td>"
        For i=1 To rs.PageCount
          Response.Write "<td><a href='user_list.asp?typeid=" & Trim(typeid)
& "&page=" & i & "'>"
          Response.Write "[<b>" & i & "</b>]</a></td>"
        Next
        Response.Write "</tr></table>"
      End If
    End If
  %>
```

注册用户管理的浏览和删除操作这里就不再分析了，在用户列表中还包含一个超级链接：user_record.asp。该文件是显示指定的注册用户的订票记录，如图 7-19 所示。

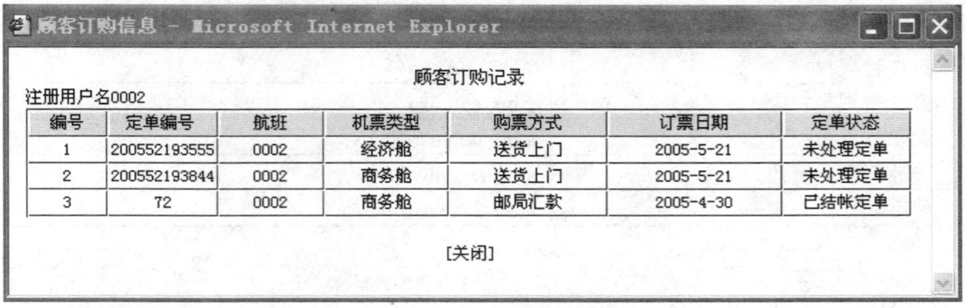

顾客订购信息 - Microsoft Internet Explorer

顾客订购记录

注册用户名0002

编号	定单编号	航班	机票类型	购票方式	订票日期	定单状态
1	200552193555	0002	经济舱	送货上门	2005-5-21	未处理定单
2	200552193844	0002	商务舱	送货上门	2005-5-21	未处理定单
3	72	0002	商务舱	邮局汇款	2005-4-30	已结帐定单

[关闭]

图 7-19 顾客订购信息

7.8.2 系统管理员界面设计

在 AdminIndex.asp 中，单击“用户列表”超级链接，将打开 adm_list.asp，它的功能是分页显示系统管理员及相应权限的列表，并提供对管理员的操作界面，如图 7-20 所示。

表 7-2 列出了系统用户管理所使用到的文件。文件的内容及分析可以参照前面几小节来理解。需要注意的是，除修改密码以外的其他操作，都只能由超级管理员来实现，所以在这些页面的开头加入<!--#include File="../include/isSuper.asp"-->，此代码实现对系统用户权限的识别。

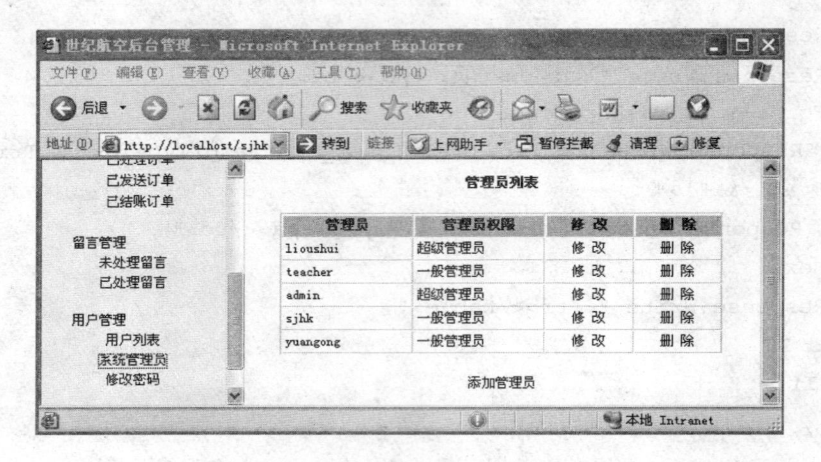

图 7-20 系统管理员列表

表 7-2 管理系统用户所用文件

管 理 项 目	链 接 文 件
添加管理员	adm_add.asp
修改管理员权限	adm_edit.asp
删除管理员	adm_delt.asp
修改管理员密码	adm-resetpwd.asp
保存管理员设置	adm_save.asp

7.9 习题与实践

7.9.1 习题

1. 为什么说没有后台管理的网站不是一个完整的网站系统？
2. 电子商务网站后台管理系统主要的功能有哪些？
3. 如何设计客户登录程序？
4. 如何管理客户登录的信息？
5. 如何实现航班的管理？
6. 如何实现航空售票管理？
7. 数据库在电子商务网站后台管理中的作用有哪些？
8. 如何管理留言？
9. 在“世纪航空”网站的后台管理中采用了哪些安全措施？

10．如何设置 Web 服务器的主要参数？

7.9.2 实践

1．设计一个商务网站的后台管理系统结构。
2．在计算机上安装 IIS6.0 并做必要的设置。
3．在 IIS6.0 环境下调试 ASP 程序。
4．参照本章的程序代码，设计调试一个电子商务网站的后台管理系统。

第 8 章　电子商务网站的评测

在电子商务网站系统开发完成后，评价和测试是网站开发的重要环节，评价的结果既是网站系统开发前面阶段的总结，也是网站系统改进和维护的主要依据。对电子商务网站系统进行测试和评价应该是贯穿网站系统开发全过程的工作，以便及时发现问题，避免更大的损失。很多企业往往重网站的建立而轻网站的维护，更不重视对网站的评估，致使网站质量得不到提高而难以达到规划的目标。严格地说，网站的评测也属于电子商务网站管理工作的重要工作之一，而且正因为其重要所以用单独一章来讨论。

8.1　电子商务网站评测概述

任何一个电子商务网站建成后，随时对网站的经营情况进行评估，并根据评估结果调整经营战略和营销手段，是经营一个电子商务网站所必须采取的策略。只能通过评测才能发现差距，才能使网站进一步发展。即使是私人公司的网站，也需要对网站进行评价以图不断改进，吸引更多的顾客。

8.1.1　电子商务网站评价的目的

网站的评测，不仅要看硬指标，更要研究软环境，而且要将二者结合在一起考察，将众多因素汇集在一起，找出主要问题，进而不断更新和改进网站内容以及营销策略，使网站的经营状况越来越好。

1. 电子商务网站评价的目标

电子商务网站的评价是一个认真的分析过程，其中包括了对网站中各个网页的分析，其主要作用是改善企业营销的方式、对企业的决策提供量化的依据，同时使网站的改进和更新更有针对性。具体地说，网站评价能监控并反馈网站的使用情况，让管理者和决策者更了解浏览者的动作及网站内容之间的互动情况，并使网站得到充分的利用，以增加用户端的忠诚度与企业的商业利益。

2. 电子商务网站分析的内容

电子商务网站分析可以完成下述工作。

（1）电子商务网站的成本效益分析。

（2）规划网站基础架构的容量，以适应未来的发展。

（3）确保网站的响应能力以及各种链接是否正常。

（4）了解新、旧浏览者的特性。

（5）跟踪网页内容的受欢迎程度与所购买的产品。

（6）针对不同类型的客户提供不同的产品与宣传活动。

（7）与其他渠道相比较后决定适当的网络广告的投资规模和方式。

（8）根据浏览者的转址流量和相关的业务利益，确定合适的电子商务合作伙伴。

（9）针对较少被浏览的产品或服务的网页来调整投资或改变网站导航的方式。

3. 案例：网页分析为网站改进提供了依据

有一家生产与水上活动相关产品的小公司建立了一个网站，并在网站上出售各种相关产品，例如泳衣、浴巾及防晒产品等。这家公司与两家旅行社合作，在这两家旅行社网站的网页上都建立了与该公司网页的链接。在运营两个星期后，该公司开始收到订单，而且网站服务器的记录也显示已有许多人浏览过他们的网站，似乎一切都没问题。然而经过深入的网页分析后，他们发现虽然泳衣及防晒产品的销售情况很好，浴巾却很少有人问津。

是浴巾卖得太贵吗？不是，真正的原因是浴巾的图片文档太大，导致下载的速度缓慢，让客户放弃了这个网页。同时，还发现由其中一家旅行社网站所链接到公司产品网页的访客人数为另一家旅行社的 3 倍。因为那家旅行社的网页大部分都是在周末被浏览，所以那些购买一套泳衣的使用者，几乎都会在促销时，同时购买防晒乳液。网页分析也发现 75%的使用者是使用微软的 IE 浏览器，同时 90%的使用者是第一次浏览该网页。这些发现显示如何根据网页分析来决定网站开发和维护更新策略，改善整个网站的响应速率从而增加企业的收益。

8.1.2　电子商务网站评价的方法

电子商务网站的评价和测试本身就是一项系统工程，需要专业的知识和技术的支持。由于电子商务自身的特点，使得电子商务网站的评价具有一定的便利条件。有越来越多的技术支持网站的评测工作，而且很多专业的咨询公司提供不同内容的评测服务，使得企业在选择评价方法时增加了灵活性。企业可以根据人力和资金的情况选择合适的方法。请第三方咨询公司来做评测是目前比较流行的方法，特别适合规模较大的公司网站的评价。

1. 委托国内外一些专业的网站评估公司评估

例如，BizRate（www.bizrate.com）是一个专门从事评测网上商店的网站。他们用 40 项条件来评测网上商店，包括订货的便捷性、价格、网页设计、隐私政策和及时送货等等，并以星级来表明每项条件所达到的水平，是目前因特网上评价电子商务网站较为客观和权威的标准。

2. 权威机构网站评比活动

国内外的一些权威网站管理机构，比如中国互联网络信息中心 CNNIC 等，会定期或不定期地进行网站经营状况的统计和评比。企业网站参加这样的评比，实际上也是对自己的一种评测和宣传。

3. 自我评测

由网站管理人员或企业内部独立于网站管理的监测人员，对从网站搜集到的各种数据，如访问次数、购物的品种数量、顾客信息等进行分析统计。自我评测也可参照专业评估网站或权威网站的标准和方法进行。

4. 顾客评价

企业网站向顾客发送包括所需评价项目的网上调查表，让顾客填写，然后由网站管理人员对获得的反馈信息进行统计分析。

5. 借助 ISP 或专业的网络市场研究公司的网站进行调研

这对于那些市场名气不大、网站不太引人注意的中小企业不失为一种有效的选择。企业制定调研方案，然后将调研方案放入选定的网站，就可以实时的在委托商的网站获取调研数据及进展信息，而不仅仅是获得最终的调研报告，这与传统的委托市场调研的方式截然不同。

这些站点上网者众多，扩大了调查面，借助专业的市场研究公司所具备的市场调研能力也将提高调研效果。这种方法的弊端是，由于这些网站内容繁多，企业市场调研对上网者的吸引力可能会降低，同时，上网者如果想与企业交流，必须重新链接进入企业网站，从而增加了操作，这可能是上网者不太愿意的。

6. 由专业的网上调查、咨询公司调查

国外著名的 Forrester Research 和 Jupipter Communication 等公司，以及国内的零点市场调查公司等都是专门从事网上咨询和调查服务业务的公司。最典型的网上调查方式有：电子邮件调查，网上焦点座谈和主动浏览访问等。与传统的调查手段相比，网上调查具有明

显的优势：高效、保密、低成本和与调查对象有更密切的接触效果等。

8.1.3　评价数据的采集

数据是电子商务网站评价的基础。为了定量地对网站的经营做出较为准确的评价，首先就要利用多种方法采集相关的数据，这些数据也是企业制定发展战略的基本依据之一。电子商务的信息化、互动性等特点，为网上数据的采集提供了方便的手段。在电子商务网站设计时就要规划好数据的采集、存储及处理方式。其中，访问量的采集和统计是评估网站经营状况的最基本的原始数据。

电子商务网站评价数据的采集方法很多，例如可通过以下一些途径。

1. 设置访问计数器

在主页中设置访问计数器是最简单的访客数量的统计方法，可随时得到访问人数的绝对数量和变化趋势。但这个数据比较粗略，只能用做参考。

2. 网上调查表

经常在网上（或通过其他媒体）发布统计表单，针对网民进行企业或网站的某方面问题的调查、统计，并分别统计客户的数量、群体分布等。

3. 购物的品种、数量在线统计

将顾客每次购物的品种、数量信息存入数据库，及时进行统计分析，并对未来市场的需求趋势做出预测。

4. 电子邮件刊物的预订数量统计

如果网站发行电子邮件刊物，可统计电子邮件刊物的预订数量及索要资料的请求数量，并分类归纳顾客关心的商品、服务或相关的技术问题。

5. 咨询类电子邮件的数量统计

随时统计咨询类电子邮件的数量，并对咨询者提出的问题、咨询者个人信息进行归纳分类统计，及时统计 BBS、聊天室、网上社区等的参与状况并做出分析。

6. 监测网上合作网站的情况

因为每个网站随时都可能更新，所以需要定期监测网上合作网站的合作情况及变化。

（1）去交换链接的网站检查并记录你的企业的 banner 是否还存在；

（2）在搜索引擎网站注册后，要定期监控排位状况；

（3）向发布企业网络广告的网站索要点击、印象等统计数字，以便评估广告的效果。

7. 跟踪竞争对手的企业网页

要定期跟踪竞争对手的企业网页内容有什么变化，发现其在营销策略、服务方式、价格等方面的变化，另外，还要继续在网上寻找新产生的竞争对手。

8. 检索国内外的权威统计站点

经常检索国内外的权威统计站点，获得企业发展的宏观环境信息。国内的统计数据可以从中国互联网络信息中心的网站（http://www.cnnic.net.cn）中获得。针对海外市场，要定期跟踪一些国外做网络发展研究的网站，如 http://www.hot-topics.com/tellus.htm 等，从中获得一些统计数据。

9. 顾客投诉的意见及分类归纳

及时搜集和分析顾客对产品和服务质量的反馈意见，是企业分析产品和服务质量进而不断提高经营水平的重要依据。电子商务网站可以充分应用电子邮件等方式很方便地和顾客实现交流。

总之，数据采集是电子商务网站评价的最基础而且量大的工作，需要专门的人员完成。无论用哪种方法获得的数据，在统计时，都要将一些明显的虚假数据去掉，剩下的就是比较准确的数据。对于那些答非所问的反馈信息也要进行分析，并找出造成受众理解错误的原因，从而为评价奠定较真实的数量基础。这些采集的数据一般是和数据库相连，可以在线进行分析，随时给出各种统计分析结果。

8.1.4 电子商务网站测试和评价的内容

采集并分析整理后的数据是对网站评价的依据。科学的统计和分析这些数据，评价网站的运行情况是电子商务网站经营管理中的一项重要工作。需要采集和分析的数据大致包含管理、营销以及技术等三个方面。一般应根据采集的信息分别评价以下一些内容。

1. 网站受关注的程度

网站受关注的程度（吸引的注意力的多少），是分析企业目前以及未来经营状况的基础数据。

2. 分析重要客户群体

通过大量的购物数据分析，寻找对企业最重要的客户群体是开展有针对性服务，提高企业效益的重要工作，也是实现客户关系管理的重要目标之一。

3. 网站经营的情况分析

电子商务网站经营的情况包括成本、利润、投资回报、是否达到规划的目标等。当然电子商务网站包含很多隐性效益，也需要分析。

4. 市场环境的变化分析

市场是企业生存的空间，市场环境是不断变化的，这里包括政策、法律法规、竞争对手、顾客的需求等诸多因素。

5. 了解网民的变化

随时了解网民数量和结构的变化，是调整营销策略的依据之一。如网民数量的增长，企业用户数量的增加，阻碍人们上网的原因等，这些都意味着目标市场的变化。目标市场有变化，网站的经营策略和信息内容就要有相应的调整。

6. 网站的设计评价

企业应始终关注网站的设计，力图使企业的网站信息丰富且有足够的吸引力，常看常新，并能为顾客提供所需的服务。具体来讲，主要包括以下几个方面的内容：

（1）网站包含的内容的广度和深度；
（2）网站的内容和形象是否及时更新；
（3）客户是否可方便及时的得到充分的信息；
（4）结构划分是否合理清晰，重点是否突出，层次是否合理；
（5）网页的视觉形象是否富有创意。

7. 网站的操作分析

（1）能否快速进入；
（2）是否操作简便；
（3）是否能够及时为客户提供有效的服务。

8. 技术应用的分析

包括网页的设计是否不断采用新技术以增加吸引力并提供更多的服务内容；数据库交互点设计得是否合理；检索点的设置是否符合检索要求；数据项细分和组合是否恰到好处等。

9. 服务质量统计分析

（1）服务承诺的兑现情况。

（2）客户的满意程度。
（3）存在的问题及其分析。
（4）顾客新的服务要求分析。

10. 对网站的安全性进行评测

数据的安全是顾客最关心的问题，应及时对网站的安全性进行评测。
（1）顾客购物时有关资金数据是否安全。
（2）网站防止非法侵入和病毒攻击的能力。
（3）顾客个人隐私是否得到保护。
电子商务网站数据的分析、评价是技术性很强的工作，需要借助于数据挖掘等数学工具和软件的支持，是当前电子商务研究前沿最重要的领域之一。

8.1.5 电子商务网站分析工具和评测网站

网站分析首先能使决策者了解客户的身份、背景及需求，从而使企业的电子商务走向成功之路；其次，从网站中可以获得的各种信息，可以改善网络营销的方法和策略，使企业获得更多的商机；第三，网站分析提供的信息可以帮助网站管理人员了解网站运行的效果，从而改进网站设计，提高网站效能，充分发挥网站的作用。

网站分析是非常复杂的工作，需要一些工具的支持，另外有些专门从事网上调查的网络公司可以帮助网站进行分析工作。

1. 网站分析工具 WebSphere Site Analyzer 简介

WebSphere Site Analyzer 是 IBM 电子商务套件 WebSphere 的一部分，是一套全方位的网站分析解决方案，能提供信息采集、分析、报告及存储的必备工具。WebSphere Site Analyzer 能采集分析所需的相关信息，并制作报告，向网站管理员及营销和决策部门提供决策所需的信息；还包含了报告向导，使网站管理者不需要学习 SQL 就可以制作分析报告；还能支持多种平台，并提供了 IBM DB2 Universal Database 作为该软件的一部分。

IBM WebSphere Site Analyzer 3.5 提供了分析功能及可定制的报告选项，它除了能帮助用户更好地了解访问者如何访问企业的站点（使用分析）外，还可以帮助网站改善 Web 站点的内容和性能（内容分析）。用户可以用 Site Analyzer 方便而快捷地报告各项内容，从聚合页面大小和中断链接到站点访问路径及出错情况。网站维护人员可以通过使用一组预先定义的报告元素来定制如何查看分析的数据，也可以构建用于收集某一站点特定信息的客户报告。Site Analyzer 会将信息存储在 DB2 数据库中，并提供一种灵活的机制，以供网站管理者创建有针对性的报告，显示该 Web 站点的内容和使用发展趋势，及时调整发展策略。

WebSphere Site Analyzer 是一个完整的系统，可以处理小至只有一个服务器、大至拥有多个服务器的网站。对于使用及访客流量分析而言，网站管理员可以进行服务器档案记录、资料分析以及报告、发布采集的信息。

2. 部分提供网站分析相关服务的公司网站

（1）eXTReMe Tracking（http://www.extreme-dm.com）

该网站提供所有前面所述信息的跟踪统计，甚至更多的服务，例如快速创建，无限量 URL 实时跟踪，全功能的免费版本（附加条件：在每个希望跟踪的页面放置一个小的标志，每个人都可以通过点击该标志查看你的统计信息，如果你不希望别人查看你的信息即不显示图标，可以采用付费的方式）。

图 8-1 为 eXTReMe Tracking 的主页，主页上列出了该网站的服务项目。

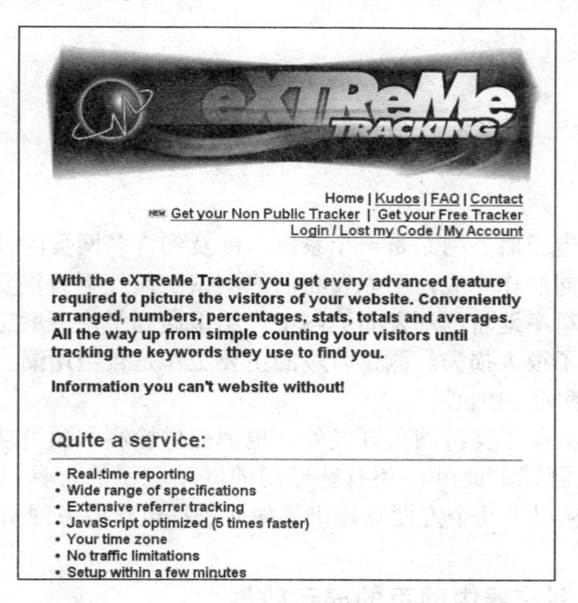

图 8-1 eXTReMe Tracking 的主页

（2）Web Site Traffic Report（http://www.websitetrafficreport.com）

在该网站填写一个简单的表格进行登记后，他们会给你发送一段 HTML 代码（只有 2 行），该站会在每天的最后时刻通过 E-mail 给你发送一份免费的网站访问量统计报告，包括每天的统计概况、网站流量表以及每个访问者的详细资料。

（3）The Counter（http://www.thecounter.com）

该网站提供免费服务而且无须附加可显示的图标，统计资料虽然没有上述网站全面，但仍然提供了许多的重要信息。

（4）Web Stat（http://www.web-stat.com）

该网站服务非常可靠，提供30天试用，如果每月付费，还可以得到更多的服务内容。

（5）Web Site Tracker（http://www.websitetracker.com）

该站提供免费服务，并且无须在你的网页上显示BANNER。可以统计许多信息，如访问者地理区域（按国家）、IP地址、浏览器、提交URL、每小时平均点击数等。

（6）Web Trends（http://www.webtrends.com）

相对于免费服务来说，这个软件相当昂贵（350美元），但是，它可以提供无与伦比的跟踪功能和报告选项。

（7）“零点”（http://www.herizon-china.com）

国内目前开展全方位网站分析服务的公司较少，“零点”公司提供一部分网站分析服务的功能。

8.2 电子商务网站测试

前面已经强调，电子商务网站是一个系统，涉及到许多网页的开发，而且开发工作一般由多个设计人员共同协作完成，所以发布前的测试工作就更为重要。许多人在网站开发中不重视这一环节，草率地将网站发布到网上，结果遇到了许多意想不到的问题，虽然可以补救，但却已经有了很大损失。测试阶段的主要工作是查错堵漏。为了顺利完成这一阶段，需要付出极大的耐心和细心。

很多网站开发工具除了支持网页开发外，也都提供检测和预览功能，并能够实现对不同浏览器显示效果的测试。此外，还有些专门的网站测试的工具。在这里以大家常用的Dreamweaver为主，从以下几个方面具体讲解如何进行电子商务网站的测试。

8.2.1 测试在不同浏览器中网页的显示效果

网站的设计者必须清楚，客户可能使用不同公司开发的浏览器软件，例如微软公司的Internet Explorer、Netscape的Navigator等；而且，即使是同一种浏览器软件又有不同的版本。不同的浏览器软件之间往往有很大的不同。为了获得最多的访问者，一个好的网站必须能适应最多的浏览器，也就是说，访问者用任何一款浏览器看到的页面都应该和你在发布之前看到的效果是一样的。这时就要认真考虑选用的开发方法的兼容性，尤其是一些新的开发技术是否适应多种浏览器，否则会使辛辛苦苦做出的漂亮网页总是不能尽情地展现给某些用户。为防止这种情况，应在网站发布前首先对其适应性进行测试。

在制作网页时，经常会使用样式（style）和图层（layer）功能，而这些功能只有在新的浏览器中才得到支持。在 Dreamweaver 中专门设置了“检测目标浏览器”一项功能，用来检查网页文件中的 HTML 语句，检查文档中是否有目标浏览器不支持的标记和属性，并且该项功能既可以检查一个页面，又可以检查一个目录，或者一个站点。

具体的操作步骤如下。

（1）选定需要检查的网页文件或站点文件夹（注意：只能检查本地文件）。

（2）在站点视图中，选择“文件”菜单下的“检查目标浏览器”选项，打开如图 8-2 所示的“检查目标浏览器”对话框，在浏览器列表中选择要检测的浏览器类型。目前，在 Dreamweaver4.0 中预定义的目标浏览器有网景 2.0、3.0、4.0 和微软 2.0、3.0、4.0、5.0。

（3）单击“检查”按钮，显示如图 8-3 所示的检查报告页面，可以将检查报告保存以备日后参考。

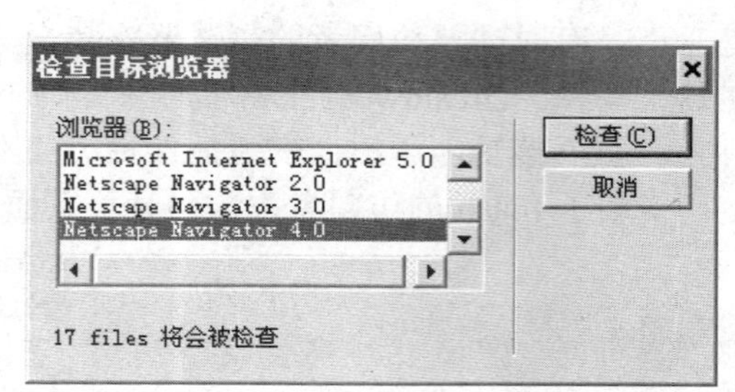

图 8-2　检查目标浏览器对话框

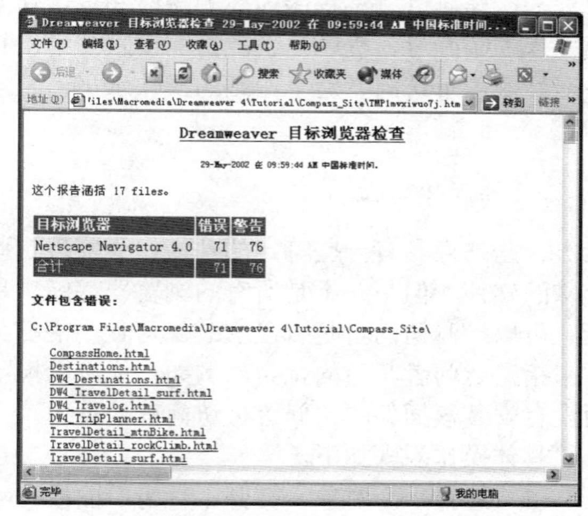

图 8-3　目标浏览器检查报告

使用上述方法需要注意以下问题。

（1）该检查功能只能检查本地的网站文件。

（2）如果访问者使用老版本的浏览器访问站点时，一些页面根本无法正常运行。为了避免这种情况，可以在测试过程中使用“检查浏览器”功能强制将浏览该页面的访问者重新定向到别的页面。

（3）此外，还有些因素会影响网页的显示效果，也是需要设计者事先要考虑的，例如，访问者使用的显示器屏幕的大小会相差很大，使用的显示器的分辨率也不会相同等等，这在进行网站测试时也需要注意。这也是为什么大多数的网站将网页设计成 640×480 而不设计为 1024×768 或更高；颜色设计为 256 色，而不设计为 16M 色等，因为当你用尺寸较大的显示器浏览时，会发现有些网站看起来只占了页面的一部分。

8.2.2 测试网页功能

网页的一般格式为由 HTML 标记组成的文档，但为了获得动态交互效果，有的网页是.asp，.php.或.jsp 程序文档。不同类型的页面使用相应的测试工具，Dreamweaver 可以测试 java script，Visual Interdev 可以测试 VBScript。如果你已经能正常运行每一个页面，说明程序代码本身是不会有错的，因此，作为网页代码测试在开发网页时大都基本完成了。这里所说的网页功能测试主要是指网页的数据测试，以及网页所需的一些插件功能的测试。

1. 数据测试

测试网页的功能的时候，应该准备大量的数据或样例进行测试。这里不仅包括正常的数据，还应包括错误数据或临界数据。例如，对于有注册功能的网页，应考虑特殊的输入数据，这样可以测试程序的检测功能和容错功能。例如，在输入电子邮件地址时，如果忘记键入"@"号，程序是否能检测出来并给出相应的提示等。作为一个功能齐全的电子商务网站，由于访问者对于网站的操作水平差别较大，所以要求程序具有较强的检错和提示功能。

2. 插件功能测试

一些站点具有一些特定的功能，为实现这些功能，有时需要访问者的浏览器安装一些特殊的软件，但是并不是所有的浏览器都能满足这一条件。Dreamweaver 中提供了一项功能，可以检测访问者是否已安装了可使用的插件，并且，该功能可根据安装插件种类的不同来指定访问者其后的行为，例如，你可以指定已安装了 Flash 的访问者去访问某一页面，而没有安装该插件的访问者去访问其他页面。

具体操作步骤如下。

（1）选择一个对象，打开"行为"面板。

（2）单击"+"按钮，从弹出的菜单中选择"检查插件"，如图 8-4 所示。

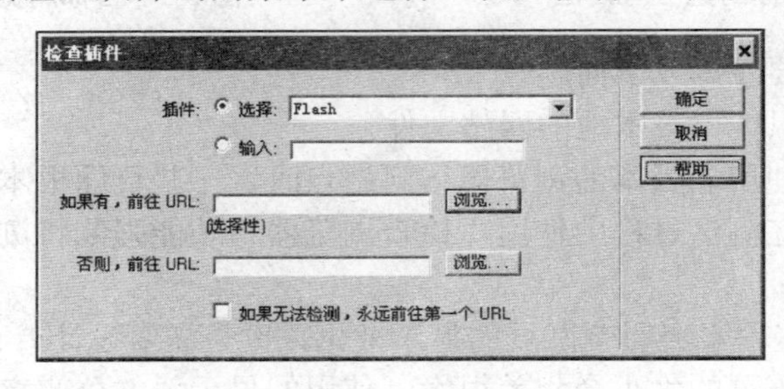

图 8-4 检查插件对话框

（3）输入指定的 URL 地址。

注意：插件检测无法检测出安装在 Macintosh 的 IE 浏览器中的插件。如果遇到无法检测到的插件，而该插件又是实现该网页功能必不可少的一部分时，可以使用选项“Always go to first URL if detection is not possible”强制浏览者安装该插件。

8.2.3　检测站点内各链接的有效性

超级链接是使网站中所有网页有机组织为一个系统的内在结构。在一个电子商务站点中，尤其是较大规模的网站中，网页数目很多，链接更多，难免会由于设计时的疏忽出现空链接或者孤立网页。使用 Dreamweaver 中的“在浏览器中预览”功能可以在不同的浏览器中浏览被测试站点，以检测出无效链接。然而靠这种手工的方法逐一去试，无疑是耗时耗力的。Dreamweaver 中还提供了“检查链接”功能，可以很方便地解决这一问题。“检查链接”功能既可以检查整个站点的所有链接，也可以只检测部分站点，甚至一个网页文件的链接。

检查一个站点的所有链接的具体操作步骤如下。

（1）在“窗口”菜单下选择“站点”项。

（2）在打开的“站点”窗口中，选择需要检查的文档，如图 8-5 所示。

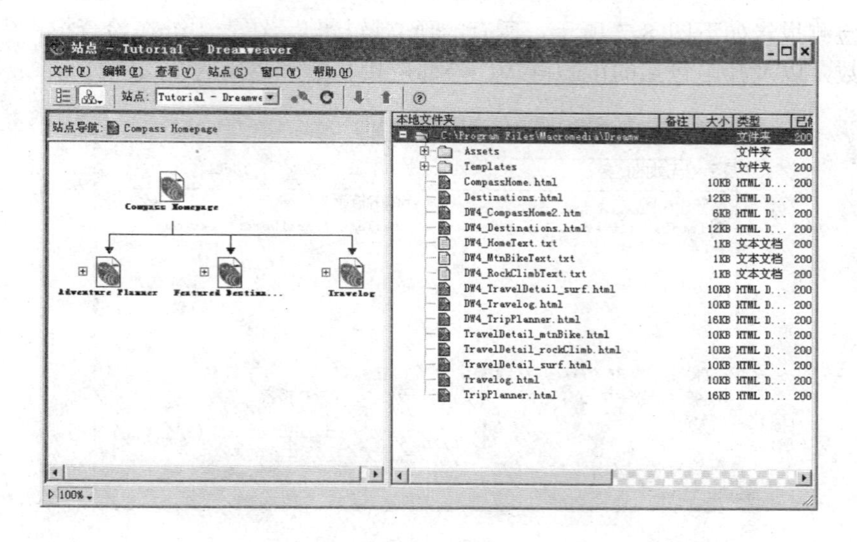

图 8-5　“站点”窗口

（3）选中文档后，单击鼠标右键。

（4）在弹出的快捷菜单中选择“检查链接”，如图 8-6 所示。

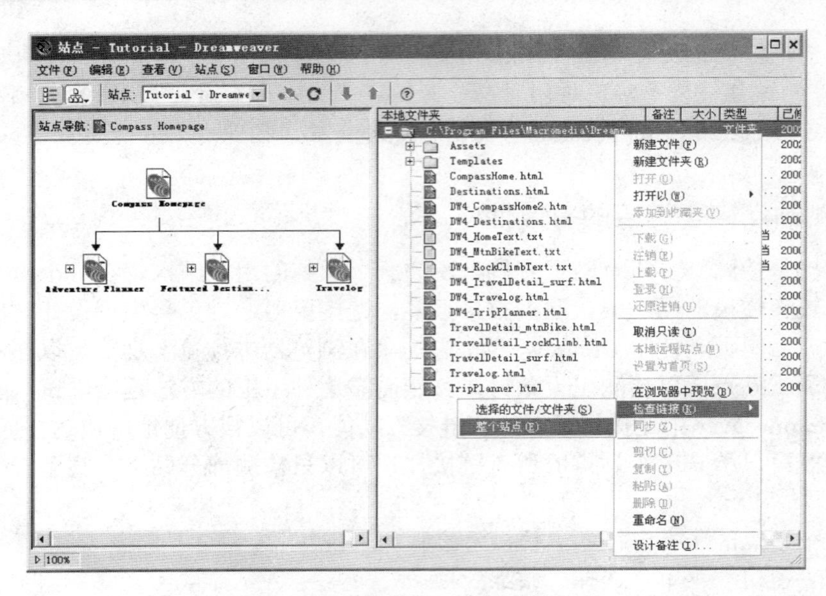

图 8-6　选择链接检测的站点或文件

（5）检测报告如下图 8-7 所示，所有的孤立链接显示在表中，在检查报告中还包括链接的总个数，以及其中包括的正确链接、外部链接和断开链接的个数统计。

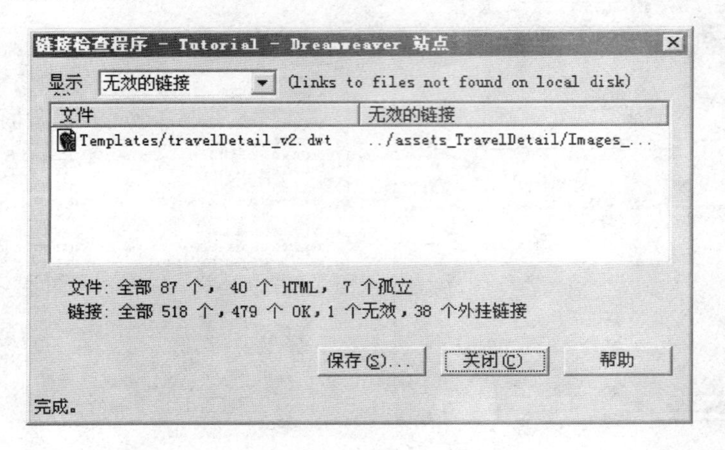

图 8-7　链接检测报告

除此之外，也可以使用“窗口”菜单下的“站点地图”（如图 8-8 所示）来检测各链接的有效性，红色标识的文件表示文件不存在或者有错误存在，可以根据这项提示进行校正。

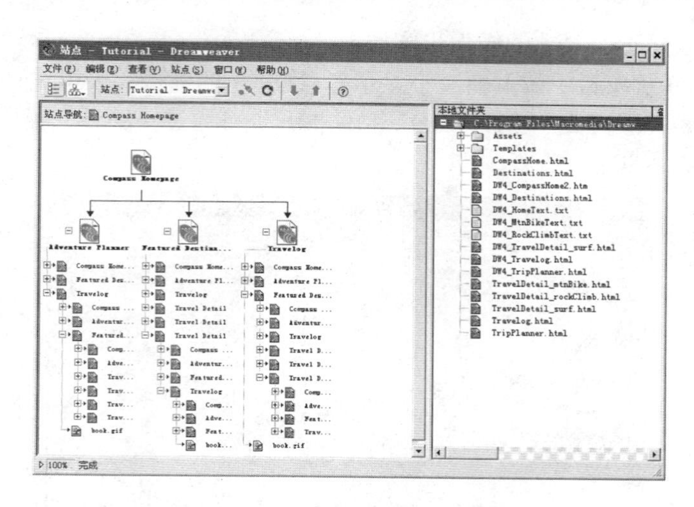

图 8-8　站点地图

8.2.4　检测下载时间和页面尺寸

在访问一个站点时，如果下载一个页面需要很长时间，会令访问者心灰意冷，不愿意继续访问下去。科学上认为一个网页的最佳下载时间通常不超过 8 秒，这是用户等待一个页面完全下载并显示的最长忍受时间。因此为了留住更多的访问者，我们有必要关注自己实际的网页大小和下载时间。我们可以直接在 Dreamweaver 中看到这两个参数。

Dreamweaver 根据页面的整个内容来计算其大小，根据设定的链接速度来决定其下载时间，但是实际的下载时间取决于当时互联网的状态。页面的尺寸和下载时间将显示在文档窗口中的下方的状态栏中，如图 8-9 所示。

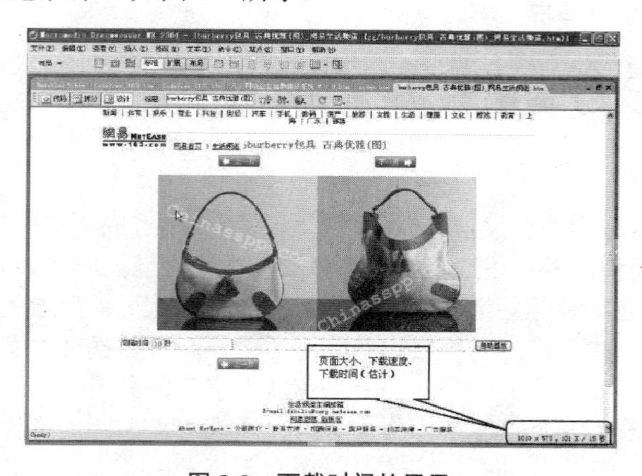

图 8-9　下载时间的显示

设置下载时间和页面尺寸的操作步骤如下。

(1)单击图 8-9 状态栏中的页面大小显示栏，在弹出的选择列表中选择“编辑大小……”选项，打开如图 8-10 所示的“偏好设置”对话框。也可通过“编辑”菜单，选择“偏好设置”选项打开此对话框。

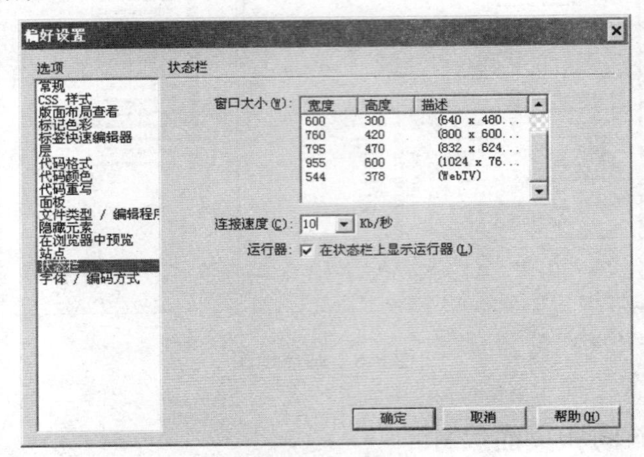

图 8-10 “偏好设置”对话框

(2) 根据估计，设置链接速度，然后系统自动计算下载时间并显示在状态栏中。

系统自动设置的是美国的平均链接速度：28.8kb/s。国内网络速度目前不是很理想，如果通过拨号上网，6～10kb/s 就是较快的了，因此可以设置得稍慢些。如果你的站点是在局域网内发布，则可以选择较高一些，例如 1 500kb/ s。

8.2.5 使用报告测试站点

Dreamweaver 提供站点报告的功能，用以改善、协调开发小组成员之间的开发流程。以下是创建报告的具体操作步骤。

(1) 在站点视图的“站点”菜单中，选择“报告”功能项，打开“报告对话框”，如图 8-11 所示。

(2) 在报告文本框中选择报告的对象，可以是整个站点或者某一站点的部分文档。

(3) 选择报告类型。既可以选择一个报告类型，也可以同时选择几个报告类型。

① “可合并嵌套字体标签”产生的报告内容为：所有可被清除的嵌套的字符标签。

② “没有替换文本”产生的报告内容为：所有没有可替换文本字符的图形标签。

③ “多余嵌套标签”产生的报告内容为：所有嵌套的图形标签。

④ “可移除的空标签”产生的报告内容为：所有可被删除的空标签。

⑤ “无标题文档”产生的报告内容为：所有无标题的、重复标题的文档。

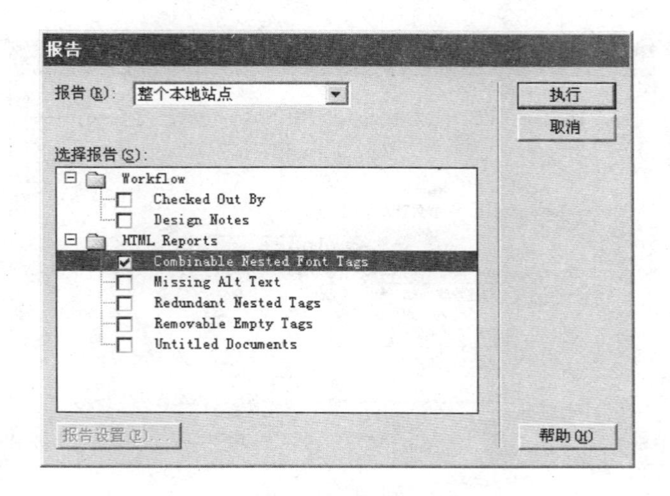

图 8-11 “报告”选择对话框

（4）单击“执行”后，检测报告会自动产生。

注意：在产生 HTML 报告后，你可以使用“Clean Up HTML”命令去纠正报告列出的 HTML 错误。

8.2.6　检测浏览器

在实际浏览网站时，常常遇到这样的情况：开始时使用某一浏览器登入该站点，随后又使用另一个浏览器浏览该站点的其他页面。Dreamweaver 提供了“检查浏览器”功能，可以使被浏览站点在发生以上情况时，执行一定的行为。

具体操作过程如下。

（1）选择一个对象，打开“行为”面板。

（2）单击“+”按钮，从弹出的菜单中选择“检查浏览器”。

（3）指定网景浏览器的版本号，然后在其后的下拉列表框中选择具体的行为。

（4）指定 IE 浏览器的版本号，然后在其后的下拉列表框中选择具体的行为。

（5）在 URL 文本框中输入选定的链接地址，如图 8-12 所示。

此外，Dreamweaver 中提供了“Java 脚本调试器”（Java ScriptDebugger）来检测 Java 脚本中代码的正确性。

至此，已经完成了对一个网站的基本测试。当然上述测试还仅仅是最基本的测试，如果要进行更详尽的测试还需要依赖专业的网站测试工具。最终网站的效果如何，只有真正发布到网上去检测了。

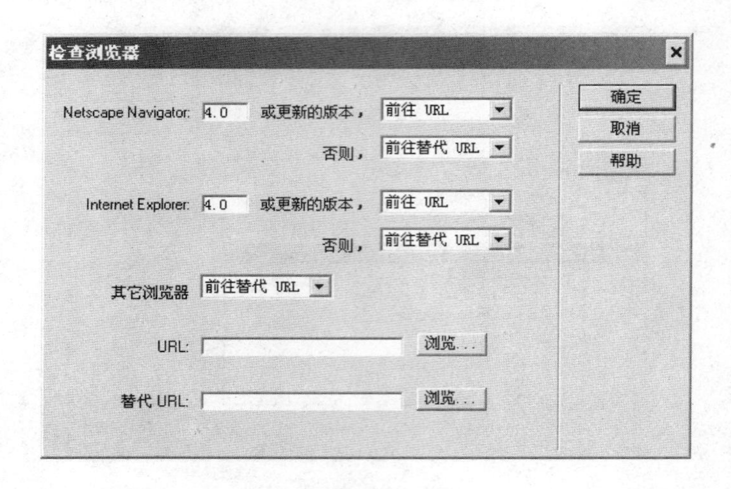

图 8-12 检测浏览器对话框

8.3 电子商务网站效益分析

企业开发商务网站的基本目的之一就是降低成本、提高效益，所以在网站系统规划中，成本和效益是最重要的指标之一。网站开发的每一个环节包括运营阶段都需要资金的投入，要想知道究竟投入了多少成本、网站建成后是否达到了规划的预期经济效益指标等，就需要认真统计、分析。另外通过分析还可以大力开发多种赢利模式，充分发挥网站的价值。

8.3.1 电子商务网站的成本核算

电子商务不是免费的午餐，电子商务网站系统的开发是一项系统工程。成本的核算，以及努力降低工程开发成本是工程管理的重要内容。不计算成本也就无从分析利润，所以首先需要分析建立一个网站需要的资金投入。

1. 网站成本的内容

（1）设备费用

① 计算机硬件、软件费用；

② 输入/输出设备费用；

③ 空调、电源及其他机房设施费用；

④ 设备的安装及调试费用；

⑤ 线路租用和通信费用；
⑥ IP地址、域名的申请和使用费用；
⑦ 运营成本，例如订单管理、仓储、物流配送等费用。
（2）开发费用
① 系统开发所需要的劳务费（包括系统调研、规划、分析、设计等各阶段的工作投入）；
② 其他有关开支。
（3）运行费用
① 运行所需的各种材料费用，例如电、纸张等费用；
② 设备的维护费用；
③ 其他与运行有关的费用。
（4）维护费用
① 信息组织与制作费用；
② 网站日常运营管理费用；
③ 网站推广、宣传成本；
④ 硬/软件升级换代费用、维护费用。
（5）培训费用
① 用户管理人员、操作人员培训费用；
② 网站维护、管理人员培训费用。

2，网站投入的特点

网站建设和管理资金的投入有以下的特点。

（1）很多成本是不断变化的，特别是硬件和软件的价格下降很快，因此什么时候购买软件，什么时候购买硬件等对于降低工程成本都关系重大。

（2）无论是硬件还是软件，性能价格比差别很大，构建一个网站的费用差别就很大，所以需要认真比较做出有利于企业的选择。

（3）上述成本中有些是一次性的，例如系统开发的前期工作、IP地址和域名的申请等，但大部分是需要不断投入的，例如系统维护、域名的使用、硬件和软件的升级换代等。所以在规划投资时，应全盘考虑，很多网站不能很好运营的原因之一就是缺乏维护管理的资金支持，甚至造成建的起网站、用不起网站的结局。

案例："万网"的网站服务

"万网"公司是我国具有代表性的提供各种网站服务的公司，图8-13为"万网"的主页。"万网"公司2005年8月相关服务的价格如图8-14所示。

图 8-13　万网网站主页

HTTP://WWW.NET.[illegible]

中国万网2005年产品分类服务指南

NO	产品类别	产品名称	产品举例/说明	产品价格	服务期限	服务页面/立即购买
1	域名	CN顶级域名	Good.cn	120	1年	服务页面/立即购买
2	域名	国际域名	china.com	130	1年	服务页面/立即购买
3	域名	中国国家顶级域名	Play.com.cn	120	1年	服务页面/立即购买
4	域名	CN中文域名	桂林.cn	280	1年	服务页面/立即购买
5	域名	国际中文域名	北京烤鸭.com	320	1年	服务页面/立即购买
6	域名	新顶级域名	yangliwei.name	88	1年	服务页面/立即购买
7	域名	国别域名	cctv.tv	500	1年	服务页面/立即购买
8	域名	域名增值	域名过户	600	1次	服务页面/立即购买
9	域名替身	通用网址	新浪=sina.com.cn	500	1年	服务页面/立即购买
10	域名组合	域名+邮箱	abc.com+you@abc.com	258	1年	服务页面/立即购买
11	企业邮箱	企业邮箱I型-IV型	5个企业级邮箱	200	1年	服务页面/立即购买
12	企业邮箱	企业邮箱100VIP	100个企业级邮箱	2560	1年	服务页面/立即购买
13	企业邮箱	额外增加企业邮箱	10个企业级邮箱	300	1年	服务页面/立即购买
14	企业邮箱	单机版软件系统	1000用户	35000	1套	服务页面/立即购买
15	虚拟主机	标准企业C型	350MB空间+35个企业邮箱	1800	1年	服务页面/立即购买
16	虚拟主机	标准企业B型	200MB空间+20个企业邮箱	1150	1年	服务页面/立即购买
17	虚拟主机	标准企业A型	150MB空间+10个企业邮箱	780	1年	服务页面/立即购买
18	虚拟主机	专业个人型	100MB空间+5个企业邮箱	320	1年	服务页面/立即购买
19	虚拟主机	专业企业型	500MB空间+50个企业邮箱	3200	1年	服务页面/立即购买
20	虚拟主机	超强企业型	1200MB空间+100个企业邮箱	6980	1年	服务页面/立即购买
21	建站方案	建站方案A	1个国际英文域名+100MB空间+10个企业邮箱	720	2年	服务页面/立即购买
22	建站方案	建站方案B	1个国内英文域名+150MB空间+20个企业邮箱	880	1年	服务页面/立即购买
23	建站方案	建站方案C	1个国际英文域名+200MB空间+50个企业邮箱	1380	1年	服务页面/立即购买
24	建站方案	建站方案D	1个国际英文域名+350MB空间+50个企业邮箱	1880	1年	服务页面/立即购买
25	特色主机	JAVA主机	300MB空间+35个企业邮箱	1980	1年	服务页面/立即购买

图 8-14　万网公司 2005 年 8 月的服务费用报价

如果将网站或网站的某一部分或全部委托给专业公司开发，也需要支付相应的费用。对于小型企业或缺乏开发人才的企业，完全可以根据自己的资金实力，选择这种网站开发方法。

案例：网站开发价格

海南中软银通网站（http://www.sqlmine.com/）的网站开发价格，如表 8-1 所示。

表 8-1　海南中软银通报价

序号	项　目	报　价	序号	项　目	报　价
1	网页设计	40 元/页	10	产品流量统计	1 600 元
2	首页策划	500 元/页	11	旅行社电子商务平台	5 800 元
3	全频道新闻管理	2 800 元	12	订房（或订车、订票、自由人）	800 元/块

（续表）

序号	项　目	报　价	序号	项　目	报　价
4	简单新闻发布	1 000 元	13	会员管理	800 元
5	产品发布（简单版）	800 元	14	网上考试管理系统（含自动批改）	22 000 元
6	图片发布与管理	1 200 元	15	服务器数据库空间租赁	200 元/百兆
7	产品发布（高级版）	1 600 元	16	flash 动画	2 000 元/10 秒
8	论坛	1 000 元	17	全 flash 动画网站	8 000 元起
9	高级流量统计	600 元	18	网上商城	5 000 元

8.3.2　电子商务网站盈利分析

计算和评价网站的效益有时是件比较困难的事情，因为网站的效益往往不是孤立存在的。实际上企业在建立网站时的目标也各不相同，不能单纯从网站本身经营的效益评价网站所产生的综合效益。不少企业网站根本不作网上交易，其效益的体现主要在其他方面。

1. 影响电子商务网站效益分析的因素

在评测网站效益时需要考虑以下三方面的因素。

（1）网站的目标和功能：不同网站的赢利方式不同；

（2）网站建成后得到的企业综合效益：例如提高知名度、改善管理流程、提高效率、节省经营成本等，很多网站追求的主要是这种隐式效益；

（3）网站是否赢利的原因很多，主要不在网站设计的技术层面，而在营销策略和管理等方面。

2. 网站效益的类型分析

网站收益的估计不像网站费用的估计那样具体，因为应用系统的收益往往不易定量计算，收益估计可以从直接效益和间接效益两方面考虑。

（1）直接效益

直接效益是指网站系统交付使用后，直接通过网站获得的效益，这些效益比较容易定量计算。

① 网上销售额；

② 网络广告收益；

③ 网站增值服务收益。

一般来说，网站系统投入使用后，只有通过一定时间的运作、维护和宣传后，才可能逐步产生这种直接效益。

（2）间接效益

间接的经济效益是指由于网站系统的建立和完善，使得企业管理水平的提高而获得的综合效益，这些效益属于隐性效益，非常重要但是一般难以给出定量的数据。主要包括以下内容。

① 由于企业管理水平的提高而使工作效率提高；

② 节省人力和各种资源的消耗；

③ 改善了企业领导层决策的质量；

④ 提高了企业整体的素质。

3. 我国企业网站赢利环境分析

从我国目前的网站经营环境来看，虽然到 2005 年 7 月，我国网民的数量已经超过 1 亿，但是我国电子商务的环境仍然不是很理想。

① 上网人数仍然较小，只占不到我国人口总数的 8%；

② 我国网民的平均上网时间远远低于发达国家，如果把那些一周上网少于 5 个小时的网民排除在外，上网人数就所剩不多了；

③ 上网的网民中具有一定购买力的又要打个折扣；

④ 真正在网上购物的人数很少，网上交易的信用环境都有待培养和完善；

⑤ ISP/ICP 公司利润空间太小，需要创造新的赢利模式。

在这种外部环境下，网站就要根据我国的实际情况来制定自己赢利的策略。网站要生存，必须像传统经济一样有健全的赢利渠道。所以应严格地说，在分析网站的运营效益时，要综合分析企业通过网站的建立获得了哪些效益。

我国的电子商务网站中某些类型的网站赢利情况较好，例如网上书店、旅游网站、证券网站、游戏网站等。这里赢利的主要原因并不是他们的网站设计的漂亮，使用了什么先进的多媒体设计技术。下面以“卓越”网上书店和一个传统大商场作个比较，分析其赢利优势。

案例：“卓越”网站的赢利优势

一个较大规模商场的一套 POS 系统的投资要上千万元，年营业额亿元左右的商场的投资是 400～500 万元，卓越为网站购买服务器的总投资是 100 万，购买的 100 兆带宽的全年费用不超过 200 万元，加上内部员工的电脑、服务器和带宽，总投资 400 万元左右；算起来传统商场和网络零售商在电子设备的投资是差不多的；传统零售商和网络零售业在采购、仓储、配货商的成本一样；人员成本上，店面生意需要人数多、成本低，网站需要的人员少而成本高；网站比店面生意多了一个送货的成本，但是房租要少得多，同时网站本身是销售和推广合一的平台；传统零售商的市场推广费用只占到了它的总支出的 1%～2%，用于品牌宣传和商品促销，但是 Amazon.com 的品牌、促销、增加用户和订单的费用占到了它的总支出的 70%～80%，这笔费用的多少也是网络零售业的成败关键之一。

“卓越”的每单生意的平均单价是 75～80 元（另一家全球著名的媒体公司贝塔斯曼在中国的图书俱乐部每单交易的平均金额估计在 20 元），扣除进货成本后，其他成交成本在 10～15 元中间，所以毛利率一定要保持在 25%以上才能成功。这样，通过卓越网和一个亿元商场的比较，就可以大致看出这类网站的成本和盈利前景。

“卓越”网真正体现了电子商务定义中所说的“去掉了中间环节”，音像和书籍的一级批发商、二级批发商、三级批发商都不存在了。卓越虽然是网上的一个零售商，但他直接从出版人拿货，因为他进货的数量是其他传统零售店不能比的。北京著名的“风入松”书店一次进货最多的是比尔·盖茨的《未来之路》，也只有 500 本。因为上网太方便了，网络本身就是一个读者的俱乐部，比传统商店占有明显的优势。

图 8-15 为“卓越”网站的主页（http://www.joyo.com/）。

图 8-15 “卓越”网站的主页

4. 网站赢利的规模收益递增律

电子商务遵循“规模收益递增”的规律，即电子商务这种交易方式，随着应用规模的增加，会使企业获得的效益不断递增。由于越来越多的企业特别是行业中有领导地位和领先意识的大型企业，纷纷采用或正在决定采用电子商务的交易方式，因而必然带动与之有供应、有协作关系的企业开展各自的电子商务交易。这将使电子商务得到大规模的应用。当行业垂直网站的规模达到或超过某个临界点后将产生规模递增效应，从而使每一个企业的网站获得更多的效益。

一些行业网站为了获得这个效应，全力创造吸引企业会员和消费者的服务内容与特色，提高服务的价值。一开始，每增加一个会员的边际成本可能大于边际收入，而当在网站平台上参与交易的人的数量、产生的交易总量达到了一定规模，行业网站就在业界形成了一定的影响力。

总之，网站能增加企业的竞争力，但是企业建立了网站，竞争力也不一定增加。建立网站只是企业增加竞争力的一个必要条件，而不是充分条件。网站能否赢利和所采用的网站设计技术几乎没有什么直接关系，其关键在于如何应用网站，充分发挥网站独特的作用；如何选择适当的商品；如何定位市场；如何采用适当的营销策略和创意等。

8.3.3 网络广告效益分析

很多网站特别是一些门户网站都期望通过广告赢得更多的利润。网络广告的可测量性可以说是网络广告的最大优势之一，因而出现了一些针对网络广告的收费标准。

（1）CPM（每行动成本）：广告主在广告产生销售后按销售笔数付给广告站点；

（2）CPA（千印象费用）：网上广告产生每 1 000 个广告印象（显示）数的费用。

随着网络广告逐渐增多，部分网民已经不会出现盲目点击广告的现象，跟以前的统计数字相比，平均点击率从 30%降低到 0.5%以下。如果仍然按照以往的方法来评价现时的网络广告，显然不能充分反映其真实效果。网络广告的效果是涉及广告投放者的直接利益，所以他们总是希望投放广告后能收到预期的效果。那么怎样才能客观地衡量它的效果呢？这对网站接受广告或到别的网站投放广告来说都是值得研究的问题，下面以一个例子简单地说明如何选择广告投放方案。

假设某企业在宣传方面选择了网络广告，并在一段时间内同时实施了三种方案，则投放效果各有不同，基本情况如表 8-2 所示。

表 8-2 三种投放广告的方式及效果

方案	投放网站	投放形式	投放时间	广告点击次数	产品销售数量
1	A 网站	BANNER	一个月	2 000	260
2	B 网站	BANNER	一个月	4 000	170
3	C 网站	BANNER	一个月	3 000	250

该企业希望通过分析，得出网络广告整体效果最好的一种方案，以便在战略方面做出相应的调整。结果，经过初步分析得出两种答案。

（1）广告被点击次数最多的是方案二，它能够吸引更多的注意力，这种方案的效果最好；

（2）第一种方案的效果最好，因为产品销售量最高，真正由网络广告效应带来利润。

根据表格的数据直接得出判断，却得到两种不同的选择方案。其实，这样评价网络广告的效果是比较片面的，而且缺乏准确性、客观性。衡量网络广告投放必须注重整体效果和长远效应，这必然要涉及多方面的问题，比如要考虑广告带来多少注意力、注意力可以转化为多少利润、品牌效应等问题。针对上例情况，可以进行科学的加权计算法来分析其效果，这种计算方法很简单，首先，可以为产品销售和获得的点击分别赋予权重。权重的简单算法如下：

$$(260 + 170 + 250)/(2\,000 + 4\,000 + 3\,000) \approx 0.07$$

显然，权重的设定是加权计算法的关键，它的精确度直接影响到总体价值的准确性。如何更精确地计算权重值，则需要大量的资料进行统计分析。

由上式可得，平均每 100 次点击可形成 7 次实际购买。则可以将销售量的权重设为 1.00，每次点击的权重为 0.07，然后将销售量和点击数分别乘以其对应的权重，最后将两数相加，从而得出该企业通过投放网络广告可以获得的总价值。

方案 1 的总价值为：$260\times1.00 + 2\,000\times0.07 = 400$；

方案 2 的总价值为：$170\times1.00 + 4\,000\times0.07 = 450$；

方案 3 的总价值为：$250\times1.00 + 3\,000\times0.07 = 460$。

计算结果可见，方案三才能为该企业带来最大的价值。虽然第一种方案可以产生最多的实际销售量，第二种方案可以带来最多的注意力，但从长远来看，第三种方案更有价值。

然而，网络广告的效果除了反映注意力和产品销售外，树立品牌形象或者吸引潜在客户也同样重要。当网民看到该企业的旗帜广告而没点击，或者有点击但没有购买该企业的产品的时候，并不意味着广告没有任何效果。因为，广告会使他们对企业品牌留下印象或者形成一部分潜在的客户等。所以种种的因素单靠表面数据是很难估算的，在衡量网络广告效果的时候，有必要进行一些科学的计算分析。

8.4　习题与实践

8.4.1　习题

1．为什么要对网站进行评价？

2．实施电子商务网站评价有哪些方法？

3．电子商务网站评价的主要指标有哪些？

4．电子商务网站评价需要搜集哪些数据？

5. 如何搜集电子商务网站的数据？
6. 为什么要对电子商务网站进行测试？
7. 在网站发送前，如何对开发好的网站进行测试？
8. 电子商务网站的成本主要包括哪些？
6. 电子商务网站效益有哪两种类型？
9. 如何计算网络广告的成本？
10. 电子商务网站的效益表现在哪些方面？

8.4.2 实践

1. 上网搜索国内外 3 个以上提供评测服务的网站并比较其服务项目和成本，写出报告。
2. 查询国内 3 个主要的因特网服务商，比较其服务内容和价格，写出比较报告。
3. 查询国内外主要的搜索引擎，并写一个调查报告，比较其查询的方法和性能。
4. 在自己开发的电子商务网站上加入搜集信息的功能。

附录1　世纪航空网站的安装和使用

网站要上传到服务器上才可以运行。对于初学者而言，服务器的安装、运行和维护，都是非常陌生的。初学者通常都是在自己的计算机上编写代码并调试正确，然后再移植上传到专门的服务器上。满足用户在个人计算机或局域网上调试运行电子商务网站系统的要求既可。考虑到目前很多用户系统都是 Windows XP 或 Windows 2000 Server 环境，可以在这里仍以此为例介绍实例网站的安装。如果配置了 Windows 2003 Server 和 IIS 6.0，则可以参照 4.4 节所介绍的方法安装使用。

1. 安装 IIS

如果是 Windows 2000 Server 或者 Windows XP 版本，一般已经自己安装了 IIS。在控制面板中的添加/删除功能中"Windows 组件向导"对话框中可以看到 Internet 信息服务(IIS)组件已经安装，如图附图-1 所示。

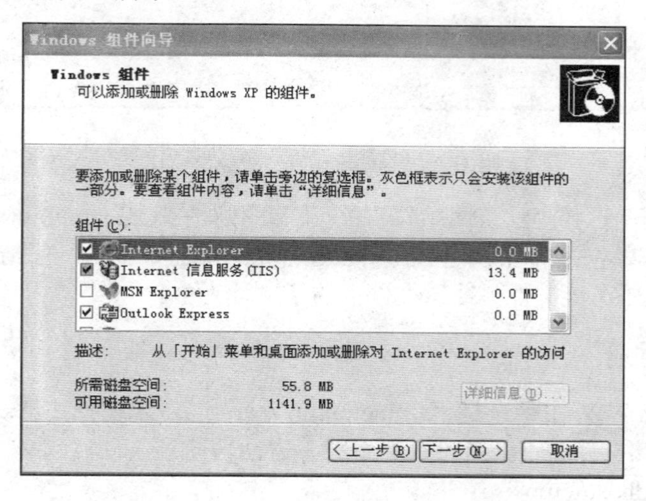

附图-1　"Windows 组件向导"对话框

如果在调试时使用其他环境，例如 Windows XP，则有可能需要安装 IIS，安装方法如下。

（1）依次选择【开始】→【设置】→【控制面板】→【添加/删除程序】命令，打开【添加/删除程序】对话框。

（2）在【添加/删除程序】对话框中选择【添加/删除 Window 组件】按钮，就会弹出如图 5-2 所示的“Window 组件向导”对话框。

（3）在其中选择“Internet 信息服务（IIS）”，然后单击【下一步】完成即可。

安装完毕后，在 IE 浏览器中输入 http://localhost，如果能显示 IIS 欢迎字样，就表示安装成功。

安装成功后，依次选择【开始】→【程序】→【管理工具】→【Internet 管理服务器】菜单命令，就会出现如附图-2 所示的“Internet 信息服务”窗口。

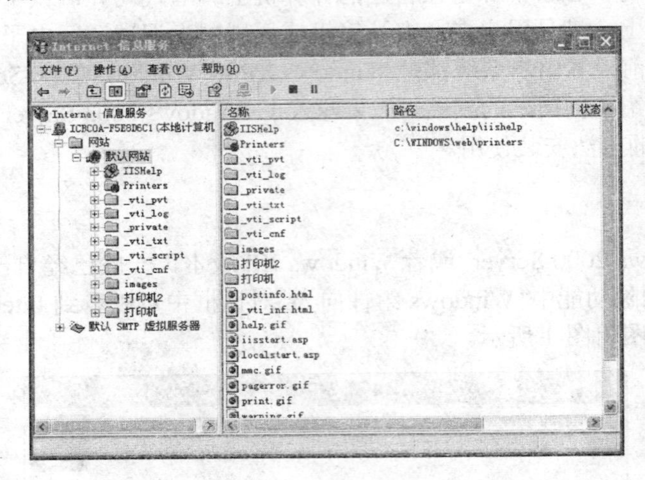

附图-2 “Internet 信息服务”窗口

在附图-2 中左侧选择“默认网站”，右边显示的则是“C:\inetpub\wwwroot”中的内容。该文件夹是默认的 WWW 目录，是 ISS 安装过程中自动生成的，一般情况下，大家制作的网页文件都可以存放在该文件夹或该文件夹的子文件夹中。

2. 浏览网页文件

系统默认的 WWW 主目录是“C:\inetpub\wwwroot”，现在把任意一个 ASP 文件（如 temp.asp）复制到该文件夹下，就可以通过如下方法访问该文件。

（1）http://localhost/temp.asp；

（2）http://您的计算机的名字/temp.asp；

（3）http://您的计算机的 IP 地址/temp.asp。

注意：前两种方法一般指的是在自己的计算机上访问自己的 ASP 文件；第三种方法指的是别的机器来访问您的 ASP 文件。

如果要开发不同内容的网站，可以在“C:\inetpub\wwwroot”文件夹下分别建立子文件夹。比如，要建立“世纪航空”网站，可以建立 sjhk 文件夹，为“C:\inetpub\wwwroot\sjhk”，那么在访问时，也要添加相应的文件夹路径，如：http://localhost/www/temp.asp。其他访问方法类似。

3. 添加虚拟目录

如果不把文件放在“C:\inetpub\wwwroot”下呢？首先我们在 D 盘根目录下建立 sjhk 的文件夹，然后按下述方法为世纪航空网站添加一个虚拟目录。

在附图-2 中对准“默认网站”单击鼠标右键，在快捷菜单中选择【新建】→【虚拟目录】命令，然后按着提示执行，如附图-3 添加别名“sjhk”。

接着在如附图-4 所示的对话框中选择网站的真实路径，例如“D:\sjhk”，即可完成世纪航空网站虚拟目录的添加工作。

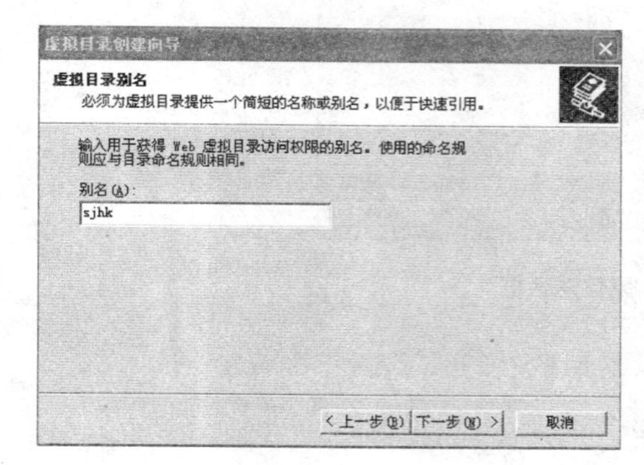

附图-3　添加别名

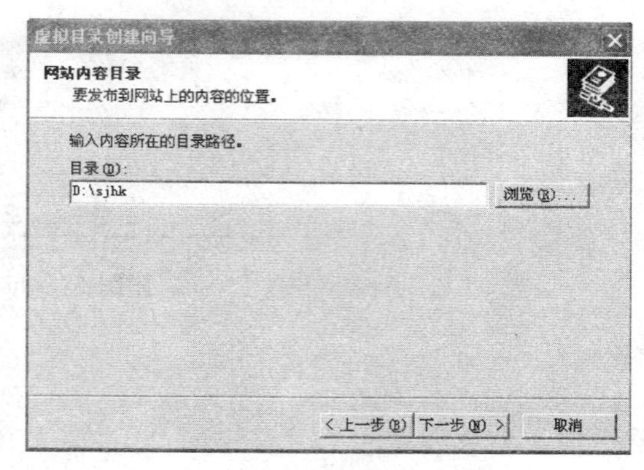

附图-4　选择目录

设置虚拟目录后，就可以在 IE 浏览器中输入 http://sjhk/*.asp 来访问世纪航空网站了，其中“*.asp 是本网站的主页文档的名称。

注意：这时的 sjhk 是虚拟目录的名字，别名可以随便命名，不一定要和实际文件夹名称一样，只要不混淆就可以。

4. 设置默认文档

在附图-2 中对准新添加的虚拟目录 sjhk 单击鼠标右键，在弹出的快捷菜单中选择【属性】命令，就会出现如附图-5 所示的【sjhk 属性】对话框，在此可以设置默认的主页文档名称和类型。单击“添加”按钮，可以在默认的文件列表中添加 index.asp,index.htm 等默认文档，然后确认即可。默认文件列表的作用是在浏览网站时不用输入主页的文件名。

默认文档的作用：如果在浏览器地址栏里输入 http://sjhk，并没有输入哪个网页文件的名字，系统就会自动按默认的顺序在 sjhk 文件夹里查找，找到后就显示。比如，按照附图-5 中默认文档的设置，首先去找 default.htm，如果找不到，就去找 default.asp。设置方法如附图-5 所示。如果在指定目录中找不到默认文档列表中对应的文件，则系统会报错。

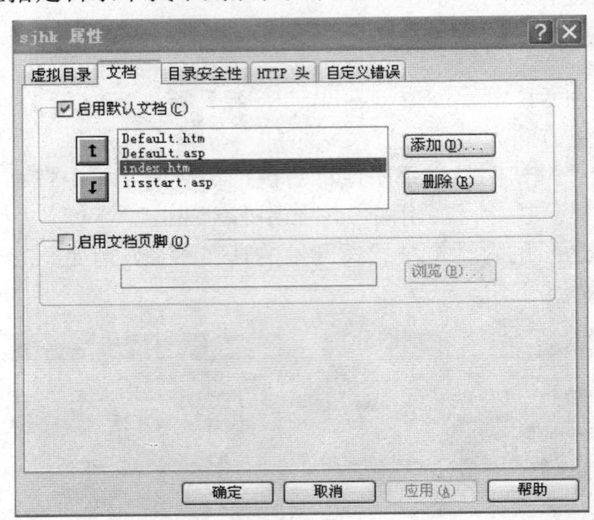

附图-5 sjhk 属性对话框

附录 2　关于“世纪航空”网站开发中应注意的问题

1. 计划好网站开发的时间安排

在开发网站前要先计划好时间上的安排，比如搜集资料的时间，图片、动画整理和制作的时间，编写代码的时间，整合测试的时间以及一些机动时间等，这样才能保证在规定日期前保质保量的完成工作。其中整合测试的时间是很多人都会忽视的。在实际工作中，一个大型的网站不可能只由一个人开发，而是由一组或一个团队开发的，把各个人编写的模块整合在一起，确保界面上的统一和功能上的完备是很关键的；同时在整合完成后，经由专业的测试人员对网站的各个细节进行测试，才能尽可能的发现开发中存在的问题，以免网站面世后带来损失。

2. 必须先构思好代码编写的顺序和流程

在编写代码前必须先构思好代码编写的顺序和流程：哪一部分应该先写，哪一部分应该后写。以免在编写代码时临时东凑西补，重复劳动。例如在编写用户登录注册流程时，就应按照“登录—登录确认/无此用户报错—新用户注册—后台处理注册信息—用户修改注册信息—修改后注册信息确认”的思路编写代码。

3. 文档的规范化

文档的规范化是很重要的，对于一些经常用到的函数、过程等都要用头文件的形式保存，以方便修改，一劳永逸，例如网页的导航菜单和版权信息，数据库连接文件。

4. 数据集执行语句的错误

调试程序时经常会报数据集执行语句的错误，例如对于一个“sql=”SQL 语句，执行数据集 rs 打开“rs.open sql conn,3,2”。如何调试程序以找到这条语句的错误所在呢？首先把 SQL 语句下的所有 ASP 代码变成注释，在 SQL 语句下添加“response.write sql”，执行代码，若在浏览器上显示出这条 SQL 语句，则说明数据库已连接成功，反之则未连接成功；然后检查 SQL 语句传来的变量的值是否正确（从属性长段和类型考虑），如果检查无误，则说明很有可能是此条 SQL 语句写错了。复制浏览器上显示的 SQL 语句，打开数据库，创建查询并执行此条 SQL 语句，就可发现问题所在。

5. 数据集使用后清空

如果在上述步骤中还没有发现错误，很可能是由于所用的数据集在上一次使用后没有清空，单独执行语句“ser rs=nothing”可以清空数据集。同时在编写与数据库有关的代码时，要养成一个习惯，就是在执行完毕后，要清空数据集，释放数据集和连接。

6. 避免内存上的冲突

如果在清空数据集后还是无法调试成功，那么很可能是由于内存上的冲突，重新启动电脑即可。不要一味地在一个错误上耽误几个小时，请教他人或者休息一下，换个角度思考可以帮助你打开思路。

7. SQL 语句执行效率

当数据库中的数据量很大时，SQL 语句执行效率的高低直接影响到网站整体运行的效率，所以恰当地选择 SQL 语句的写法也是很重要的。由于我们的网站测试的数据量比较小，所以不同写法的 SQL 语句在执行效率上差异不太明显，然而当网站投入实际工作中，随着数据量的不断增加，不同 SQL 语句在面对“海量”数据时的效率差异就很大，因此程序员要有扎实的数据库基础，对数据库的搭建、SQL 语句的编写都能深入透彻。

8. 网站容错功能的体现

一个网站应从人性化的角度出发，以方便用户操作为原则。网站应有强大的容错功能，当用户误操作时可以阻止用户的错误操作并显示提示信息，例如当用户注册时，密码只能在 6～20 位之间，当用户误操作时，网页显示错误信息并不允许提交。可能很多误操作在刚开始编写代码时难以发现，这就需要在后期的测试过程中，从各种不同情况的流程测试网站，才能发现一些隐蔽的错误，及时改正。

9. 规范文件和文件夹的命名

例如在站点文件夹下建立 include,database,css,images 等子文件夹，以适用于不同文件的分类保存，同时文件名也要做到“望名生义”，具有很好的可读性，切忌用数字或单字母命名。

在建立网站时学会使用现有资源，例如一些可以快速生成 banner,button 的软件可用于制作精美的菜单导航等，还有一些模块的源程序如 MD5 加密算法等可以帮助我们的网站更加美观和专业。

10. 做好系统分析的重要性

初学者往往不是很在乎系统设计之前的系统分析。当我们开始这个项目的时候，也着急着快点动手做系统设计，希望能第一时间有所成绩，后来才知道，心急吃不了热豆腐。我们花了两个礼拜来弄清网上订票系统要实现的功能界限和系统流程，还专门对数据库的结构和字段做了优化，照理应该很顺利了，然而在着手写代码的日子里，才发现功能界限定得不严密，数据字段有众多不合理的地方，系统流程不合实际，说到底还是太急了一点！就这样，让效率大打折扣。亲身经历，您一定要相信！

11. 关于变量的命名

这里对于变量名的规范化就不多说了，需要提醒的是，您定义的变量名、属性名和函数名，切记不要和系统定义的重复了，因为一旦出错，很难找到是哪一个。

12. 出错时 IE 的报错提示

IE 的错误提示对于修改程序是多么重要啊，发愁的是他有时候显示的行数与您在代码里出错的实际行数不一样。对于此问题，其实程序调得多就会有灵感，很自然的知道错误在哪里，如果您还是新手，就会觉得头疼了。我的做法是删除，把代码一块一块的删除，直到找到真正出错的地方，再按“Ctrl +Z”组合键返回就是了。

13. 参数调用中的参数传递

这是在前台调试的时候出现的一个问题，当时前台有个错误，就是在检查判断 FROM 表单的 JavaScript 代码中，我们一致认为是找不着函数，后来改了又改，删了又写，结果却没变——错！后来我们往函数里传个固定的值而非参数，才发现原来是传递参数的类型与函数内部的对象类型不一样，原因才被找到。

14. 关于注释

您写代码的时候，喜欢写注释吗？如果喜欢，祝贺您有这个好习惯！如果没有，衷心地建议您一定要认真的写好注释。您可以看看别人没有注释的程序，看看您自己很久以前的作品，就会明白的！

15. SQL 查询语句中涉及到 Where 的一个规律

我们经常遇到这样的问题，比如说现在我们从实例数据库表“airline”中查询某航班编号的记录，将查询语句赋给一个参数：{ sql=”select * from airline where flight_id=”& id }；另外，我们从实例数据库表“customer”中查询某注册客户的记录：{sql0="select * from customer where re_name='"&uid&"'" }。这两条查询语句不同的地方我们已经用下划线标记好了，为什么前一个简单而后一个 where 就多了好几笔呢？这里有个规律：一般如果 where 条件的字段在数据库里是字符型的，就用后一种写法，如果是数字型的呢，就用第一种写法。基本上就不会错了！

16. 关于<!--#include File="… …"-->

这是一条包含语句，也就是在一个页面里包含引号里的页面的全部内容。如果被包含的页面和包含页面不在同一级文件目录下，而被包含页面里会有许多的路径问题，比如说数据库的连接，一些超级链接等，那么如何来理清这些路径的相对位置呢？方法是用包含页面所在的位置做基准，去理清相对路径的问题，这样您的逻辑就不会乱了。

17. 最后的忠告

制作网页是技术和灵感的集合，还有很多实际的问题会在网站调试中遇到，这就需要在遇到困难时不要急躁，一步步调试，慢慢就找到问题所在。有的时候，适当的休息会给你更多的灵感。

参 考 文 献

1 赵乃真．电子商务网站建设实例．北京：清华大学出版社， 2003
2 王曰芬、丁晟春．电子商务网站管理（第 2 版）．北京：北京大学出版社，2004
3 梅绍祖．电子商务网站建设．北京：清华大学出版社，2001
4 赵乃真等．信息系统设计与应用．北京：清华大学出版社，2005
5 谭浩强．电子商务技术与应用．北京：中国铁道出版社，2005
6 宋林林．电子商务网站建设．大连：大连理工大学出版社，2003
7 宋彦浩等．ASP 建网技术源代码公开．北京：中国水利水电出版社，2001
8 网站分析实例——网页分析及其重要性简介． IBM e-business 趋势了望台网站
9 张剑涛．网站规划书写作．网络营销新观察网站，2001 年 2 月 2 日